Römer · Forger

Elementare Feldtheorie

# Konzepte der Theoretischen Physik

Römer · Forger
Elementare Feldtheorie

*In Vorbereitung:*

Römer
Theoretische Optik

Forger · Römer
Geometrische Feldtheorie

Forger · Römer
Quantenfeldtheorie



Vertrieb:
VCH, Postfach 10 11 61, D-69451 Weinheim (Bundesrepublik Deutschland)
Schweiz: VCH, Postfach, CH-40 20 Basel (Schweiz)
United Kingdom und Irland: VCH (UK) Ltd., 8 Wellington Court, Cambridge CB1 1HZ (England)
USA und Canada: VCH, 220 East 23rd Street, New York, NY 10010-4606 (USA)
Japan: VCH, Eikow Building, 10-9 Hongo 1-chome, Bunkyo-ku, Tokyo 113 (Japan)

ISBN 3-527-29065-6 ISSN 0943-9420

Hartmann Römer
Michael Forger

# Elementare Feldtheorie

Elektrodynamik
Hydrodynamik
Spezielle Relativitätstheorie

Weinheim · New York
Basel · Cambridge · Tokyo

Prof. Dr. Hartmann Römer
Fakultät für Physik
Universität Freiburg
Hermann-Herder-Straße 3
D-79114 Freiburg

Prof. Dr. Michael Forger
Instituto de Matemática e Estatístca
Universidade de São Paulo
CX. Postal 2 05 70
BR-0 14 98-9 70 São Paulo, SP



Lektorat: Götz Jerke
Herstellerische Betreuung: Dipl.-Ing. (FH) Hans Jörg Maier

Bild auf dem Umschlag: Feldlinien eines elektrischen Dipols

Die Deutsche Bibliothek - CIP-Einheitsaufnahme

**Römer, Hartmann:**
Elementare Feldtheorie : Elektrodynamik, Hydrodynamik, spezielle Relativitätstheorie / Hartmann Römer ; Michael Forger. – Weinheim ; New York ; Basel ; Cambridge ; Tokyo : VCH, 1993
(Konzepte der theoretischen Physik)
ISBN 3-527-29065-6
NE: Forger, Michael:



Gedruckt auf säurefreiem und chlorfrei gebleichtem Papier.


Satz: Carsten Heinisch, D–67655 Kaiserslautern. Druck: Druckhaus Diesbach GmbH., D-69451 Weinheim. Bindung: J. Schäffer GmbH & Co. KG., D -67269 Grünstadt
Printed in the Federal Republic of Germany.

# Vorwort

Das vorliegende Buch bildet den Auftakt der Reihe „Konzepte der Theoretischen Physik"; weitere Titel sind in Vorbereitung.

Ausgangspunkt dieser Reihe sind Vorlesungen, die die Autoren über mehr als zehn Jahre hinweg im Rahmen des Diplomstudiengangs Physik an der Universität Freiburg gehalten haben. Leitend war dabei das Bestreben, die wesentlichen Grundlagen der jeweiligen Gebiete in kohärenter und begrifflich sauberer Form sowie unter Verwendung der angemessenen mathematischen Hilfsmittel darzubieten – mit dem Ziel, ein tragfähiges Fundament für die spätere berufliche Tätigkeit zu schaffen, gleichzeitig aber den stets präsenten Tendenzen zu einer übermäßigen bzw. vorzeitigen Spezialisierung entgegenzuwirken. In Verfolgung dieses Ziels schien es uns geboten, einerseits die wesentlichen Punkte möglichst präzise herauszuarbeiten, andererseits aber die Stoffülle durch weitgehenden Verzicht auf Details bzw. eine Vielzahl von Beispielen auf ein repräsentatives und im Laufe eines normalen Studiums tatsächlich zu bewältigendes Maß zu beschränken.

Der hiermit vorliegende erste Band der Reihe ist vornehmlich einer einführenden Darstellung des Feldbegriffes gewidmet, der zu den wichtigsten und grundlegendsten Konzepten der modernen Physik überhaupt zu zählen ist.

Kapitel 1 macht es sich zum Anliegen, die historische Entwicklung dieses Begriffes, dessen Aufkommen im letzten Jahrhundert geradezu den Übergang zur neueren Physik markiert, in ihren wichtigsten Stationen nachzuzeichnen.

Kapitel 2 bietet eine Einführung in die elementaren Grundlagen der Hydrodynamik, die wegen der unmittelbaren Anschaulichkeit von Strömungsfeldern hier als das am leichtesten faßbare Beispiel einer Feldtheorie dienen soll; eine herausragende Rolle spielt dabei die Aufstellung von Bilanzgleichungen.

Die Kapitel 3 bis 6 haben die Elektrodynamik im Vakuum zum Gegenstand; dabei haben wir im Interesse einer möglichst ökonomischen und übersichtlichen Darstellung einen deduktiven Zugang bevorzugt. Kapitel 3 ist einer ausführlichen Darstellung der Maxwellschen Gleichungen gewidmet, einschließlich einer Diskussion der Problematik verschiedener Maßsysteme sowie der Energie-Impuls-Bilanz des elektromagnetischen Feldes. In Kapitel 4 behandeln wir – unter konsequenter Verwendung des Konzeptes der Greenschen Funktionen – die Elektrostatik, in Kapitel 5 die Magnetostatik sowie die Theorie quasistationärer Felder und schließlich in Kapitel 6 die Theorie elektromagnetischer Wellen und ihrer Erzeugung. Die Elektrodynamik der Medien dagegen wird ihren Platz in einem gesonderten Band „Theoretische Optik" finden.

Den Abschluß dieses Bandes bildet ein ausführliches Kapitel 7 über spezielle Relativitätstheorie, die ja bekanntlich aus der Auflösung des Widerspruchs zwischen der Newtonschen Mechanik und der Maxwellschen Elektrodynamik entstanden ist und sich deshalb an dieser Stelle in natürlicher Weise anschließt. Ausgehend von einer gründlichen Analyse des Relativitätsprinzips werden die relativistische Mechanik und die relativistische Formulierung der Elektrodynamik dargestellt.

In einem Anhang sind die wichtigsten mathematischen Konzepte aus dem Bereich der Tensoralgebra und der Tensoranalysis (im flachen Raum) zusammengefaßt.

Ein weiterer Band „Geometrische Feldtheorie“, ebenfalls in Vorbereitung, wird die Grundlagen der modernen klassischen Feldtheorie zum Inhalt haben: Lagrangescher und Hamiltonscher Formalismus, allgemeine Relativitätstheorie und Eichtheorien, einschließlich der zugehörigen mathematischen Hilfsmittel.

Wir danken allen, die am Zustandekommen dieses Buches in der einen oder der anderen Form beteiligt waren: Kollegen, Übungsgruppenleitern und Studenten für fruchtbare Kritik und mannigfache Anregungen, und den Mitarbeitern der VCH Verlagsgesellschaft für die angenehme und vertrauensvolle Zusammenarbeit.

Freiburg, im Juli 1993

Hartmann Römer
Michael Forger

# Inhaltsverzeichnis

**1 Der Begriff des Feldes und seine Entstehung** **1**

1.1 Punktmechanik und Kontinuumsphysik . . . . . . . . . . . . . . . . . 1
1.2 „Dynamismus“ und Feldvorstellung . . . . . . . . . . . . . . . . . . . 4
1.3 Die Entdeckung der Maxwellschen Gleichungen . . . . . . . . . . . . 6
1.4 Überlegungen zum Begriff des Feldes . . . . . . . . . . . . . . . . . . 7
1.5 Der Feldbegriff in der heutigen Physik . . . . . . . . . . . . . . . . . 10
1.6 Vorläufiges zur mathematischen Fassung des Feldbegriffes . . . . . . 12

**2 Elemente der Hydrodynamik** **15**

2.1 Bilanzgleichungen . . . . . . . . . . . . . . . . . . . . . . . . . . . . 15
2.2 Impulsbilanz und Drehimpulsbilanz . . . . . . . . . . . . . . . . . . . 18
2.3 Die Navier-Stokesschen Gleichungen . . . . . . . . . . . . . . . . . . 20

**3 Die Maxwellschen Gleichungen** **25**

3.1 Einführung der Maxwellschen Gleichungen . . . . . . . . . . . . . . . 25
3.1.1 Gaußsches Gesetz . . . . . . . . . . . . . . . . . . . . . . . . 27
3.1.2 Abwesenheit magnetischer Ladungen . . . . . . . . . . . . . . 29
3.1.3 Faradaysches Induktionsgesetz . . . . . . . . . . . . . . . . . 29
3.1.4 Ampèresches Gesetz . . . . . . . . . . . . . . . . . . . . . . . 32
3.2 Maßsysteme in der Elektrodynamik . . . . . . . . . . . . . . . . . . . 35
3.2.1 Asymmetrische Maßsysteme . . . . . . . . . . . . . . . . . . . 35
3.2.2 Symmetrische Maßsysteme . . . . . . . . . . . . . . . . . . . 36
3.3 Anfangswertproblem und Randbedingungen . . . . . . . . . . . . . . 37
3.4 Potentiale und Eichtransformationen . . . . . . . . . . . . . . . . . . 41
3.5 Energie des elektromagnetischen Feldes . . . . . . . . . . . . . . . . 43
3.6 Impuls und Drehimpuls des elektromagnetischen Feldes . . . . . . . 47

**4 Elektrostatik** **51**

4.1 Feld zu vorgegebener Ladungsverteilung, Multipolentwicklung . . . . 51
4.2 Randwertprobleme in der Elektrostatik . . . . . . . . . . . . . . . . . 57

**5 Magnetostatik, Quasistationäre Felder** **71**

5.1 Feld zu vorgegebener Stromverteilung . . . 72
5.2 Fadenförmige Stromverteilungen . . . 77

**6 Elektromagnetische Wellen** **83**

6.1 Ebene elektromagnetische Wellen . . . 83
6.2 Greensche Funktionen des Wellenoperators . . . 88
6.3 Abstrahlung elektromagnetischer Wellen . . . 91

**7 Spezielle Relativitätstheorie** **103**

7.1 Das Relativitätsprinzip . . . 103
7.2 Lorentz-Transformationen . . . 107
7.3 Zur Geometrie des Minkowski-Raums . . . 120
7.4 Verhalten unter Lorentz-Transformationen . . . 125
7.4.1 Zeitdehnung . . . 125
7.4.2 Maßstabverkürzung, Relativität der Gleichzeitigkeit . . . 126
7.4.3 Additionstheorem der Geschwindigkeiten . . . 127
7.4.4 Doppler-Effekt und Aberration von Licht . . . 127
7.5 Relativistische Kinematik eines Punktteilchens . . . 128
7.6 Kovarianter Formalismus . . . 137
7.7 Relativistische Dynamik eines Punktteilchens . . . 138
7.8 Kovariante Formulierung der Elektrodynamik . . . 145
7.9 Der Energie-Impuls-Tensor . . . 149
7.10 Liénard-Wiechertsche Potentiale . . . 150

**Anhang: Mathematische Hilfsmittel** **155**

A.1 Tensoralgebra . . . 155
A.1.1 Vektorräume, aktive und passive Transformationen . . . 155
A.1.2 Dualraum und duale Basis . . . 157
A.1.3 Tensorprodukte, Tensorräume und Tensoralgebra . . . 158
A.1.4 Äußere Produkte und äußere Algebra . . . 161
A.1.5 Euklidische und pseudo-Euklidische Vektorräume . . . 164
A.2 Tensoranalysis im flachen Raum . . . 169
A.2.1 Definition und Transformationsverhalten von Tensorfeldern . 169
A.2.2 Ableitung von Tensorfeldern . . . 170
A.2.3 Integration von Differentialformen . . . 173
Formelsammlung zur Vektoranalysis . . . 175

**Ausgewählte Literatur** **177**

**Register** **179**

# 1 Der Begriff des Feldes und seine Entstehung

## 1.1 Punktmechanik und Kontinuumsphysik

Der Begriff des Feldes hat sich weitgehend im 19. Jahrhundert entwickelt und ist in engem Zusammenhang mit der Entstehung der Elektrodynamik zur Klärung gelangt. Einige Meilensteine in der Entwicklung der Feldtheorie seit ca. 1780 sind in der folgenden Tabelle zusammengestellt.

**Tab. 1.1**: Meilensteine in der Entwicklung der Feldtheorie

| | |
|---|---|
| 1780 | Galvanis Entdeckung |
| 1785 | Coulombsches Gesetz |
| 1799 | Voltasche Säule |
| um 1800 | Elektrochemische Versuche von J.W. Ritter |
| 1820 | Oerstedsches Gesetz |
| 1822 | Ampères Deutung des Magnetismus als bewegte Elektrizität |
| 1826 | Ohmsches Gesetz |
| 1831 | Faradaysches Induktionsgesetz |
| 1856 | Versuch von W.E. Weber und R. Kohlrausch |
| 1862 | Maxwellsche Gleichungen: Anschluß der Optik an den Elektromagnetismus |
| 1870 | Bestätigung der Relation $n = \sqrt{\epsilon}$ durch L. Boltzmann |
| 1888 | Nachweis elektromagnetischer Wellen durch H. Hertz |
| 1890 | Heutige Formulierung der Maxwellschen Gleichungen durch H. Hertz |
| 1905 | Spezielle Relativitätstheorie |
| 1915 | Allgemeine Relativitätstheorie |

Der Stand der Physik um das Jahr 1800 läßt sich in groben Zügen durch die folgende Gegenüberstellung charakterisieren:

**Tab. 1.2**: Stand der Vorstellungen der Physik um 1800

| PUNKTMECHANIK (Atomismus) | KONTINUUMSERSCHEINUNGEN (Dynamismus) |
|---|---|
| | Hydrostatik und Hydrodynamik |
| | Mechanik der starren und elastischen Kontinua und Gase (Akustik) |
| Newtonsches Gravitationsgesetz | Wärmelehre |
| Coulombsches Gesetz | Optik |
| | Elektrizität<br>Magnetismus<br>Galvanismus |
| | Leben |
| Instantane Fernwirkung | Verzögerte Nahwirkung |

Die Newtonsche Punktmechanik war ein wohlgeordnetes, festgefügtes Lehrgebäude. Mit triumphalem Erfolg hatte sie die Bahnen der Himmelskörper ebenso richtig beschrieben wie die Bewegung eines geworfenen Steines. Die Differential- und Integralrechnung waren zusammen mit der Mechanik zu einem scharf geschliffenen, vielfältig verwendbaren Werkzeug entwickelt worden. Newtons Nachfolger hatten die von ihm selbst schon begonnene Erweiterung auf die Mechanik der starren und elastischen Körper und der Gase sowie auf die Hydrostatik und Hydrodynamik auf das Überzeugendste geleistet. Im Jahre 1788 schließlich erschien die „Mécanique Analytique“ von Joseph-Louis Lagrange (1736–1813), eine bis heute gültige geschlossene Darstellung der Mechanik, die auf wenigen Prinzipien beruht und die Kontinuumsmechanik einschließt.

Die Mechanik hatte als wissenschaftliche Disziplin Beispielfunktion; andere Zweige der Physik strebten ihr nach. Insbesondere konnte das Newtonsche Gravitationsgesetz $\boldsymbol{F} = -\gamma m_1 m_2 \boldsymbol{x}/|\boldsymbol{x}|^3$ als Muster eines einfachen Kraftgesetzes mit weitem Anwendungsbereich gelten. Was zu Newtons Zeiten Befremden und auch bei ihm selbst ein gewisses Unbehagen hervorgerufen hatte, daß nämlich die Gravitationskraft nach dem Newtonschen Gesetz ohne Zeitverzögerung über beliebige Raumabstände hinweg wirksam wird, das erschien vielen nunmehr – nach mehr als einem Jahrhundert der Gewöhnung – als ganz natürlich, ja geradezu als Kennzeichen einer wirklich wissenschaftlichen Beschreibung. Spekulationen über die Natur der Schwerkraft dagegen wurden weithin als unprofessionell und müßig angesehen; vielmehr durfte man hoffen, auch andere Bereiche der physikalischen Welt nach dem Muster der Gravitationstheorie beschreiben zu können.

Die Entdeckung des völlig analogen Coulombschen Gesetzes für die Kraft zwischen zwei Ladungen wurde allgemein als ein wichtiger Schritt in diese Richtung betrachtet. Sehr gut zur Newtonschen Punktmechanik paßte auch die Vorstellung von der Existenz kleinster unteilbarer Teilchen, der Atome, aus denen sich alles Materielle zusammensetzen sollte.

Außerhalb des wohlgesicherten Bereiches der Mechanik gab es noch eine Reihe von anderen, zum großen Teil seit langem bekannten Gebieten der Kontinuumsphysik, die noch längst nicht das Entwicklungsniveau dieses bewunderten Vorbildes einer Wissenschaft erreicht hatten. Zu nennen sind hier besonders Wärmelehre, Optik, Elektrizität, Magnetismus und der damals so genannte Galvanismus. Es fehlte freilich nicht an Bemühungen, auch diese Disziplinen an die Punktmechanik anzuschließen oder doch wenigstens nach ihrem Vorbild zu formulieren:

Für die *Wärmelehre* waren diese Bestrebungen mit der Aufstellung der kinetischen Gastheorie und der statistischen Mechanik letztlich erfolgreich.

In der *Optik* konnte sich eine Korpuskulartheorie der optischen Erscheinungen solange behaupten, bis die Interferenzversuche von Augustin Jean Fresnel (1788–1827) die Wellennatur des Lichtes unzweifelhaft machten. Allerdings wurde die Korpuskulartheorie des Lichtes im Jahre 1905 durch Albert Einstein (1879–1955) im Zusammenhang mit seiner Deutung des Photoeffektes wiederbelebt, und der daraus hervorgegangene sog. Welle-Teilchen-Dualismus gab den Anstoß zur Entwicklung der Quantentheorie, die den Gegensatz zwischen den beiden scheinbar unvereinbaren Betrachtungsweisen in subtiler Weise aufklärt und überwindet.

In der *Elektrizitätslehre* war der Fortschritt verbunden mit einer technischen Entwicklung, die es erlaubte, schrittweise immer größere Ladungen und Ströme unter immer besser reproduzierbaren Bedingungen herzustellen und nachzuweisen. Meilensteine auf diesem Wege sind die Entwicklung des Elektroskops, des Kondensators (Kleistsche oder Leidener Flasche), der äußerst beliebten und in zahllosen physikalischen Kabinetten zu findenden Elektrisiermaschine und ganz besonders, im Jahre 1799, der Voltaschen Säule durch Alessandro Volta (1745–1827), mit der die erste stabile stationäre Strom- und Spannungsquelle zur Verfügung stand und ohne die die weitere Entwicklung der Elektrodynamik undenkbar gewesen wäre.

In der *Magnetostatik* waren die grundlegenden Tatsachen wegen der leichteren experimentellen Zugänglichkeit und praktischen Nützlichkeit magnetischer Phänomene (Kompaß) schon länger bekannt als in der Elektrostatik. Außerdem erfreuten sich die Phänomene des Magnetismus bereits im 18. Jahrhundert eines besonderen philosophischen Interesses – spätestens nachdem Franz Mesmer (1734–1815) mit seinen magnetischen Krankenheilungen und Hypnosevorführungen viel Aufsehen erregt und Argumente für eine ganz besondere Lebens- und Geistverwandtschaft der magnetischen Erscheinungen geliefert hatte.

Vor diesem Hintergrund ist auch die große Erregung zu verstehen, die die Entdeckung von Luigi Galvani (1737–1798) aus dem Jahre 1780 hervorgerufen hatte: Durch Berührung mit zwei verschiedenen Metallen, die über einen Elektrolyten verbunden waren, konnte man einen Froschschenkel zum Zucken bringen. Ein Weg zum Verständnis des Lebendigen und seiner Beziehung zum Unbelebten schien offenzustehen. Erst Volta hat 1792 argumentiert, daß der Froschschenkel nur zum Nachweis einer Spannung dient, die ein einfaches Stromelement aus zwei Metallen erzeugt, und hat 1799 mit seiner Säule aus abwechselnden Metallscheiben und dazwischengeschobenen durchfeuchteten Papplagen den Effekt zielbewußt vervielfacht.

## 1.2 „Dynamismus" und Feldvorstellung

Neben den Versuchen, neue Phänomenbereiche auf die Punktmechanik zurückzuführen, gab es eine Gegenbewegung:

Seit Jahrhunderten schon waren Anstrengungen unternommen worden, etwa die Himmelsmechanik mit hydrodynamischen Vorstellungen zu verstehen. In der Tat entsprechen ja das Coulombsche Gesetz und das Newtonsche Gravitationsgesetz dem Geschwindigkeitsfeld einer inkompressiblen Flüssigkeit, die aus einer punktförmigen Quelle strömt. Dieselbe $1/r^2$–Abhängigkeit vom Abstand findet man für die scheinbare Helligkeit einer punktförmigen Lichtquelle. Auch verschiedene andere Gründe machten es plausibel, kalorische, optische, elektrische, magnetische und galvanische Erscheinungen dadurch zu erklären, daß man gewisse jeweils verschiedene „Fluida", strömende Quantitäten, annahm, die von warmen, hellen, geladenen, magnetisierten oder galvanischen Körpern ausgingen und Einflüsse auf andere Körper ausübten. Eine solche Nahwirkungserklärung durch Vermittlung strömender Fluida erschien unmittelbar einleuchtend.

Solche Überlegungen finden sich auch in einem Komplex von Gedanken und Vorstellungen, der schon damals oft als „Dynamismus" bezeichnet wurde. Insbesondere beruhte die sog. romantische Naturphilosophie des deutschen Idealismus weitgehend auf dynamistischen Ideen. Ihr Exponent auf philosophischer Seite war Friedrich Schelling (1775–1854). In bewußtem Gegensatz zum Weltentwurf des Atomismus und der Punktmechanik, der als grob materialistisch und geistfern, eben mechanisch, abgelehnt wurde, dachte man sich die Welt als ein Wechselspiel, ein Gegen- und Miteinanderwirken verschiedener „Kräfte". Es gab eine optische Kraft, eine Wärmekraft, eine chemische, eine elektrische, eine magnetische, eine galvanische Kraft und weitere Kräfte im Bereich des Lebendigen und des Geistigen. Diese Kräfte wurden als verschiedene Erscheinungsformen einer universellen Kraft angesehen; ein Übergang von einer Erscheinungsform in eine andere, also eine Umwandlung verschiedener Kräfte ineinander, war Ausdruck und zugleich Antrieb des physikalischen Geschehens.

Der Begriff der Kraft war in der Physik und in der Philosophie schon lange verbreitet, war aber, außer in der Newtonschen Mechanik, noch nicht zu einer vollen Klärung gelangt. Das dynamistische Verständnis des Kraftbegriffes ähnelt eher dem, was wir heute mit Energie bezeichnen. (Aber noch heute sprechen wir auch von Kernkraft im Sinne von Kernenergie.) Die Spekulation lag nahe, daß die universelle Kraft weder vermehrt noch vermindert werden könne, sondern nur ihre Erscheinungsform wandle. In der Tat ist das Prinzip von der Erhaltung der Energie dynamistischen Vorstellungen entsprungen. Ein Schlüsselerlebnis für Robert Mayer

(1814–1878), der im Jahre 1841 sein Prinzip von der „Erhaltung der Kraft“ formulierte, war eine Beobachtung, die er als Schiffsarzt in den Tropen gemacht hatte: Das venöse Blut beim Aderlaß war heller als in den gemäßigten Breiten. Da in den Tropen zur Aufrechterhaltung der Körperwärme und der Lebensfunktionen weniger Energie benötigt wird, wurde dort offenbar auch weniger chemische Kraft aus dem Blut entnommen. Um allerdings ein Maß für die universelle Kraft zu finden, mußte man die Umwandlungsfaktoren der verschiedenen Kräfte ineinander kennen. Auf rein theoretischem Wege, nämlich durch Vergleich der spezifischen Wärmen eines Gases bei festem Volumen und bei fester Temperatur, gelangte Mayer so zu einem annähernd richtigen Wert für das mechanische Wärmeäquivalent.

Eine weitere Frucht dynamistischer Vorstellungen ist, wie wir noch sehen werden, der Feldbegriff.

Schellings eigener Beitrag zur Physik ist nicht sehr hoch zu veranschlagen. In seinem Jenenser Umkreis wirkte aber Johann Wilhelm Ritter (1776–1810), dem bei der Umsetzung dynamistischer Vorstellungen eine Schlüsselrolle zufällt. Ritter war eine mitreißende Persönlichkeit und ein ideenreicher Experimentator. Er entdeckte u.a., daß die Stromerzeugung in einem galvanischen Element aus Metallen und Elektrolyt stets mit einer chemischen Umsetzung verbunden ist. Es fand also eine Umwandlung von chemischer in galvanische Kraft statt. In der Verfolgung dieses Gedankens wurde Ritter zu einem Begründer der Elektrochemie. [Später, in München, bemühte er sich auch um das Verständnis der „rhabdomantischen Kraft“ (Wünschelrutenkraft).]

Als direkter Schüler Ritters ist Hans Christian Oersted (1777–1851) anzusehen. Er verbrachte das Jahr 1802 in engem Austausch mit Ritter in Jena und stand bis zu dessen Tod in regem Briefwechsel mit ihm. Im Jahre 1820 gelang Oersted seine berühmte Entdeckung, die sofort in ganz Europa gewaltiges Aufsehen erregte: Eine Magnetnadel erfährt unter dem Einfluß eines elektrischen Stromes in einem geraden Draht eine Ablenkung quer zu dem Draht.

Aufschlußreich ist der Gedankengang Oersteds: Die (heute so genannte) Joulesche Wärme in einem stromdurchflossenen Leiter deutete er so, daß in einem „elektrischen Konflikt“ zwischen aufeinanderprallenden positiven und negativen Ladungen elektrische Kraft in Wärmekraft umgesetzt würde. Von der Umwandelbarkeit verschiedener Kräfte ineinander überzeugt, untersuchte er, ob bei dem elektrischen Konflikt auch ein wenig magnetische Kraft abfiele. Die Größe des Effektes überraschte ihn.

Nach Oersteds bahnbrechender Entdeckung dauerte es nicht lange, bis im Jahre 1822 André Marie Ampère (1775–1836) ganz allgemein Magnetismus als Wirkung bewegter Ladungen deutete und insbesondere zur Erklärung des Ferromagnetismus im Innern des Eisens permanent fließende Kreisströme vermutete.

Die größte Forscherpersönlichkeit der dynamistischen Richtung war zweifellos Michael Faraday (1791–1867). Zur Entdeckung des Induktionsgesetzes im Jahre 1831 führte ihn die Suche nach dem Umkehreffekt zur Oerstedschen Beobachtung: Magnetische Kraft sollte in elektrische Kraft umgewandelt werden. Faraday war es auch, der mit seinem Feldbegriff die richtige begriffliche und quantitative Fassung dynamistischer Vorstellungen einleitete. Er dachte sich den Raum ganz konkret von Feldern elektrischer und magnetischer Kraftlinien durchsetzt, wobei ein vager Zusammenhang zwischen den Kraftlinien und den Strömungslinien der entsprechenden Fluida gedacht werden kann. Faraday war nicht in der Lage, eine mathematische Beschreibung der Kraftlinien zu geben, aber er entwickelte doch genaue Vorstellungen über den Verlauf und die Wechselwirkung elektrischer und magnetischer Kraftlinien, die ihm ein intuitives, halb-quantitatives Verständnis der elektromagnetischen Phänomene erlaubten. In seinen späteren Jahren arbeitete er, seiner Zeit um viele Jahrzehnte voraus, an einer vereinheitlichten Feldvorstellung unter Einbeziehung der Gravitation. Ganz konsequent suchte er beispielsweise nach Induktionswirkungen der Gravitation und war überzeugt davon, daß seine Suche nur aus quantitativen Gründen erfolglos geblieben war.

Faradays ganz großes Verdienst besteht in der Einführung des völlig neuartigen und der Punktmechanik fremden Feldbegriffes. Der Raum wurde nicht mehr einfach durch Fernwirkung überbrückt, sondern ihm wurde als Träger von Kraftlinien und Feldern eine aktive Rolle zugewiesen. Damit ermöglichte Faraday die genaue Fassung eines bis dahin als mystisch-verworren und unwissenschaftlich angesehenen Begriffes und ebnete so den Weg zu einer neuen Denkweise, deren Fruchtbarkeit sich in der Folge überdeutlich erweisen sollte.

## 1.3 Die Entdeckung der Maxwellschen Gleichungen

Nach Vorarbeiten von William Thomson (1824–1907), des späteren Lord Kelvin, im Jahre 1845 war es dann James Clerk Maxwell (1831–1879), der – wie er selbst betonte – den Faradayschen Ideen ihre mathematische Formulierung gab. Mit der Einführung des Maxwellschen Verschiebungsstromes ging er dabei allerdings in einem entscheidenden Punkt über Faraday hinaus. Seine im Jahre 1862 veröffentlichten und nach ihm benannten Gleichungen des elektromagnetischen Feldes fassen nicht nur elektrische und magnetische Kräfte in einer einheitlichen Theorie des Elektromagnetismus zusammen, sondern sie lassen gerade wegen des Maxwellschen Verschiebungsstromtermes auch Wellenlösungen zu, deren Ausbreitungsgeschwindigkeit, wie Maxwell erkannte, mit der Lichtgeschwindigkeit übereinstimmt. Somit war zu vermuten, daß sich auch die Optik als Spezialgebiet des Elektromagnetismus erweisen würde. Einen deutlichen, schon von Maxwell aufgenommenen Hinweis auf die Verwandtschaft elektromagnetischer und optischer Erscheinungen hatte übrigens schon 1856 das Experiment von Wilhelm Weber (1804–1891) und Rudolf Kohlrausch (1809–1858) gegeben: Beim Vergleich elektrostatischer und magnetostatischer Kräfte hatte sich ein Proportionalitätsfaktor ergeben, der numerisch gleich dem Quadrat der Lichtgeschwindigkeit war.

In der Tat haben sich die Maxwellschen Gleichungen seither als die vollständige Theorie aller klassischen elektromagnetischen und optischen Erscheinungen erwiesen. Sie waren als Feldtheorie eine Theorie von ganz neuer Art, und als physikalische Errungenschaft sind sie nur mit der Newtonschen Mechanik einschließlich der Gravitationstheorie zu vergleichen.

In den folgenden Jahrzehnten bewährten sich die Maxwellschen Gleichungen in vielfacher Weise. Hier sind besonders zu nennen die experimentelle Bestätigung der vorhergesagten Relation $n = \sqrt{\epsilon}$ zwischen Brechungsindex und Dielektrizitätskonstante durch Ludwig Boltzmann (1844–1906) im Jahre 1870 sowie – gewissermaßen als Schlußstein – die Erzeugung und der Nachweis transversaler elektromagnetischer Wellen durch Heinrich Hertz (1837–1894) im Jahre 1888.

Welch gewaltigen Fortschritt die Maxwellschen Gleichungen darstellten und in welchem Maße sie an die Grenzen der damals verfügbaren mathematischen Methoden stießen, zeigt auch die Schwierigkeit ihrer Rezeption. Obwohl man sofort von ihrer großen Bedeutung überzeugt war, bereitete ihr Verständnis fast allen Physikern lange Zeit enorme Probleme. Anekdotisch mag dies der Fall des hochangesehenen Münsteraner Ordinarius Johann Wilhelm Hittorf (1824–1914) belegen, der sich große Verdienste um die Physik der Gasentladungen erworben hatte. (Der Hittorfsche Dunkelraum vor der Kathode ist nach ihm benannt.) Nach langen vergeblichen Bemühungen um das Verständnis der Maxwellschen Theorie legte Hittorf im Jahre 1889 resigniert sein Lehramt nieder, da er sich den Anforderungen seines Faches nicht mehr gewachsen fühlte. In diesem Sinne sind die Verdienste von Ludwig Boltzmann und von Heinrich Hertz um eine einfachere Formulierung der Maxwellschen Gleichungen sehr hoch einzuschätzen: Hertz gab ihnen im Jahre 1890 ihre bis heute gültige elegante Form.

## 1.4 Überlegungen zum Begriff des Feldes

Es zeigt sich, daß die elektromagnetischen Erscheinungen durch zwei Felder, das *elektrische Feld* $\boldsymbol{E}$ und das *magnetische Feld* $\boldsymbol{B}$, beschrieben werden können. Die elektromagnetische Kraft auf ein Punktteilchen der Ladung $q$, das sich zur Zeit $t$ am Ort $\boldsymbol{x}$ befindet und mit der Geschwindigkeit $\boldsymbol{v}$ bewegt, ist die *Lorentz-Kraft*[1]

$$\boldsymbol{F}(t,\boldsymbol{x},\boldsymbol{v}) \;=\; q\,(\boldsymbol{E}(t,\boldsymbol{x}) + \boldsymbol{v}\times\boldsymbol{B}(t,\boldsymbol{x}))\;. \tag{1.1}$$

Die Möglichkeit, die Kraftwirkung in dieser Art durch nur zwei Felder zu erfassen, stellt eine ganz ungeheure Vereinfachung dar; man muß sich nur einmal vor Augen führen, daß a priori die Kraft auf eine Ladung von unzähligen Faktoren abhängen könnte, etwa von der gesamten Vorgeschichte der Versuchsanordnung statt nur von ihrem gegenwärtigen Zustand.

Auch angesichts der durch Gl. (1.1) ausgedrückten Einsicht in die Struktur elektromagnetischer Kräfte kann und muß man sich die Frage nach dem Realitätsgehalt der Felder $\boldsymbol{E}$ und $\boldsymbol{B}$ stellen. Denn formal kann man natürlich eine Funktion $\boldsymbol{F}$ einführen, die gerade so definiert wird, daß ihr Wert $\boldsymbol{F}(\boldsymbol{x},\boldsymbol{v})$ die Kraft angibt, die ein Punktteilchen erfährt, welches sich am Ort $\boldsymbol{x}$ befindet und mit der Geschwindigkeit $\boldsymbol{v}$ bewegt. Beispielsweise hätte eine solche Funktion für ein ruhendes Punktteilchen mit Masse $m$ bzw. Ladung $q$ (unter dem Einfluß eines anderen, im Ursprung ruhenden Punktteilchens mit Masse $M$ bzw. Ladung $Q$), entsprechend dem Newtonschen Gravitationsgesetz bzw. dem Coulombschen Gesetz, die Form

$$\boldsymbol{F}^{\mathrm{g}}(\boldsymbol{x}) \;=\; -\gamma M m\,\frac{\boldsymbol{x}}{|\boldsymbol{x}|^3} \qquad \text{bzw.} \qquad \boldsymbol{F}^{\mathrm{e}}(\boldsymbol{x}) \;=\; \frac{Qq}{4\pi\epsilon_0}\,\frac{\boldsymbol{x}}{|\boldsymbol{x}|^3}\;. \tag{1.2}$$

[1] In diesem einführenden Kapitel arbeiten wir in SI-Einheiten; mehr dazu in Kap. 3.2.

Man könnte aber einwenden, daß z.B. $\boldsymbol{F}^{\mathrm{e}}(\boldsymbol{x})$ nur die Kraft beschreibt, die eine ruhende Punktladung $q$ im Orte $\boldsymbol{x}$ erfahren *würde, wenn* sie sich dort befände. Das Kraftfeld $\boldsymbol{F}^{\mathrm{e}} = q\boldsymbol{E}$ selbst, also auch das elektrische Feld $\boldsymbol{E}$, wäre demnach eine vielleicht nützliche, aber doch entbehrliche Größe – ohne eigenständige, d.h. von der Anwesenheit der Testladung unabhängige Realität. Das eigentlich Vorliegende wären nach dieser Auffassung immer noch Fernkräfte zwischen Punktteilchen.

Gegen die Richtigkeit dieser Auffassung, oder jedenfalls gegen ihre Zweckmäßigkeit, lassen sich zwei Argumente anführen:

a) Nach den Maxwellschen Gleichungen ist die von einer bewegten Punktladung $q_1$ am Ort $\boldsymbol{x}_1$ mit Geschwindigkeit $\boldsymbol{v}_1$ und Beschleunigung $\boldsymbol{a}_1$ auf eine bewegte Punktladung $q_2$ am Ort $\boldsymbol{x}_2$ mit Geschwindigkeit $\boldsymbol{v}_2$ und Beschleunigung $\boldsymbol{a}_2$ ausgeübte Kraft $\boldsymbol{F}$ gegeben durch

$$\boldsymbol{F} = \frac{q_1 q_2}{4\pi\epsilon_0}\left(\boldsymbol{E}'_{\mathrm{ret}} + \boldsymbol{v}_2 \times \boldsymbol{B}'_{\mathrm{ret}}\right) , \tag{1.3}$$

wobei

$$\boldsymbol{E}' = \left(1 - \boldsymbol{v}_1^2/c^2\right) \frac{\boldsymbol{r}_0 - \boldsymbol{v}_1/c}{r^2(1 - \boldsymbol{r}_0 \cdot \boldsymbol{v}_1/c)^3} + \frac{1}{c}\frac{\boldsymbol{r}_0 \times ((\boldsymbol{r}_0 - \boldsymbol{v}_1/c) \times \boldsymbol{a}_1/c)}{r(1 - \boldsymbol{r}_0 \cdot \boldsymbol{v}_1/c)^3} \tag{1.4}$$

und

$$\boldsymbol{B}' = \boldsymbol{r}_0 \times \boldsymbol{E}' \tag{1.5}$$

mit

$$\boldsymbol{r} = \boldsymbol{x}_2 - \boldsymbol{x}_1 \;,\quad r = |\boldsymbol{r}| \;,\quad \boldsymbol{r}_0 = \boldsymbol{r}/r \;. \tag{1.6}$$

Der Index „ret“ bedeutet, daß alle kinematischen Größen des Teilchens 1 (Ort, Geschwindigkeit, Beschleunigung) nicht zur Zeit $t$, sondern zur sog. retardierten Zeit

$$t_{\mathrm{ret}} = t - r/c , \tag{1.7}$$

also um die Laufzeit eines Lichtsignals zwischen Teilchen 1 und Teilchen 2 verfrüht, zu nehmen sind.

Dieses punktmechanische Gesetz ist sicher zu kompliziert, um fundamentalen Charakter beanspruchen zu können. Auch legt die Notwendigkeit der Retardierung nahe, daß sich die elektromagnetische Wirkung mit einer endlichen Geschwindigkeit ausbreitet, die mit der Lichtgeschwindigkeit übereinstimmt.

b) Die Maxwellschen Gleichungen haben Wellenlösungen im Vakuum, d.h. ohne daß Ladungen oder Ströme vorhanden wären. Das elektromagnetische Feld beschreibt also nicht nur Kraftwirkungen zwischen Punktladungen, sondern kann sich in der Form von Wellen gewissermaßen selbständig machen.

Wenn man sich durch derartige Argumente davon überzeugt hat, daß das elektromagnetische Feld als ebenso „real“ angesehen werden kann wie etwa ein Punktteilchen, dann stellt sich sofort die Frage nach dem materiellen Träger des elektromagnetischen Feldes. Alle anderen „realen“ Felder sind ja an einen Träger gebunden, wie z.B. Strömungsfelder oder Schallwellenfelder an eine Flüssigkeit oder ein

Gas. Der Träger des elektromagnetischen Feldes, den man *Äther* nannte, müßte die Ausbreitung von Lichtwellen ermöglichen, also eine Art elastisches Medium sein, allerdings von ganz besonderer Art: viel feiner als jedes Gas, da er die Bewegung irgendwelcher Körper in keiner Weise behindert und da sich eventuelle Strömungen im Äther durch keinerlei mechanische Wirkungen bemerkbar machen.

Maxwell selbst legte bei der Herleitung seiner Gleichungen ein mechanisches Modell zugrunde, das uns heute wegen seiner Kompliziertheit geradezu abwegig erscheint, das aber zeigt, wie unentbehrlich ein Träger für ein Kraftfeld damals zu sein schien. Daß Maxwell ein mechanisches Äthermodell als notwendig empfand, bedeutet ein gewisses Zurückfallen hinter den von Faraday gewonnenen begrifflichen Stand. Auch die Geschichte der Rezeption der speziellen Relativitätstheorie erweist, zum Teil bis auf den heutigen Tag, die Zählebigkeit der Äthervorstellung.

Maxwells mechanisches Äthermodell läßt sich wie folgt beschreiben (vgl. Abb. 1.1): Der Raum ist mit Elementarwirbeln gefüllt, in Abb. 1.1 als große Sechsecke dargestellt. Die Winkelgeschwindigkeit der Drehbewegung der Wirbel bestimmt Größe und Richtung des magnetischen Feldes in jedem Punkt. Zwischen den Elementarwirbeln befinden sich, Kugellagern ähnlich, Ladungsteilchen, deren Bewegung einem elektrischen Strom entspricht.

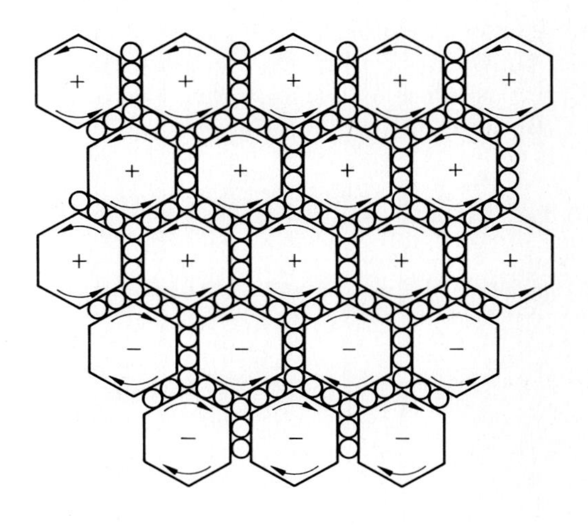

**Abb. 1.1**: Maxwells mechanisches Modell des Äthers

Man kann sich anhand des Maxwellschen Modells klarmachen, wie ein fadenförmiger Strom von Ladungsteilchen durch das Medium eine Drehbewegung von Elementarwirbeln gerade so anwirft, wie es dem Oerstedschen Gesetz entspricht. Umgekehrt führt eine unterschiedliche Rotationsgeschwindigkeit benachbarter Wirbel zu einem Strom gemäß dem Induktionsgesetz.

Wir werden später sehen, wie der Äthervorstellung durch Einsteins spezielle Relativitätstheorie (1905) der Boden entzogen wurde. In der allgemeinen Relativitätstheorie (1915) schließlich erhielt auch das Gravitationsfeld einen Status, der dem des elektromagnetischen Feldes vergleichbar ist. In der Tat geht die Einsteinsche Theorie noch einen Schritt weiter: Das Gravitationsfeld ist nicht auf einer vorbestimmten Raum- (und Zeit-) Struktur gegeben, sondern wirkt dynamisch auf die Maß- und Zusammenhangsverhältnisse der Raum-Zeit zurück.

## 1.5 Der Feldbegriff in der heutigen Physik

Es ist ein Kennzeichen der neueren Physik, daß der Begriff des Feldes ganz in den Vordergrund getreten ist, während das Punktteilchenkonzept teils in den Rang einer – unter gewissen Umständen zweckmäßigen – Näherung zurückgefallen ist, teils in der Quantentheorie der Felder im Sinne eines Welle-Teilchen-Dualismus eine gewisse Berechtigung behalten hat.

Heute kennt man neben den elektromagnetischen und den gravitativen Kräften noch zwei weitere fundamentale Arten der Wechselwirkung, nämlich die sog. starke Wechselwirkung, die u.a. für den Zusammenhalt der Atomkerne sorgt, und die sog. schwache Wechselwirkung, die u.a. für das Phänomen der Beta-Radioaktivität verantwortlich ist und aufgrund derer beispielsweise gewisse Zerfälle von Elementarteilchen erst möglich sind. Gemeinsam regeln die starke und die schwache Wechselwirkung auch die Energiefreisetzung in den Sternen, insbesondere in der Sonne.

In Tab. 1.3 sind die vier fundamentalen Wechselwirkungen aufgeführt, zusammen mit ungefähren Angaben über ihre relative Stärke in den für die Kernphysik und Hochenergiephysik typischen Längenbereichen von etwa $10^{-15}$ m bzw. Energiebereichen um 1 GeV, und über ihre Reichweite.

**Tab. 1.3**: Die vier fundamentalen Wechselwirkungen

| Wechselwirkung | Relative Stärke | Reichweite |
|---|---|---|
| Starke | 1 | $10^{-15}$ m |
| Elektromagnetische | $10^{-2}$ | $\infty$ |
| Schwache | $10^{-5}$ | $10^{-18}$ m |
| Gravitation | $10^{-40}$ | $\infty$ |

Alle diese Wechselwirkungen werden durch Feldtheorien beschrieben. Nur die elektromagnetische und die gravitative Wechselwirkung sind allerdings so langreichweitig, daß sie sich makroskopisch bemerkbar machen und in diesem Bereich durch *klassische* Feldtheorien erfaßt werden können. Die starke und die schwache Wechselwirkung dagegen sind auf so kleine Abstände beschränkt, daß nur eine Beschreibung im Rahmen *quantisierter* Feldtheorien sinnvoll ist.

Man beachte auch, daß die elektromagnetische Kraft um einen ungeheuren Faktor stärker ist als die Gravitationskraft: So beträgt beispielsweise das Verhältnis von elektrostatischer Abstoßung zu gravitationeller Anziehung für zwei Protonen bzw. zwei Elektronen etwa $10^{36}$ bzw. $4 \cdot 10^{42}$. Dies sei noch anhand eines anderen

Zahlenbeispiels verdeutlicht: Man denke sich zwei Körper von jeweils einem Mol Substanz, z.B. zwei Eisenkugeln mit einer Masse von jeweils 56 g, und gebe beiden Körpern positive Ladung, indem man jedem tausendsten Atom ein Elektron entzieht. Bei einem Abstand von einem Meter beträgt dann die elektrostatische Abstoßung der beiden Körper rund $10^{14}$ Newton, was etwa dem Gewicht eines Eisenwürfels von 1 km Kantenlänge entspricht.

Daß sich elektrische Kräfte in unserer alltäglichen Welt trotz ihrer Stärke und ihrer langen Reichweite recht wenig bemerkbar machen und historisch gesehen erst spät entdeckt wurden, beruht auf der Existenz von Ladungen beiderlei Vorzeichens und darauf, daß sich gleichsinnige Ladungen abstoßen, gegensinnige Ladungen aber anziehen. Makroskopisch gesehen bildet dadurch alle Materie eine im wesentlichen gleichmäßig fein verteilte Mischung aus positiven und negativen Ladungen, deren elektrische Kraftwirkungen sich praktisch vollständig aufheben. Im Gegensatz dazu sind Massen stets positiv, und Gravitationskräfte sind stets anziehend, können also nicht kompensiert werden. Nur so ist es möglich, daß in unserer Umwelt die um so viele Größenordnungen schwächeren, aber ebenfalls langreichweitigen Gravitationskräfte unter normalen Umständen gegenüber den elektrischen Kräften überwiegen.

Die Feldtheorien der elektromagnetischen, der schwachen und der starken Wechselwirkung weisen nach heutiger Kenntnis eine enge strukturelle Verwandschaft auf: Sie sind Beispiele für *Eichtheorien*. Auch die allgemeine Relativitätstheorie zeigt Züge einer Eichtheorie. Solche Ähnlichkeiten lassen die Frage nach einer grundsätzlichen Einheit aller fundamentalen Wechselwirkungen aufkommen.

In diesem Punkt sind in den letzten Jahren Fortschritte erzielt worden, denn es gelang, eine vereinheitlichte Eichtheorie der sog. elektroschwachen Wechselwirkungen zu schaffen, in der die elektromagnetische und die schwache Wechselwirkung zusammengefaßt sind und für die Sheldon Glashow, Abdus Salam und Steven Weinberg im Jahre 1979 der Nobelpreis für Physik verliehen wurde. Diese Theorie steht ganz in der Tradition Maxwells, der seinerzeit elektrische und magnetische Kräfte sowie die Optik zu einer umfassenden Theorie des Elektromagnetismus vereinigt hatte. Allerdings zeigt sich die enge Verwandtschaft von elektromagnetischen und schwachen Wechselwirkungen erst bei sehr hohen Energien. Die Vereinigung aller Wechselwirkungen einschließlich der Gravitation, wie sie schon Faraday vorschwebte, ist dagegen auch heute noch ein ungelöstes Problem und in der Tat ein Hauptanliegen der Elementarteilchenphysik.

Zu erwähnen ist noch, daß sich aus der Sicht der Quantenfeldtheorie der Begriff des Elementarteilchens dem des Quantenfeldes unterordnet: Zu jedem Elementarteilchen (wie z.B. einem Elektron) gehört ein Quantenfeld, zu dem sich das Teilchen so verhält wie das Lichtquant (Photon) zum elektromagnetischen Feld. Der fundamentale Unterschied zwischen Teilchen und Kräften ist also insofern aufgehoben, als beide durch entsprechende Felder beschrieben werden.

Zu betonen ist schließlich, daß die Feldtheorie keineswegs nur für die genannten fundamentalen Felder und die Elementarteilchentheorie bedeutsam ist. Ganz im Gegenteil ist in der uns umgebenden makroskopischen Welt die klassische Feldtheorie das einzige brauchbare Mittel zur Beschreibung kontinuierlicher Systeme. Die Strömung von Flüssigkeiten und Gasen, der Transport von Wärme, die Optik, die mannigfachen Vorgänge bei Mischungen und chemischen Umsetzungen, das

Verhalten von Plasmen und Elektrolyten, kurz, die ganze Fülle makroskopischer Erscheinungen, von Laborexperimenten bis zur Meteorologie und zur Astrophysik, wird erst mit den Begriffen und Methoden der Feldtheorie zugänglich.

## 1.6 Vorläufiges zur mathematischen Fassung des Feldbegriffes

Wie schon mehrfach erwähnt, entspricht der Feldbegriff der Vorstellung, daß jeder Punkt des Raumes zum Träger zusätzlicher Qualitäten wie Druck, Temperatur, Dichte, Strömungsgeschwindigkeit oder elektrischer und magnetischer Feldstärke wird.

In mathematischer Sprache ist ein *Feld*, oder genauer eine *Feldkonfiguration*, einfach eine *Abbildung* des *Raumes* – oder allgemeiner bei zeitabhängigen Feldern und besonders im Rahmen der Relativitätstheorie der *Raum-Zeit* – in eine Menge $F$, die die möglichen Werte des Feldes beschreibt. Die Struktur dieses Wertebereichs $F$ ist dabei nicht von vornherein festgelegt, sondern hängt von der Natur des Feldes ab. Für ein Druck-, Temperatur- oder Dichtefeld beispielsweise ist $F$ die Menge $\mathbb{R}^+$ der nicht-negativen reellen Zahlen, für ein Strömungsfeld ist $F$ ein dreidimensionaler Vektorraum. Die Feldtheorie beschäftigt sich nun, ganz allgemein gesprochen, mit dem Problem, die physikalisch möglichen Feldkonfigurationen zu charakterisieren und ihre zeitliche Entwicklung zu berechnen. Schon hieraus geht hervor, daß Felder – im Gegensatz zu Systemen von Punktteilchen – Systeme mit unendlich vielen Freiheitsgraden sind, da ja der Zustand eines Feldsystems erst durch die Gesamtheit der Werte des Feldes in jedem Raumpunkt bestimmt ist.

Wir wollen dies etwas konkreter fassen, und zwar zunächst im Rahmen der klassischen Physik, also ohne Berücksichtigung der (speziellen oder allgemeinen) Relativitätstheorie. Dann läßt sich der physikalische Raum mathematisch durch einen dreidimensionalen affinen Raum $E^3$ über einem dreidimensionalen Euklidischen Vektorraum $V^3$ beschreiben. Ein Feld $A$ ist in diesem Fall eine Abbildung

$$A : E^3 \longrightarrow F \ , \tag{1.8}$$

mit der Zuordnung

$$\boldsymbol{x} \in E^3 \longmapsto A(\boldsymbol{x}) \in F \ . \tag{1.9}$$

Natürlich können Felder zeitlich veränderlich sein. Das läßt sich einmal dadurch beschreiben, daß die Feldabbildung $A$ von der Zeit $t$ abhängt, daß also die Zuordnung der Feldwerte zu den Raumpunkten zu verschiedenen Zeitpunkten unterschiedlich ist. Eine andere, aber offensichtlich äquivalente Beschreibung dieser Zeitabhängigkeit besteht darin, Felder nicht als Abbildungen des Raumes, sondern als Abbildungen von Raum und Zeit in den Wertebereich $F$ aufzufassen. Ein zeitabhängiges Feld $A$ ist demnach eine Abbildung

$$A : \mathbb{R} \times E^3 \longrightarrow F \ , \tag{1.10}$$

mit der Zuordnung

$$(t, \boldsymbol{x}) \in \mathbb{R} \times E^3 \longmapsto A(t, \boldsymbol{x}) \in F \ . \tag{1.11}$$

Welche Beschreibung der Zeitabhängigkeit man bevorzugt, ist weitgehend Geschmackssache; die zweite drängt sich allerdings in der speziellen und allgemeinen Relativitätstheorie auf, bei denen Raum und Zeit eng miteinander verknüpft sind.

Druck-, Temperatur- oder Dichtefelder sind Beispiele für *Skalarfelder*, bei denen definitionsgemäß der Wertebereich der Körper $\mathbb{R}$ der reellen Zahlen oder eine geeignete Teilmenge davon ist; Strömungsfelder sowie elektrische und magnetische Felder hingegen sind Beispiele für *Vektorfelder* $\boldsymbol{A}$, bei denen definitionsgemäß der Wertebereich $F$ ein reeller Vektorraum ist.[2] Genauer gesagt ist hierbei $F$ der Vektorraum $V^3$, zu dem $E^3$ als affiner Raum gehört. Die Richtung der Feldstärke in jedem Punkt ist nämlich in allen Fällen eine Richtung im wirklichen Raum. Man erkennt das auch am Verhalten dieser Felder unter Drehungen: Wenn man ein solches Feldsystem, z.B. einen geladenen Kondensator (samt dem von ihm erzeugten elektrischen Feld) oder eine stromdurchflossene Spule (samt dem von ihr erzeugten magnetischen Feld), einer räumlichen Drehung $R$ unterwirft, so geht die Feldabbildung $\boldsymbol{A}$ in eine neue Feldabbildung $\boldsymbol{A}^R$ über, die gerade dadurch gegeben ist, daß sie dem gedrehten Raumpunkt den gedrehten Feldwert zuordnet. In Formeln bedeutet das

$$\boldsymbol{A}^R(R\boldsymbol{x}) = R\,\boldsymbol{A}(\boldsymbol{x}) ,$$

oder mit $\boldsymbol{x}$ anstelle von $R\boldsymbol{x}$

$$\boldsymbol{A}^R(\boldsymbol{x}) = R\,\boldsymbol{A}(R^{-1}\boldsymbol{x}) . \tag{1.12}$$

Man erhält also die Abbildung $\boldsymbol{A}^R$ aus der Abbildung $\boldsymbol{A}$ wie folgt:

$$\boldsymbol{A}^R = R \circ \boldsymbol{A} \circ R^{-1} , \tag{1.13}$$

d.h. $\boldsymbol{A}^R$ entsteht aus $\boldsymbol{A}$ durch Komposition mit $R^{-1}$ von rechts und $R$ von links. Dies ist das normale Transformationsverhalten von Abbildungen, wenn Transformationen sowohl im Urbildraum als auch im Bildraum wirken; es kann – was in der modernen Mathematik weit verbreitet ist – auch durch ein kommutatives Diagramm ausgedrückt werden:

$$\begin{array}{ccc} E^3 & \xrightarrow{\boldsymbol{A}} & V^3 \\ R\downarrow & & \downarrow R \\ E^3 & \xrightarrow{\boldsymbol{A}^R} & V^3 \end{array}$$

Anders ist das Verhalten von Vektorfeldern unter Translationen: Wenn man Kondensator oder Spule um einen Vektor $\boldsymbol{a}$ verschiebt, so ordnet das neue Feld dem verschobenen Raumpunkt den alten Feldwert zu, d.h.

$$\boldsymbol{A}^{T(\boldsymbol{a})}(\boldsymbol{x} + \boldsymbol{a}) = A(\boldsymbol{x}) , \tag{1.14}$$

oder mit $\boldsymbol{x}$ anstelle von $\boldsymbol{x} + \boldsymbol{a}$

$$\boldsymbol{A}^{T(\boldsymbol{a})}(\boldsymbol{x}) = A(\boldsymbol{x} - \boldsymbol{a}) . \tag{1.15}$$

[2] In vielen Bereichen der Physik, vor allem in der Quantentheorie, kommen auch Felder vor, bei denen anstelle des Körpers der reellen Zahlen als Grundkörper der Körper der komplexen Zahlen tritt.

Man erhält also die Abbildung $\boldsymbol{A}^{T(\boldsymbol{a})}$ aus der Abbildung $\boldsymbol{A}$ wie folgt:

$$\boldsymbol{A}^{T(\boldsymbol{a})} = \boldsymbol{A} \circ T(\boldsymbol{a})^{-1} . \tag{1.16}$$

Die Translationen wirken zwar im Urbildraum $E^3$, aber nicht im Bildraum $F = V^3$. Der Wertebereich $F$ ist eben nicht der affine Raum $E^3$, sondern der zugehörige Vektorraum $V^3$. Das hängt damit zusammen, daß für Geschwindigkeiten und Kräfte der Koordinatenursprung herausfällt.

Wir werden auch Anlaß haben, Felder zu benutzen, bei denen der Wertebereich $F$ nicht der Vektorraum $V^3$, sondern ein (ggf. geeignet symmetrisiertes oder antisymmetrisiertes) Tensorprodukt über $V^3$ ist. Solche Felder heißen *Tensorfelder* und werden ausführlicher im Anhang beschrieben.

In der Relativitätstheorie stehen, wie schon zuvor angedeutet, Raum und Zeit nicht mehr beziehungslos nebeneinander, sondern sind zur Raum-Zeit zusammengefaßt. In der speziellen Relativitätstheorie läßt sich die physikalische Raum-Zeit mathematisch durch einen vierdimensionalen affinen Raum $E^4$ über einem vierdimensionalen pseudo-Euklidischen Vektorraum $V^4$ beschreiben, der als *Minkowski-Raum* bekannt geworden ist. Die zuvor angestellten grundsätzlichen Überlegungen zur Natur von Feldern im allgemeinen und von Vektorfeldern und Tensorfeldern im besonderen gelten, mutatis mutandis, auch in diesem Fall, sofern man $E^3$ bzw. $\mathbb{R} \times E^3$ durch $E^4$ sowie $V^3$ durch $V^4$ ersetzt. In der allgemeinen Relativitätstheorie dagegen hat die Raum-Zeit eine sehr viel flexiblere Struktur, und wir werden dort einem noch allgemeineren Feldtyp begegnen, bei dem – grob gesagt – der Wertebereich des Feldes an jedem Raum-Zeit-Punkt ein anderer Vektorraum ist; allerdings hängen diese Vektorräume in einem geeigneten Sinne differenzierbar von den Raum-Zeit-Punkten ab, denen sie zugeordnet sind. Als vorläufiges Beispiel mag ein Tangentialvektorfeld $\boldsymbol{T}$ an die zweidimensionale Sphäre $S^2$ dienen, das z.B. ein Feld von Windstärken auf der Erdkugel (unter Vernachlässigung vertikaler Strömungen) darstellt: Jedem Punkt $\boldsymbol{x}$ der Sphäre wird ein Vektor $\boldsymbol{T}(\boldsymbol{x})$ aus dem zweidimensionalen Tangentialraum der Sphäre im Punkt $\boldsymbol{x}$ zugeordnet. Diese Tangentialräume sind natürlich für verschiedene Fußpunkte verschieden, hängen aber, anschaulich gesehen, differenzierbar von ihren Fußpunkten ab.

Schließlich sind auch Felder denkbar, bei denen der Wertebereich $F$ ein Vektorraum ist, dessen Richtungen nichts mit räumlichen Richtungen zu tun haben, auf den also, mit anderen Worten, die räumlichen Drehungen nicht wirken. In der klassischen Physik lassen sich zwar keine ungekünstelten Beispiele solcher Felder angeben, sie spielen aber eine Rolle in der Theorie der Supraleitung oder in der Elementarteilchenphysik. Die Richtung im Feldraum entspricht dabei z.B. einer gewissen Phase oder einer Richtung in einem sog. inneren Raum, gelegentlich auch Isoraum genannt. Im Feldraum können dann sog. innere Transformationen oder innere Symmetrien wirken, die nichts mit Transformationen von Raum oder Zeit zu tun haben.

# 2 Elemente der Hydrodynamik

In diesem Kapitel wollen wir einige Grundbegriffe aus der Theorie der Fluide darstellen. „Fluide" ist der physikalische Oberbegriff für Flüssigkeiten und Gase. Wir haben es hier mit einer besonders einfachen und anschaulichen Feldtheorie zu tun, bei der das fundamentale Feld das *Strömungsfeld* ist, also das Vektorfeld $\boldsymbol{v}(t, \boldsymbol{x})$, das die *Strömungsgeschwindigkeit* zur Zeit $t$ am Punkt $\boldsymbol{x}$ angibt. *Stromlinien* sind Kurven, deren Tangente in jedem Punkt durch den dortigen Wert des Strömungsfeldes gegeben ist. Sie sind also Kurven $\boldsymbol{x}(\tau)$, die der Differentialgleichung

$$\frac{d\boldsymbol{x}}{d\tau}(\tau) = \boldsymbol{v}(t, \boldsymbol{x}(\tau)) \tag{2.1}$$

genügen (dabei ist $\tau$ ein zunächst nicht näher spezifizierter Bahnparameter). Für ein zeitunabhängiges Strömungsfeld $\boldsymbol{v}(\boldsymbol{x})$ sind die Stromlinien identisch mit den Bahnkurven der strömenden Fluidteilchen.

Auch für andere Vektorfelder lassen sich Stromlinien auf ganz analoge Weise definieren; sie werden gewöhnlich *Feldlinien* genannt. Ganz allgemein gesprochen sind die Begriffsbildungen der Fluiddynamik, besonders die in diesem Zusammenhang zu besprechenden Bilanzgleichungen, auch für andere Feldtheorien von grundlegender Bedeutung.

## 2.1 Bilanzgleichungen

In einem strömenden Fluid sei $\rho(t, \boldsymbol{x})$ die *Massendichte* und $\boldsymbol{j}(t, \boldsymbol{x})$ die *Massenstromdichte* zur Zeit $t$ am Punkt $\boldsymbol{x}$; $\rho$ ist also ein Skalarfeld, und $\boldsymbol{j}$ ist ein Vektorfeld, welches die durch eine Fläche mit Normale in Richtung von $\boldsymbol{j}$ strömende Masse pro Zeiteinheit und pro Flächeneinheit angibt. Genauer fließt von der Zeit $t_1$ bis zur Zeit $t_2$ durch eine Fläche $F$ die Masse

$$m_F(t_2, t_1) = \int_{t_1}^{t_2} dt \; \mu_F(t) , \tag{2.2}$$

mit

$$\mu_F(t) = \int_F d\boldsymbol{f} \cdot \boldsymbol{j}(t, \boldsymbol{x}) . \tag{2.3}$$

Massendichte und Massenstromdichte sind durch die Beziehung

$$\boldsymbol{j} \;=\; \rho \boldsymbol{v} \tag{2.4}$$

miteinander verknüpft.

Wir betrachten nun ein festes Volumen $V$ mit Rand $\partial V$. Die zur Zeit $t$ in $V$ enthaltene Gesamtmasse ist

$$m_V(t) \;=\; \int_V d^3x \; \rho(t, \boldsymbol{x}) \; .$$

Wenn im Innern von $V$ keine Quellen oder Senken vorhanden sind, die Masse nachliefern oder verschlingen, dann kann sich die in $V$ vorhandene Masse nur durch Ein- oder Ausströmen von Masse durch den Rand $\partial V$ von $V$ ändern. Orientiert man die Normale von $\partial V$ nach außen, so ist also

$$\frac{dm_V}{dt}(t) \;=\; \int_V d^3x \; \frac{\partial \rho}{\partial t}(t, \boldsymbol{x}) \;=\; - \int_{\partial V} d\boldsymbol{f} \cdot \boldsymbol{j}(t, \boldsymbol{x}) \;=\; - \int_V d^3x \; (\boldsymbol{\nabla} \cdot \boldsymbol{j})(t, \boldsymbol{x}) \; ,$$

wobei wir im letzten Schritt den Gaußschen Satz benutzt haben. Da diese Überlegung für beliebige Volumina $V$ gilt, erhalten wir als *Bilanzgleichung* oder *Kontinuitätsgleichung* für die Masse

$$\frac{\partial \rho}{\partial t} + \boldsymbol{\nabla} \cdot \boldsymbol{j} \;=\; 0 \; . \tag{2.5}$$

Diese Gleichung ist der mathematische Ausdruck für das *Gesetz von der Erhaltung der Masse.*

Genau wie die Masse lassen sich auch andere kontinuierlich verteilte mengenartige Größen bilanzieren. *Mengenartig* oder auch *extensiv* heißen diejenigen physikalischen Größen, deren Wert sich bei Verdopplung, Verdreifachung, ... des physikalischen Systems verdoppelt, verdreifacht, ... . Beispiele sind elektrische Ladung, Teilchenzahl, Masse, Energie, Impuls, Drehimpuls, Entropie, freie Energie usw.; Gegenbeispiele sind etwa Temperatur und Druck. Bei der Aufstellung einer Bilanz für eine beliebige extensive Größe $a$ ist allerdings die Möglichkeit der Existenz von – im Raum kontinuierlich verteilten – Quellen und Senken zu berücksichtigen. Die allgemeine Form der *Bilanzgleichung* oder *Kontinuitätsgleichung* für die Größe $a$ lautet daher

$$\frac{\partial \rho^a}{\partial t} + \boldsymbol{\nabla} \cdot \boldsymbol{j}^a \;=\; q^a \; , \tag{2.6}$$

wobei $\rho^a$ die *Dichte*, $\boldsymbol{j}^a$ die *Stromdichte* und $q^a$ die *Quelldichte* für die Größe $a$ bezeichnet; letztere beschreibt also die pro Zeiteinheit und Volumeneinheit durch Quellen nachgelieferte ($q^a > 0$) bzw. durch Senken verschlungene ($q^a < 0$) Menge der Größe $a$. In Differentialformenschreibweise (siehe Anhang) wird Gl. (2.6) zu

$$\frac{\partial \hat{\rho}^a}{\partial t} + d\hat{j}^a \;=\; \hat{q}^a \; , \tag{2.7}$$

mit den 3-Formen $\hat{\rho}^a = *\rho^a$ und $\hat{q}^a = *q^a$ sowie der 2-Form $\hat{j}^a = *j^a$.

Die Existenz von Quellen und Senken ($q^a \neq 0$) deutet im allgemeinen darauf hin, daß entweder die Größe $a$ nicht erhalten oder aber das betrachtete physikalische System nicht abgeschlossen ist. In der Tat nennt man eine extensive Größe $a$ *erhalten* und bezeichnet die entsprechende Bilanzgleichung als einen *Erhaltungssatz,* wenn in abgeschlossenen Systemen die entsprechende Quelldichte $q^a$ stets verschwindet, d.h. wenn

$$\frac{\partial \rho^a}{\partial t} + \boldsymbol{\nabla} \cdot \boldsymbol{j}^a = 0 \,. \tag{2.8}$$

*Abgeschlossene Systeme* sind diejenigen physikalischen Systeme, die keine extensiven Größen mit anderen physikalischen Systemen austauschen. Dabei sollte man sich vergegenwärtigen, daß Austausch einer extensiven Größe $a$ zwischen zwei physikalischen Systemen 1 und 2 sowohl zur Stromdichte $\boldsymbol{j}_1^a$ und $\boldsymbol{j}_2^a$ als auch zur Quelldichte $q_1^a$ und $q_2^a$ in jedem der beiden Systeme beitragen kann: Der erste Fall liegt vor, wenn die beiden Systeme räumlich getrennt sind und der Austausch durch Strömung über die Grenzfläche erfolgt, während der zweite Fall eintreten kann, wenn sich beide Systeme räumlich überlappen oder sogar völlig überlagern. Insbesondere kann also in einem offenen System auch eine erhaltene Größe $a$ eine Quelldichte $q^a \neq 0$ besitzen, doch lassen sich derartige Quellen und Senken stets eindeutig identifizieren und einem anderen offenen System zuordnen, das mit dem ersten in Wechselwirkung steht.

Als Beispiel möge der Austausch von Energie und Impuls zwischen sich bewegenden elektrischen Ladungen (1) und dem von ihnen erzeugten und auf sie zurückwirkenden elektromagnetischen Feld (2) dienen: Energie und Impuls der Teilchen allein oder des Feldes allein sind natürlich nicht erhalten, wohl aber ihre Summe, denn nur das Gesamtsystem Teilchen + Feld ist abgeschlossen.

Im Gegensatz dazu ist z.B. die Entropie $S$ keine erhaltene Größe – wenn sie auch eine merkwürdige Zwitterstellung einnimmt: Nach dem zweiten Hauptsatz der Thermodynamik gilt nämlich in abgeschlossenen Systemen die Ungleichung $q^S \geq 0$, d.h. Entropie kann erzeugt, aber nicht vernichtet werden.

Für allgemeine extensive Größen $a$ in Fluiden kann – im Gegensatz zur Masse (vgl. Gl. (2.4)) – der Zusammenhang zwischen Dichte $\rho^a$, Stromdichte $\boldsymbol{j}^a$ und Strömungsgeschwindigkeit $\boldsymbol{v}$ sehr kompliziert sein. Der Transport der Größe $a$ kann nämlich auf zwei verschiedene Weisen zustandekommen:

a) Durch *Konvektion* (Mitführung mit der Strömung):
Das führt zum *konvektiven Anteil* $\boldsymbol{j}^a_{\text{konv}}$ *der Stromdichte*, wobei

$$\boldsymbol{j}^a_{\text{konv}} = \rho^a \boldsymbol{v} \,. \tag{2.9}$$

b) Durch *Konduktion* (Leitung):
Das führt zum *konduktiven Anteil* $\boldsymbol{j}^a_{\text{kond}}$ *der Stromdichte*, der auch bei $\boldsymbol{v} \equiv 0$ oder $\rho^a \equiv 0$ vorhanden sein kann – z.B. bei der Wärmeleitung oder der elektrischen Leitung in einem insgesamt neutralen Draht.

Der Gesamtstrom ist also gegeben durch

$$\boldsymbol{j}^a = \boldsymbol{j}^a_{\text{konv}} + \boldsymbol{j}^a_{\text{kond}} = \rho^a \boldsymbol{v} + \boldsymbol{j}^a_{\text{kond}} \,. \tag{2.10}$$

## 2.2 Impulsbilanz und Drehimpulsbilanz

Die Impulsbilanz stellt einen besonders interessanten und wichtigen Fall dar. Da der Impuls eine vektorielle Größe ist, haben wir drei Impulskomponenten getrennt zu bilanzieren. Wir schreiben $\rho_i^P(t, \boldsymbol{x})$ für die Dichte der $i$-ten Impulskomponente und $j_{ik}^P(t, \boldsymbol{x})$ für die $k$-Komponente der Stromdichte der $i$-ten Impulskomponente. In diesem Fall ist also das Dichtefeld bereits ein Vektorfeld und das Stromdichtefeld folglich ein Tensorfeld zweiter Stufe.

Als Quellen des Impulses kommen nur äußere Kräfte in Frage, die in das System hineingreifen, d.h. die Quelldichte für den Impuls ist eine *Kraftdichte*, die wir mit $\boldsymbol{f}(t, \boldsymbol{x})$ bezeichnen. Dann lautet die Bilanzgleichung für den Impuls (im Indexkalkül geschrieben)

$$\frac{\partial \rho_i^P}{\partial t} + \nabla_k\, j_{ik}^P = f_i \ . \tag{2.11}$$

Ein äußeres Schwerefeld $\boldsymbol{g}$ führt beispielsweise zu einer Kraftdichte $\boldsymbol{f} = \rho\, \boldsymbol{g}$.

Die Impulsstromdichte hat noch eine weitere äußerst wichtige Interpretation, da der pro Zeiteinheit durch eine Fläche strömende Impuls als Druckkraft auf diese Fläche angesehen werden kann: Genauer beschreibt $j_{ik}^P$ die $i$-te Komponente der Kraft pro Fläche auf ein Flächenelement mit Normale in $k$-Richtung und

$$F_i = \int_F df_k\, j_{ik}^P \tag{2.12}$$

demzufolge die $i$-te Komponente der gesamten durch den Impulsstrom zustandekommenden Druckkraft auf eine Fläche $F$. Ist insbesondere $F$ die Oberfläche $\partial V$ eines Volumens $V$, so läßt sich Gl. (2.12) in die Form

$$F_i = \int_{\partial V} df_k\, j_{ik}^P = \int_V d^3x\, \nabla_k\, j_{ik}^P \tag{2.13}$$

umschreiben; dies ist die $i$-te Komponente der Druckkraft, die das Volumen $V$ auf seine Umgebung ausübt.

In einem Fluid gilt offenbar

$$\rho_i^P = \rho v_i \tag{2.14}$$

und

$$j_{ik}^P = \rho v_i v_k + \sigma_{ik} \ , \tag{2.15}$$

wobei $\rho$ die Massendichte und $\sigma$ der (zunächst nicht weiter bestimmte) konduktive Anteil der Impulsstromdichte ist. Gemäß obiger Interpretation beschreibt $\sigma$ denjenigen Anteil der Druckkräfte, der nicht durch die Strömung der Fluidteilchen zustandekommt, weshalb man $\sigma$ auch als *Drucktensor* bezeichnet.

Ganz analog zur Impulsbilanz läßt sich die Drehimpulsbilanz formulieren; wieder sind drei Komponenten zu bilanzieren: Es sei $\rho_i^L(t, \boldsymbol{x})$ die Dichte der $i$-ten Drehimpulskomponente und $j_{ik}^L(t, \boldsymbol{x})$ die $k$-Komponente der Stromdichte der $i$-ten Drehimpulskomponente.

Als Quellen des Drehimpulses kommen äußere Drehmomente in Frage, die in das System hineingreifen, d.h. die Quelldichte für den Drehimpuls ist eine *Drehmomentdichte*, die wir mit $\boldsymbol{d}(t, \boldsymbol{x})$ bezeichnen. Dann lautet die Bilanzgleichung für den Drehimpuls (im Indexkalkül geschrieben)

$$\frac{\partial \rho_i^L}{\partial t} + \nabla_k \, j_{ik}^L = d_i \, . \tag{2.16}$$

Für normal strömende Fluide sind folgende Annahmen berechtigt:

a) Es gibt keinen „inneren" Drehimpuls, d.h. für genügend kleine Volumina ist der Drehimpuls gemäß $\boldsymbol{L} = \boldsymbol{x} \times \boldsymbol{p}$ schon durch den Impuls bestimmt. Die Drehimpulsdichte und die Drehimpulsstromdichte lassen sich dann durch die Impulsdichte und die Impulsstromdichte wie folgt ausdrücken:[1]

$$\rho_i^L = \epsilon_{ijl} \, x_j \, \rho_l^P \, , \tag{2.17}$$

$$j_{ik}^L = \epsilon_{ijl} \, x_j \, j_{lk}^P \, . \tag{2.18}$$

b) Es gibt keine „inneren" Drehmomente, d.h. für genügend kleine Volumina ist das Drehmoment gemäß $\boldsymbol{D} = \boldsymbol{x} \times \boldsymbol{F}$ schon durch die Kraft bestimmt. Die Drehmomentdichte läßt sich dann durch die Kraftdichte wie folgt ausdrücken:

$$d_i = \epsilon_{ijl} \, x_j \, f_l \, . \tag{2.19}$$

Insbesondere ist $\boldsymbol{d} \equiv 0$ für $\boldsymbol{f} \equiv 0$.

Die Annahmen a) und b) sind für sehr viele wichtige kontinuierliche Systeme wie Fluide und elastische Kontinua erfüllt. Sie sind aber beispielsweise verletzt für Systeme von Teilchen mit Spin (und dementsprechend mit magnetischem Moment) in einem äußeren Magnetfeld.

Unter den Annahmen a) und b) folgt aus der Drehimpulsbilanz (2.16):

$$\epsilon_{ijl} \, x_j \, \frac{\partial \rho_l^P}{\partial t} + \nabla_k \left( \epsilon_{ijl} \, x_j \, j_{lk}^P \right) = \epsilon_{ijl} \, x_j \, f_l \, ,$$

d.h.

$$\epsilon_{ijl} \, x_j \left( \frac{\partial \rho_l^P}{\partial t} + \nabla_k \, j_{lk}^P \right) + \epsilon_{ikl} \, j_{lk}^P = \epsilon_{ijl} \, x_j \, f_l \, .$$

Aus der Impulsbilanz (2.11) ergibt sich daher

$$\epsilon_{ikl} \, j_{lk}^P = 0 \, ,$$

d.h.

$$j_{lk}^P = j_{kl}^P \, . \tag{2.20}$$

Die Impulsstromdichte ist also ein *symmetrisches* Tensorfeld.

---

[1] Zur Definition des total antisymmetrischen $\epsilon$-Tensors siehe Anhang.

## 2.3 Die Navier-Stokesschen Gleichungen

Für ein Fluid ist gemäß den Gleichungen (2.15) und (2.20)

$$j^P_{ik} \;=\; \rho v_i v_k \;+\; \sigma_{ik}$$

mit einem symmetrischen Drucktensor $\sigma$. Ein Anteil von $\sigma$ läßt sich leicht identifizieren: Der skalare Druck $p$ trägt zum Drucktensor $\sigma_{ik}$ einen isotropen Teil $p\delta_{ik}$ bei; es ist also

$$\sigma_{ik} \;=\; p\delta_{ik} \;+\; \sigma'_{ik}\;. \tag{2.21}$$

Der Anteil $\sigma'$ des Drucktensors $\sigma$ wird *innere Reibung* in dem Fluid beschreiben. Wir werden auf diesen Term noch zurückkommen.

Mit den bisher gewonnenen Ansätzen lautet die Impulsbilanzgleichung (2.11) im Fluid nun

$$\frac{\partial}{\partial t}(\rho v_i) \;+\; \nabla_k\left(\rho v_i v_k + p\delta_{ik} + \sigma'_{ik}\right) \;=\; f_i\;,$$

oder

$$\frac{\partial \rho}{\partial t} v_i + \rho\frac{\partial v_i}{\partial t} + v_i\,\nabla_k(\rho v_k) + \rho v_k\,\nabla_k v_i + \nabla_i p + \nabla_k\sigma'_{ik} \;=\; f_i\;.$$

Mit der Bilanzgleichung

$$\frac{\partial \rho}{\partial t} \;+\; \boldsymbol{\nabla}\cdot(\rho\boldsymbol{v}) \;=\; 0 \tag{2.22}$$

für die Masse (vgl. Gleichungen (2.4) und (2.5)) vereinfacht sich dies zu

$$\rho\left(\frac{\partial v_i}{\partial t} \;+\; v_k\,\nabla_k v_i\right) + \nabla_i p \;+\; \nabla_k\sigma'_{ik} \;=\; f_i\;. \tag{2.23}$$

Für ein *ideales Fluid* ist definitionsgemäß $\sigma' = 0$ (keine innere Reibung). In diesem Fall erhalten wir aus Gl. (2.23) die *Eulersche Strömungsgleichung*, die in vektorieller Schreibweise wie folgt lautet:

$$\rho\left(\frac{\partial \boldsymbol{v}}{\partial t} \;+\; (\boldsymbol{v}\cdot\boldsymbol{\nabla})\,\boldsymbol{v}\right) \;+\; \boldsymbol{\nabla}p \;=\; \boldsymbol{f}\;. \tag{2.24}$$

Die Terme in dieser Gleichung haben eine einfache Deutung: Zunächst definieren wir für jedes Feld $A$ ein neues Feld $DA/Dt$ durch

$$\begin{aligned}\frac{DA}{Dt}(t,\boldsymbol{x}) \;&=\; \left(\frac{\partial A}{\partial t} \;+\; (\boldsymbol{v}\cdot\boldsymbol{\nabla})\,A\right)(t,\boldsymbol{x})\\ &=\; \lim_{\Delta t\to 0}\frac{A(t+\Delta t,\boldsymbol{x}+\boldsymbol{v}(t,\boldsymbol{x})\Delta t) - A(t,\boldsymbol{x})}{\Delta t}\;.\end{aligned} \tag{2.25}$$

Man nennt $DA/Dt$ die *substantielle Ableitung* von $A$; sie beschreibt die zeitliche Änderung von $A$ bei Mitbewegung längs der Stromlinien – im Gegensatz zur partiellen Ableitung $\partial A/\partial t$ von $A$, welche die zeitliche Änderung von $A$ an einem festen Raumpunkt angibt. Insbesondere ist also $D\boldsymbol{v}/Dt$ die zeitliche Änderung von $\boldsymbol{v}$, d.h. die Beschleunigung, die ein Massenelement auf seiner Bahn erfährt. Weiter ist

$-\boldsymbol{\nabla} p$ die auf ein Massenelement ausgeübte Druckkraft; die Richtung zeigt dabei in Richtung des Druckabfalls. Damit erhält die Eulersche Strömungsgleichung die Gestalt

$$\rho \frac{D\boldsymbol{v}}{Dt} = \boldsymbol{f} - \boldsymbol{\nabla} p\,, \tag{2.26}$$

in der sie als die Newtonsche Bewegungsgleichung für ein ideales Fluid erkennbar wird. Mit der Identität

$$\boldsymbol{v} \times (\boldsymbol{\nabla} \times \boldsymbol{v}) = \tfrac{1}{2}\,\boldsymbol{\nabla}(\boldsymbol{v}^2) - (\boldsymbol{v} \cdot \boldsymbol{\nabla})\,\boldsymbol{v} \tag{2.27}$$

schreibt sich die Eulersche Gleichung auch

$$\rho \left( \frac{\partial \boldsymbol{v}}{\partial t} + \tfrac{1}{2}\,\boldsymbol{\nabla}(\boldsymbol{v}^2) - \boldsymbol{v} \times (\boldsymbol{\nabla} \times \boldsymbol{v}) \right) + \boldsymbol{\nabla} p = \boldsymbol{f}\,. \tag{2.28}$$

Wir machen nun einige zusätzliche Annahmen:

a) Das Fluid ist *inkompressibel:*

$$\rho(t, \boldsymbol{x}) = \rho_0 = \text{const.}\,. \tag{2.29}$$

(Dies stellt natürlich nur für Flüssigkeiten eine gute Näherung dar, nicht für Gase).

b) Die Strömung ist *stationär:*

$$\frac{\partial \boldsymbol{v}}{\partial t} = 0\,. \tag{2.30}$$

c) Die Strömung ist *wirbelfrei:*

$$\boldsymbol{\nabla} \times \boldsymbol{v} = 0\,. \tag{2.31}$$

d) Die äußere Kraft besitzt ein *Potential:*

$$\boldsymbol{f} = -\boldsymbol{\nabla}\phi\,. \tag{2.32}$$

Dann wird Gl. (2.28) zu

$$\nabla \left( \tfrac{1}{2}\rho_0 \boldsymbol{v}^2 + p + \phi \right) = 0\,, \tag{2.33}$$

d.h.

$$\tfrac{1}{2}\rho_0 \boldsymbol{v}^2 + p + \phi = \text{const.}\,. \tag{2.34}$$

Das ist das bekannte *Gesetz von Bernoulli*, das den Energiesatz für ideale inkompressible Fluide zum Ausdruck bringt. (Wenn wir Gl. (2.31) fallenlassen, ist der Ausdruck auf der linken Seite von Gl. (2.34) nur längs jeder Stromlinie konstant.) Der allereinfachste Fall ist durch die *Hydrostatik* gegeben:

$$\boldsymbol{v} \equiv 0\,. \tag{2.35}$$

Die Eulersche Strömungsgleichung reduziert sich dann auf die Gleichgewichtsbedingung

$$\boldsymbol{\nabla} p = \boldsymbol{f} . \tag{2.36}$$

Im homogenen Schwerefeld ist $\boldsymbol{f} = \rho\,\boldsymbol{g}$. Für inkompressible Fluide (vgl. Gl. (2.29)) finden wir

$$\boldsymbol{\nabla}(p - \rho_0\,\boldsymbol{g}\cdot\boldsymbol{x}) = 0 , \tag{2.37}$$

mit der Lösung

$$p(\boldsymbol{x}) = \rho_0\,\boldsymbol{g}\cdot\boldsymbol{x} . \tag{2.38}$$

Das ist die bekannte lineare Zunahme des Druckes mit der Tiefe. Schließlich ist die $i$-te Komponente $F_i$ der gesamten Druckkraft auf einen eingebrachten Körper gemäß Gl. (2.13)

$$F_i = -\int_{\partial V} df_k\, j^P_{ik} = -\int_V d^3x\, \nabla_k\, j^P_{ik} . \tag{2.39}$$

Natürlich ist die Druckverteilung im Innern eines eingebrachten Körpers nicht dieselbe wie diejenige, die in Abwesenheit des Körpers herrschen würde. Der obige Ausdruck zeigt aber, daß es nur auf die Randwerte der Impulsstromdichte auf der Oberfläche $\partial V$ von $V$ ankommt; man darf also zur Berechnung des Integrals in Gl. (2.39) irgendein Tensorfeld verwenden, solange es nur die richtigen Randwerte hat. Im vorliegenden Fall kann man $j^P_{ik} = p\delta_{ik}$ benutzen und erhält

$$\nabla_k\, j^P_{ik} = \nabla_i\, p = \rho_0\, g_i .$$

Damit ergibt sich

$$\boldsymbol{F} = -\rho_0\,|V|\,\boldsymbol{g} , \tag{2.40}$$

wobei $|V|$ das Volumen von $V$ ist. Wir finden also das bekannte *Auftriebsgesetz von Archimedes*.

Schließlich wollen wir noch den Effekt der Reibung berücksichtigen, die sich als spurfreier Anteil $\sigma'$ des Drucktensors $\sigma$ bemerkbar macht. Reibung kommt durch Relativbewegung von Fluidteilchen zustande, ist also nur vorhanden, wenn $\nabla_i v_k \neq 0$.

Die einfachste Annahme ist die eines linearen Zusammenhangs zwischen Reibungsdruck $\sigma'_{ik}$ und Geschwindigkeitsgradient $\nabla_i v_k$. Das allgemeinste symmetrische Tensorfeld, das in rotationssymmetrischer Weise linear von $\nabla_i v_k$ abhängt, ist von der Form

$$\sigma'_{ik} = -\eta\,(\nabla_i v_k + \nabla_k v_i - \tfrac{2}{3}\,\delta_{ik}\,\nabla_r v_r) - \zeta\,\delta_{ik}\,\nabla_r v_r . \tag{2.41}$$

Bei diesem Ansatz haben wir gleich die volumenändernden Deformationen $\nabla_r v_r$ eines Elementes des Fluids abgetrennt. $\eta$ heißt *Zähigkeit* oder *Viskosität* und $\zeta$ *Volumenzähigkeit* oder *Volumenviskosität*. Fluide, die dem einfachen Gesetz (2.41) genügen, nennt man *Newtonsche Fluide*. Für nicht-Newtonsche Fluide (wie Blut, Honig, nasser Sand usw.) kann der Zusammenhang zwischen $\sigma'_{ik}$ und $\nabla_i v_k$ dagegen sehr kompliziert sein.

Wenn wir Gl. (2.41) in die Impulsbilanzgleichung (2.23) einsetzen und außerdem $\eta$ und $\zeta$ als konstant annehmen, erhalten wir die *Navier-Stokesschen Gleichungen*, die in vektorieller Schreibweise wie folgt lauten:

$$\rho\left(\frac{\partial \boldsymbol{v}}{\partial t} + (\boldsymbol{v}\cdot\boldsymbol{\nabla})\,\boldsymbol{v}\right) + \boldsymbol{\nabla}p - \eta\,\Delta\boldsymbol{v} - \left(\tfrac{1}{3}\eta + \zeta\right)\boldsymbol{\nabla}(\boldsymbol{\nabla}\cdot\boldsymbol{v}) \;=\; \boldsymbol{f}\,. \tag{2.42}$$

Zusammen mit der Kontinuitätsgleichung (2.22) für die Masse ergeben sich vier Gleichungen für fünf gesuchte Größen $\boldsymbol{v}$, $\rho$, $p$. Das System ist also noch unterbestimmt, solange nicht eine fünfte Gleichung angegeben werden kann, z.B. in Form eines Zusammenhangs

$$p \;=\; p(T,\rho)\;, \tag{2.43}$$

der den Status einer *Materialgleichung* hat. Allerdings ist das Gleichungssystem auch dann noch unterbestimmt – es sei denn, daß Temperaturänderungen vernachlässigbar sind. Andernfalls hat man auch noch Wärmeleitungseffekte zu berücksichtigen.

Die Navier-Stokesschen Gleichungen sind die fundamentalen Gleichungen der Hydrodynamik. Aufgrund ihres nichtlinearen Charakters ist ihre Lösung außerordentlich schwierig und in allgemeinen Situationen unmöglich. Schon das Verständnis spezieller Effekte, vor allem der Turbulenz, ist ein aktuelles Forschungsthema. Eine Diskussion solcher Fragestellungen würde den Rahmen eines einführenden Lehrbuches sprengen und muß daher der weiterführenden Literatur überlassen bleiben.

# 3 Die Maxwellschen Gleichungen

## 3.1 Einführung der Maxwellschen Gleichungen

Die gesammelte Erfahrung aus beinahe zwei Jahrhunderten zeigt, daß alle elektromagnetischen Phänomene mit der Existenz einer neuen extensiven Größe verbunden sind, die *elektrische Ladung* oder auch einfach *Ladung* genannt wird. Sie ist eine Erhaltungsgröße und läßt sich nach der in Kapitel 2 beschriebenen Methode bilanzieren. Dichte bzw. Stromdichte der Ladung wollen wir mit $\rho$ bzw. $\boldsymbol{j}$ bezeichnen, so daß der Erhaltungssatz für die elektrische Ladung die Form

$$\frac{\partial \rho}{\partial t} + \boldsymbol{\nabla} \cdot \boldsymbol{j} = 0 \tag{3.1}$$

annimmt. Ferner zeigt sich, daß alle elektromagnetischen Erscheinungen durch zwei Vektorfelder, das *elektrische Feld* $\boldsymbol{E}$ und das *magnetische Feld* $\boldsymbol{B}$, erfaßt werden können; $\boldsymbol{B}$ wird oft auch *magnetische Induktion* genannt. Genauer gilt:

Die elektromagnetische Kraft $\boldsymbol{F}(t, \boldsymbol{x}, \boldsymbol{v})$, die eine punktförmige Ladung $q$ erfährt, welche sich zur Zeit $t$ im Punkt $\boldsymbol{x}$ befindet und mit der Geschwindigkeit $\boldsymbol{v}$ bewegt, ist die *Lorentz-Kraft*

$$\boldsymbol{F}(t, \boldsymbol{x}, \boldsymbol{v}) = q\,\boldsymbol{E}(t, \boldsymbol{x}) + \kappa\, q\, \boldsymbol{v} \times \boldsymbol{B}(t, \boldsymbol{x}) \ ;$$

wir schreiben – wie allgemein üblich – diese Gleichung abkürzend in der Form

$$\boldsymbol{F} = q\boldsymbol{E} + \kappa\, q\, \boldsymbol{v} \times \boldsymbol{B} \ . \tag{3.2}$$

Die Konstante $\kappa$ wird erst durch die Festlegung von Maßeinheiten für die Ladung sowie für die elektrische und magnetische Feldstärke bestimmt; dazu später mehr.

Das Kraftgesetz (3.2) erlaubt eine operationale Definition der Felder $\boldsymbol{E}$ und $\boldsymbol{B}$ – allerdings nur unter der Voraussetzung, daß die Rückwirkung der Ladung $q$ auf die Felder $\boldsymbol{E}$ und $\boldsymbol{B}$ vernachlässigt werden darf. Erfahrungsgemäß ist dies für kleine Ladungen – sog. *Testladungen* – tatsächlich der Fall, so daß $\boldsymbol{E}$ und $\boldsymbol{B}$, jedenfalls im Prinzip, durch Übergang zum Grenzwert

$$\lim_{q \to 0} \frac{\boldsymbol{F}}{q}$$

und anschließende Trennung des geschwindigkeitsunabhängigen vom geschwindigkeitsabhängigen Beitrag bestimmt werden können.

Hat man es statt mit einer Punktladung $q$ mit einer allgemeinen Ladungs- und Stromverteilung zu tun, die durch eine Ladungsdichte $\rho$ und eine Stromdichte $\boldsymbol{j}$ charakterisiert ist, so ist die von einem gegebenen elektrischen Feld $\boldsymbol{E}$ und einem gegebenen magnetischen Feld $\boldsymbol{B}$ ausgeübte *Lorentz-Kraftdichte* $\boldsymbol{f}$ gegeben durch

$$\boldsymbol{f} = \rho \boldsymbol{E} + \kappa \boldsymbol{j} \times \boldsymbol{B} . \tag{3.3}$$

Die Kraftgesetze (3.2) und (3.3) bestimmen die Wirkung elektromagnetischer Felder auf Ladungen und Ströme, besagen aber nichts über die Dynamik der Felder selbst, also über die Gesetze, nach denen sich ihre Erzeugung und Ausbreitung vollzieht. Genau dies nun ist Aufgabe und Inhalt der Maxwellschen Gleichungen. Dabei handelt es sich um ein System partieller Differentialgleichungen, in denen Divergenz und Rotation von $\boldsymbol{E}$ und von $\boldsymbol{B}$ durch die ersten zeitlichen Ableitungen von $\boldsymbol{E}$ und von $\boldsymbol{B}$ sowie durch eine gegebene Ladungsdichte $\rho$ und eine gegebene Stromdichte $\boldsymbol{j}$ ausgedrückt werden. Ein solches Gleichungssystem legt $\boldsymbol{E}$ und $\boldsymbol{B}$ eindeutig fest, da ein beliebiges Vektorfeld $\boldsymbol{A}$ – genügend schneller Abfall im Unendlichen vorausgesetzt – durch Vorgabe seiner Divergenz $D = \nabla \cdot \boldsymbol{A}$ und seiner Rotation $\boldsymbol{R} = \nabla \times \boldsymbol{A}$ (mit der Nebenbedingung $\nabla \cdot \boldsymbol{R} = 0$) eindeutig bestimmt ist.

Sind nämlich $\boldsymbol{A}_1$ und $\boldsymbol{A}_2$ zwei Vektorfelder mit $\nabla \cdot \boldsymbol{A}_1 = D = \nabla \cdot \boldsymbol{A}_2$ und $\nabla \times \boldsymbol{A}_1 = \boldsymbol{R} = \nabla \times \boldsymbol{A}_2$, so erfüllt ihre Differenz $\boldsymbol{A} = \boldsymbol{A}_1 - \boldsymbol{A}_2$ die Bedingungen $\nabla \cdot \boldsymbol{A} = 0$ und $\nabla \times \boldsymbol{A} = 0$; also können wir $\boldsymbol{A} = -\nabla \phi$ schreiben, wobei $\Delta \phi = \nabla \cdot \nabla \phi = 0$ gilt. Wie in Kapitel 4 gezeigt wird, ist aber die einzige überall reguläre und im Unendlichen nicht ansteigende Lösung der homogenen Laplace-Gleichung $\Delta \phi = 0$ die konstante Lösung $\phi = \phi_0$, also folgt $\boldsymbol{A} = 0$ und $\boldsymbol{A}_1 = \boldsymbol{A}_2$.

Ferner sei ausdrücklich darauf hingewiesen, daß – in genauer Umkehrung der Situation bei den Kraftgesetzen – die Ladungs- und Stromverteilung in den Maxwellschen Gleichungen als *Quelle* des elektromagnetischen Feldes zu interpretieren ist, und nicht als Objekt seiner Kraftwirkungen.

Die Maxwellschen Gleichungen lauten – mit noch festzulegenden Konstanten $k_1$, $k_2$, $k_3$ und $k_4$:

$$\nabla \cdot \boldsymbol{E} = k_1 \rho , \tag{3.4-a}$$

$$\nabla \times \boldsymbol{E} = -k_2 \frac{\partial \boldsymbol{B}}{\partial t} , \tag{3.4-b}$$

$$\nabla \cdot \boldsymbol{B} = 0 , \tag{3.4-c}$$

$$\nabla \times \boldsymbol{B} = k_3 \boldsymbol{j} + k_4 \frac{\partial \boldsymbol{E}}{\partial t} . \tag{3.4-d}$$

Im folgenden wollen wir diese Differentialgleichungen zunächst in Integralform umschreiben und dabei ihre physikalische Bedeutung veranschaulichen. Dabei wird sich insbesondere zeigen, daß aus Gründen der Konsistenz mit dem Lorentz-Kraftgesetz (3.2) bzw. (3.3) und dem Erhaltungssatz (3.1) für die Ladung

$$k_2 = \kappa \qquad \text{und} \qquad k_4 = \frac{k_3}{k_1}$$

sein muß. Zudem ist es üblich, für die Konstanten $k_1$ und $k_3$ die Bezeichnungen

$$k_1 = \frac{1}{\epsilon_0} \qquad \text{und} \qquad k_3 = \kappa\mu_0$$

einzuführen; damit lauten die *Maxwellschen Gleichungen*:

$$\boldsymbol{\nabla}\cdot \boldsymbol{E} = \frac{\rho}{\epsilon_0}\,, \tag{3.5-a}$$

$$\boldsymbol{\nabla}\times \boldsymbol{E} = -\kappa\frac{\partial \boldsymbol{B}}{\partial t}\,, \tag{3.5-b}$$

$$\boldsymbol{\nabla}\cdot \boldsymbol{B} = 0\,, \tag{3.5-c}$$

$$\boldsymbol{\nabla}\times \boldsymbol{B} = \kappa\mu_0\left(\boldsymbol{j} + \epsilon_0\frac{\partial \boldsymbol{E}}{\partial t}\right)\,. \tag{3.5-d}$$

Festlegung von $\epsilon_0$ bestimmt die Maßeinheiten von $\boldsymbol{E}$ und $\rho$ und somit auch von $\boldsymbol{j}$; Festlegung von $\mu_0$ oder $\kappa$ bestimmt die Maßeinheit von $\boldsymbol{B}$; dazu mehr im nächsten Abschnitt.

### 3.1.1 Gaußsches Gesetz

Der physikalische Gehalt der ersten Maxwellschen Gleichung (3.5-a) ist der *Flußsatz für das elektrische Feld*:

*Der Fluß des elektrischen Feldes durch eine geschlossene Fläche ist proportional zur gesamten von dieser eingeschlossenen Ladung, d.h. für ein beliebiges Volumen $V$ mit Oberfläche $\partial V$ gilt:*

$$\Phi^{\mathrm{e}}_{\partial V} \equiv \int_{\partial V} d\boldsymbol{f}\cdot \boldsymbol{E} = \frac{1}{\epsilon_0}\int_V d^3x\,\rho \equiv \frac{q_V}{\epsilon_0}\,. \tag{3.6}$$

Mit dem Gaußschen Satz wird Gl. (3.6) nämlich äquivalent zu

$$\int_V d^3x\,\boldsymbol{\nabla}\cdot \boldsymbol{E} = \frac{1}{\epsilon_0}\int_V d^3x\,\rho\,,$$

und da dies für beliebige Volumina $V$ gelten soll, zu Gl. (3.5-a). Anschaulich besagt der Flußsatz, daß die Quellen bzw. Senken des elektrischen Feldes gerade die elektrischen Ladungen sind: An ihnen und nur an ihnen beginnen bzw. enden elektrische Feldlinien.

Für statische Felder folgt der Flußsatz unmittelbar aus dem Coulomb-Gesetz. Diesem Gesetz zufolge ist nämlich das elektrostatische Feld einer Punktladung $q$ im Ursprung durch

$$\boldsymbol{E}_{\mathrm{C}}(\boldsymbol{x}) \;=\; \frac{q}{4\pi\epsilon_0}\frac{\boldsymbol{x}}{|\boldsymbol{x}|^3} \tag{3.7}$$

gegeben. Daraus berechnet man durch explizite Integration über die Oberfläche einer Kugel $K$ mit Radius $r$ um den Ursprung

$$\int_{\partial K} d\boldsymbol{f}\cdot\boldsymbol{E}_{\mathrm{C}} \;=\; \frac{q}{\epsilon_0}\,,$$

unabhängig von $r$. In der Tat gilt sogar für jedes Volumen $V$ um den Ursprung

$$\int_{\partial V} d\boldsymbol{f}\cdot\boldsymbol{E}_{\mathrm{C}} \;=\; \frac{q}{\epsilon_0}\,,$$

denn es ist $(\boldsymbol{\nabla}\cdot\boldsymbol{E}_{\mathrm{C}})(\boldsymbol{x}) = 0$ für $\boldsymbol{x}\neq 0$ und daher

$$\int_{\partial V} d\boldsymbol{f}\cdot\boldsymbol{E}_{\mathrm{C}} - \int_{\partial K} d\boldsymbol{f}\cdot\boldsymbol{E}_{\mathrm{C}} \;=\; \int_{\partial W} d\boldsymbol{f}\cdot\boldsymbol{E}_{\mathrm{C}} \;=\; \int_{W} d^3x\;\boldsymbol{\nabla}\cdot\boldsymbol{E}_{\mathrm{C}} \;=\; 0\,.$$

(Vgl. Abb. 3.1.)

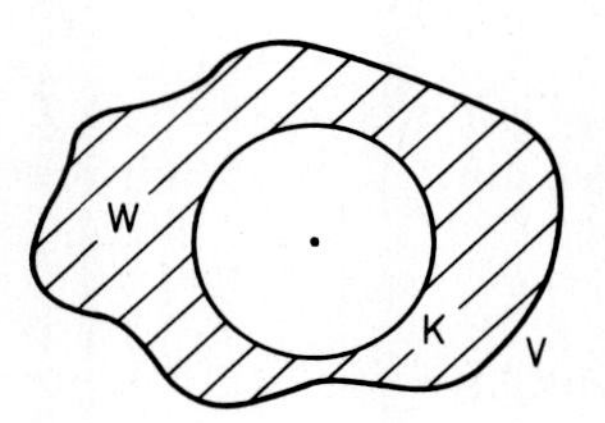


**Abb. 3.1**: Unabhängigkeit des elektrischen Flusses einer Punktladung durch eine Oberfläche von deren spezieller Form

Ersetzt man den Ursprung durch einen beliebigen anderen Punkt im Raum (was aufgrund der Translationsinvarianz zulässig ist) und geht zu einer kontinuierlichen Ladungsverteilung über, so erhält man den Flußsatz der Elektrostatik.

Umgekehrt läßt sich das Coulomb-Gesetz aus dem Flußsatz der Elektrostatik herleiten: Man nutzt zunächst die Invarianz der Grundgleichungen der Elektrostatik unter Drehungen im Raum aus, um die sphärische Symmetrie des von einer Punktladung erzeugten Feldes zu beweisen, und leitet dann durch Integration über Kugeln vom Radius $r$ das $1/r^2$–Abstandsgesetz her; wir wollen dies hier nicht im Detail ausführen.

Die Maxwellsche Gleichung (3.5-a) jedenfalls fordert die Gültigkeit des Flußsatzes auch für zeitabhängige Felder; sie wird, ebenso wie der Flußsatz selbst, oft auch als *Gaußsches Gesetz* bezeichnet.

### 3.1.2 Abwesenheit magnetischer Ladungen

Der physikalische Gehalt der dritten Maxwellschen Gleichung (3.5-c) ist der *Flußsatz für das magnetische Feld*:

*Der Fluß des magnetischen Feldes durch eine geschlossene Fläche verschwindet, d.h. für ein beliebiges Volumen $V$ mit Oberfläche $\partial V$ gilt:*

$$\Phi^{\mathrm{m}}_{\partial V} \;\equiv\; \int_{\partial V} d\boldsymbol{f} \cdot \boldsymbol{B} \;=\; 0 \; . \tag{3.8}$$

Mit dem Gaußschen Satz wird Gl. (3.8) nämlich äquivalent zu

$$\int_V d^3x \; \boldsymbol{\nabla} \cdot \boldsymbol{B} \;=\; 0 \; ,$$

und da dies für beliebige Volumina $V$ gelten soll, zu Gl. (3.5-c). Anschaulich besagt der Flußsatz, daß das magnetische Feld keine Quellen bzw. Senken hat: Es gibt keine magnetischen Ladungen, und magnetische Feldlinien sind stets geschlossen.

### 3.1.3 Faradaysches Induktionsgesetz

Die physikalische Aussage der zweiten Maxwellschen Gleichung (3.5-b) ist das *Faradaysche Induktionsgesetz*:

*Die Zirkulation des elektrischen Feldes um eine geschlossene Kurve ist proportional zur totalen zeitlichen Ableitung des sie durchsetzenden magnetischen Flusses, d.h. für eine beliebige Fläche $F$ mit Randkurve $\partial F$ gilt:*

$$\int_{\partial F} d\boldsymbol{x} \cdot \boldsymbol{E} \;=\; -\,\kappa\,\frac{d}{dt} \int_F d\boldsymbol{f} \cdot \boldsymbol{B} \;\equiv\; -\,\kappa\,\frac{d}{dt}\,\Phi^{\mathrm{m}}_F \; . \tag{3.9}$$

Man beachte, daß in der Tat auch die rechte Seite dieser Gleichung nur von $\partial F$ und nicht von $F$ selbst abhängt; dies gilt sogar für den magnetischen Fluß $\Phi^{\mathrm{m}}_F$ selbst: Sind nämlich $F_1$ und $F_2$ zwei Flächen mit der gleichen Randkurve $\gamma$, so bilden sie zusammen die Oberfläche $\partial V$ eines Volumens $V$, und aus der Maxwellschen Gleichung (3.5-c) folgt

$$\Phi^{\mathrm{m}}_{F_1} \,-\, \Phi^{\mathrm{m}}_{F_2} \;=\; \int_{\partial V} d\boldsymbol{f} \cdot \boldsymbol{B} \;=\; 0 \; .$$

(Das relative Minuszeichen im ersten Term ist auf den Umstand zurückzuführen, daß die nach außen orientierte Normale auf $\partial V$ notwendigerweise antiparallel zu einer der beiden Flächennormalen – hier der von $F_2$ – ist, wenn sie parallel zu der anderen Flächennormalen – hier der von $F_1$ – gewählt wurde, da man ja verlangen muß, daß beide Flächen relativ zu ihrem gemeinsamen Rand $\gamma$ gemäß der üblichen Rechte-Hand-Regel orientiert sind.)

Die Bezeichnung „Induktionsgesetz“ rührt daher, daß nach Gl. (3.9) die zeitliche Änderung des magnetischen Flusses durch eine Fläche $F$, deren Rand $\partial F$ von einer Leiterschleife $\gamma$ gebildet wird, zu einer Induktionsspannung

$$U_{\mathrm{ind}} \;=\; -\,\kappa\,\frac{d}{dt}\,\Phi^{\mathrm{m}}_F \tag{3.10}$$

in der Leiterschleife führt. Das negative Vorzeichen in den Gleichungen (3.5-b), (3.9) und (3.10) weist auf den Umstand hin, daß der durch die induzierte Ringspannung angeworfene Strom in der Leiterschleife, zusammen mit dem von ihm erzeugten Magnetfeld, der ursprünglichen Änderung des Flusses entgegenzuwirken sucht – eine Tatsache, die als die *Lenzsche Regel* bekannt ist.

Die Maxwellsche Gleichung (3.5-b) ist, in differentieller Formulierung, der Spezialfall des Induktionsgesetzes, bei dem die Fläche $F$ selbst zeitlich konstant bleibt. Mit dem Stokesschen Satz nämlich wird Gl. (3.9) in diesem Fall äquivalent zu

$$\int_F d\boldsymbol{f} \cdot (\boldsymbol{\nabla} \times \boldsymbol{E}) = -\kappa \frac{d}{dt} \int_F d\boldsymbol{f} \cdot \boldsymbol{B} = -\kappa \int_F d\boldsymbol{f} \cdot \frac{\partial \boldsymbol{B}}{\partial t} ,$$

und da dies für beliebige Flächen $F$ gelten soll, zu Gl. (3.5-b).

Eine Änderung des magnetischen Flusses $\Phi_F^{\mathrm{m}}$ durch die Fläche $F$ kann jedoch auch durch Änderung der Fläche selbst, d.h. durch Verschiebung der sie berandenden Leiterschleife $\gamma$ erfolgen. Auch in diesem Fall gilt noch das Faradaysche Induktionsgesetz, und zwar in der Form der Gl. (3.10). Dies ist tatsächlich der Fall, wenn – wie zuvor schon behauptet und in der Notation von Gl. (3.5-b) vorweggenommen – die Konstanten $k_2$ in der Maxwellschen Gleichung (3.4-b) und $\kappa$ im Lorentz-Kraftgesetz (3.2) bzw. (3.3) übereinstimmen.

Um dies einzusehen, betrachten wir eine auf beliebige Art und Weise in einem magnetischen Feld $\boldsymbol{B}$ bewegte (und dabei evtl. auch deformierte) Leiterschleife $\gamma$. Im Laufe der Zeit, z.B. zwischen zwei Zeitpunkten $t_1$ und $t_2$, wird die geschlossene Kurve $\gamma$ eine Fläche $M(t_1, t_2)$ (typischerweise die Mantelfläche eines deformierten Zylinders) und die von ihr berandete Fläche $F$ ein Volumen $V(t_1, t_2)$ überstreichen (vgl. Abb. 3.2). Die Kurve $\gamma(t)$ bzw. die Fläche $F(t)$ zur Zeit $t$ können wir durch einen Parameter $\tau$ bzw. durch zwei Parameter $\sigma$ und $\tau$ beschreiben (deren Wahl nicht mehr von $t$ abhängen soll), so daß die Fläche $M(t_1, t_2)$ bzw. das Volumen $V(t_1, t_2)$ durch $\tau$ und $t$ bzw. durch $\sigma$, $\tau$ und $t$ parametrisiert sind (wobei $t_1 \leq t \leq t_2$).

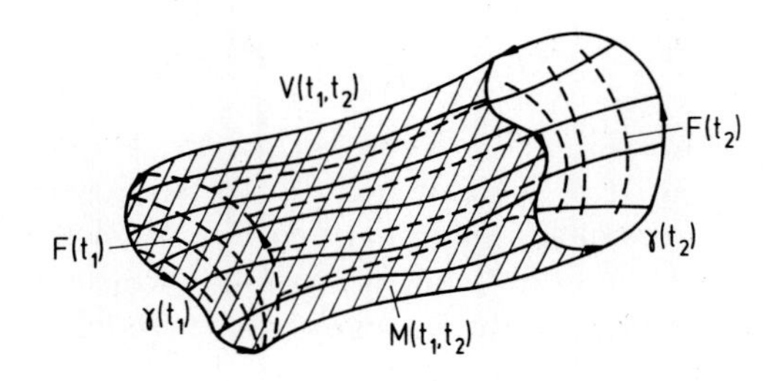


**Abb. 3.2**: Eine bewegte Leiterschleife $\gamma$, die zu jedem Zeitpunkt eine Fläche $F(t)$ begrenzt, überstreicht zwischen zwei Zeitpunkten $t_1$ und $t_2$ eine Fläche $M(t_1, t_2)$, die das Volumen $V(t_1, t_2)$ einschließt.

Dann gilt für jedes Vektorfeld $\boldsymbol{A}$

$$\int_{\gamma(t)} d\boldsymbol{x} \cdot \boldsymbol{A} \; = \; \int d\tau \; \boldsymbol{A}(t, \boldsymbol{x}(t,\tau)) \cdot \frac{\partial \boldsymbol{x}}{\partial \tau}(t,\tau) \, ,$$

$$\int_{F(t)} d\boldsymbol{f} \cdot \boldsymbol{A} \; = \; \int d\sigma \, d\tau \; \boldsymbol{A}(t, \boldsymbol{x}(t,\sigma,\tau)) \cdot \left( \frac{\partial \boldsymbol{x}}{\partial \sigma}(t,\sigma,\tau) \times \frac{\partial \boldsymbol{x}}{\partial \tau}(t,\sigma,\tau) \right) \, ,$$

$$\int_{M(t_1,t_2)} d\boldsymbol{f} \cdot \boldsymbol{A} \; = \; \int_{t_1 \leq t \leq t_2} dt \, d\tau \; \boldsymbol{A}(t, \boldsymbol{x}(t,\tau)) \cdot \left( \frac{\partial \boldsymbol{x}}{\partial \tau}(t,\tau) \times \frac{\partial \boldsymbol{x}}{\partial t}(t,\tau) \right) \, .$$

Insbesondere ergibt sich aus der zweiten dieser drei Gleichungen mit Hilfe der Kettenregel, daß die totale zeitliche Ableitung des Flusses von $\boldsymbol{A}$ durch $F$ als die Summe von zwei Anteilen geschrieben werden kann, deren erster nur die (explizite) Zeitabhängigkeit von $\boldsymbol{A}$ und deren zweiter nur die Zeitabhängigkeit von $F$ widerspiegelt:

$$\frac{d}{dt} \int_F d\boldsymbol{f} \cdot \boldsymbol{A} \; = \; \int_F d\boldsymbol{f} \cdot \frac{\partial \boldsymbol{A}}{\partial t} \; + \; \frac{d'}{dt} \int_F d\boldsymbol{f} \cdot \boldsymbol{A} \, . \tag{3.11}$$

Dabei können wir zur Berechnung des zweiten Anteils so tun, als sei $\boldsymbol{A}$ explizit zeitunabhängig; definitionsgemäß ist nämlich

$$\frac{d'}{dt} \int_F d\boldsymbol{f} \cdot \boldsymbol{A} \bigg|_{t=t_0} \; = \; \frac{d}{dt} \int_F d\boldsymbol{f} \cdot \boldsymbol{A}_{t_0} \bigg|_{t=t_0} \, , \tag{3.12}$$

wobei $\boldsymbol{A}_{t_0}$ durch „Einfrieren" des Zeitargumentes von $\boldsymbol{A}$ auf den Wert $t_0$ definiert ist:

$$\boldsymbol{A}_{t_0}(t, \boldsymbol{x}) \; = \; \boldsymbol{A}(t_0, \boldsymbol{x}) \, . \tag{3.13}$$

Nun folgt zunächst für ein zeitunabhängiges magnetisches Feld $\boldsymbol{B}$ aus Gl. (3.5-c) durch Anwendung des Gaußschen Satzes

$$\begin{aligned}
\int_{F(t_2)} d\boldsymbol{f} \cdot \boldsymbol{B} - \int_{F(t_1)} d\boldsymbol{f} \cdot \boldsymbol{B} \; &= \; \int_{V(t_1,t_2)} d^3x \; \boldsymbol{\nabla} \cdot \boldsymbol{B} \; - \int_{M(t_1,t_2)} d\boldsymbol{f} \cdot \boldsymbol{B} \\
&= \; - \int_{M(t_1,t_2)} d\boldsymbol{f} \cdot \boldsymbol{B} \\
&= \; - \int_{t_1 \leq t \leq t_2} dt \, d\tau \; \boldsymbol{B}(\boldsymbol{x}(t,\tau)) \cdot \left( \frac{\partial \boldsymbol{x}}{\partial \tau}(t,\tau) \times \frac{\partial \boldsymbol{x}}{\partial t}(t,\tau) \right)
\end{aligned}$$

und daher

$$\begin{aligned}
\frac{d}{dt} \int_F d\boldsymbol{f} \cdot \boldsymbol{B} \bigg|_{t=t_0} \; &= \; - \int d\tau \; \boldsymbol{B}(\boldsymbol{x}(t_0,\tau)) \cdot \left( \frac{\partial \boldsymbol{x}}{\partial \tau}(t_0,\tau) \times \frac{\partial \boldsymbol{x}}{\partial t}(t_0,\tau) \right) \\
&= \; - \int d\tau \left( \frac{\partial \boldsymbol{x}}{\partial t}(t_0,\tau) \times \boldsymbol{B}(\boldsymbol{x}(t_0,\tau)) \right) \cdot \frac{\partial \boldsymbol{x}}{\partial \tau}(t_0,\tau) \, .
\end{aligned}$$

Wenden wir für ein beliebiges (auch explizit zeitabhängiges) magnetisches Feld $\boldsymbol{B}$ dieses Argument auf das zeitunabhängige Feld $\boldsymbol{B}_{t_0}$ an, so erhalten wir

$$\frac{d'}{dt}\int_F d\boldsymbol{f}\cdot\boldsymbol{B}\Big|_{t=t_0} \;=\; -\int d\tau\left(\frac{\partial\boldsymbol{x}}{\partial t}(t_0,\tau)\times\boldsymbol{B}(t_0,\boldsymbol{x}(t_0,\tau))\right)\cdot\frac{\partial\boldsymbol{x}}{\partial\tau}(t_0,\tau)\;,$$

oder abkürzend (da $t_0$ beliebig war),

$$-\frac{d'}{dt}\int_F d\boldsymbol{f}\cdot\boldsymbol{B} \;=\; \int_\gamma d\boldsymbol{x}\cdot(\boldsymbol{v}\times\boldsymbol{B})\;.$$

Außerdem ergibt Anwendung des Stokesschen Satzes auf Gl. (3.4-b)

$$-k_2\int_F d\boldsymbol{f}\cdot\frac{\partial\boldsymbol{B}}{\partial t} \;=\; \int_\gamma d\boldsymbol{x}\cdot\boldsymbol{E}\;.$$

Damit liefert Gl. (3.11) für die rechte Seite des Induktionsgesetzes

$$-k_2\,\frac{d}{dt}\int_F d\boldsymbol{f}\cdot\boldsymbol{B} \;=\; \int_\gamma d\boldsymbol{x}\cdot\left(\boldsymbol{E}+k_2\,\boldsymbol{v}\times\boldsymbol{B}\right)\;.$$

Andererseits ist aber, zu einem festen Zeitpunkt $t$, die in der Leiterschleife $\gamma$ induzierte Ringspannung gleich der virtuellen Arbeit, die erforderlich ist, um eine auf der Leiterschleife befindliche Punktladung $q$ einmal um diese herumzuführen, dividiert durch $q$. Explizit bedeutet dies, unter Ausnutzung des Kraftgesetzes (3.2),

$$U_{\text{ind}} \;=\; \int_\gamma d\boldsymbol{x}\cdot\left(\boldsymbol{E}+\kappa\,\boldsymbol{v}\times\boldsymbol{B}\right)\;.$$

Damit ist die Behauptung bewiesen: Gl. (3.10) gilt allgemein, auch für beliebig bewegte Leiterschleifen, genau dann, wenn $k_2=\kappa$.

### 3.1.4 Ampèresches Gesetz

Die physikalische Aussage der vierten Maxwellschen Gleichung (3.5-d) ist das *Ampèresche Gesetz*, einschließlich des *Maxwellschen Zusatzterms:*

*Die Zirkulation des magnetischen Feldes um eine geschlossene Kurve setzt sich zusammen aus a) einem Term proportional zum sie durchsetzenden Strom und b) einem Term proportional zur totalen zeitlichen Ableitung des sie durchsetzenden elektrischen Flusses, d.h. für eine beliebige Fläche $F$ mit Randkurve $\partial F$ gilt:*

$$\begin{aligned}\int_{\partial F} d\boldsymbol{x}\cdot\boldsymbol{B} \;&=\; \kappa\mu_0\left(\int_F d\boldsymbol{f}\cdot\boldsymbol{j}+\epsilon_0\,\frac{d}{dt}\int_F d\boldsymbol{f}\cdot\boldsymbol{E}\right)\\ &\equiv\; \kappa\mu_0\left(I_F+\epsilon_0\,\frac{d}{dt}\,\Phi_F^{\mathrm{e}}\right)\;.\end{aligned}\tag{3.14}$$

Man beachte wieder, daß in der Tat auch die rechte Seite dieser Gleichung nur von $\partial F$ und nicht von $F$ selbst abhängt: Sind nämlich wie zuvor $F_1$ und $F_2$ zwei Flächen mit der gleichen Randkurve $\gamma$, und vereinigt man sie zur Oberfläche $\partial V$ eines Volumens $V$, so folgt aus der Maxwellschen Gleichung (3.5-a) und dem Erhaltungssatz (3.1) für die Ladung

$$\begin{aligned}\left(I_{F_1} + \epsilon_0 \frac{d}{dt}\Phi^{\mathrm{e}}_{F_1}\right) - \left(I_{F_2} + \epsilon_0 \frac{d}{dt}\Phi^{\mathrm{e}}_{F_2}\right) &= \int_{\partial V} d\boldsymbol{f}\cdot\left(\boldsymbol{j} + \epsilon_0 \frac{\partial \boldsymbol{E}}{\partial t}\right) \\ &= \int_V d^3x\, \boldsymbol{\nabla}\cdot\left(\boldsymbol{j} + \epsilon_0 \frac{\partial \boldsymbol{E}}{\partial t}\right) = 0\,.\end{aligned}$$

Die Maxwellsche Gleichung (3.5-d) ist, in differentieller Formulierung, der Spezialfall des Ampèreschen Gesetzes, bei dem die Fläche $F$ selbst zeitlich konstant bleibt. Mit dem Stokesschen Satz nämlich wird Gl. (3.14) in diesem Fall äquivalent zu

$$\begin{aligned}\int_F d\boldsymbol{f}\cdot(\boldsymbol{\nabla}\times\boldsymbol{B}) &= \kappa\mu_0\left(\int_F d\boldsymbol{f}\cdot\boldsymbol{j} + \epsilon_0 \frac{d}{dt}\int_F d\boldsymbol{f}\cdot\boldsymbol{E}\right) \\ &= \kappa\mu_0 \int_{\partial V} d\boldsymbol{f}\cdot\left(\boldsymbol{j} + \epsilon_0 \frac{\partial \boldsymbol{E}}{\partial t}\right)\,,\end{aligned}$$

und da dies für beliebige Flächen $F$ gelten soll, zu Gl. (3.5-d).

In den Gleichungen (3.5-d) bzw. (3.14) ist u.a. die von Oersted beobachtete magnetische Wirkung elektrischer Ströme enthalten. Diese findet ihre quantitative Formulierung im *Ampèreschen Durchflutungsgesetz:* Danach ist das Ringintegral des Magnetfeldes über einen geschlossenen Weg, der einen Strom umschließt, proportional zu diesem Strom selbst:

$$\int_{\partial F} d\boldsymbol{x}\cdot\boldsymbol{B} = \kappa\mu_0 \int_F d\boldsymbol{f}\cdot\boldsymbol{j} = \kappa\mu_0\, I_F\,. \tag{3.15}$$

In differentieller Formulierung lautet es (wieder gemäß dem Stokesschen Satz)

$$\boldsymbol{\nabla}\times\boldsymbol{B} = \kappa\mu_0\,\boldsymbol{j}\,. \tag{3.16}$$

In dieser Form gilt das Gesetz allerdings nur für stationäre Ströme, denn für zeitabhängige Felder ist es mit dem Erhaltungssatz (3.1) für die Ladung unverträglich: Bildet man nämlich die Divergenz von Gl. (3.16), so findet man

$$\frac{\partial\rho}{\partial t} = 0 = \boldsymbol{\nabla}\cdot\boldsymbol{j}\,, \tag{3.17}$$

was als Formulierung der Stationaritätsbedingung aufgefaßt werden kann. Im allgemeinen Fall dagegen ist das Ampèresche Gesetz um einen Term zu korrigieren, der Verträglichkeit mit der Ladungserhaltung garantiert:

$$\boldsymbol{\nabla}\times\boldsymbol{B} = \kappa\mu_0\,\boldsymbol{j} + \boldsymbol{C} \qquad \text{mit} \qquad \boldsymbol{\nabla}\cdot\boldsymbol{C} = -\kappa\mu_0\,\boldsymbol{\nabla}\cdot\boldsymbol{j} = \kappa\mu_0\,\frac{\partial\rho}{\partial t}\,.$$

Wegen Gl. (3.5-a) ist eine mögliche und natürliche Wahl durch

$$\boldsymbol{C} \;=\; \kappa \epsilon_0 \mu_0 \, \frac{\partial \boldsymbol{E}}{\partial t}$$

gegeben; dies ist der Zusatzterm, der zuerst von Maxwell postuliert und später durch alle Experimente glänzend bestätigt wurde.

Aus den Maxwellschen Gleichungen folgt nun der Erhaltungssatz (3.1) für die Ladung, und zwar genau dann, wenn – wie zuvor schon behauptet und in der Notation von Gl. (3.5-d) vorweggenommen – die Konstanten $k_1$, $k_3$ und $k_4$ in den Maxwellschen Gleichungen (3.4-a) und (3.4-d) gemäß $k_4 = k_3/k_1$ miteinander verknüpft sind. Ohne den Maxwellschen Zusatzterm dagegen könnten für $\rho = 0$ und $\boldsymbol{j} = 0$ keine nichtverschwindenden Felder existieren, also insbesondere auch keine elektromagnetischen Wellen, da aus $\rho = 0$ und $\boldsymbol{j} = 0$ folgen würde, daß $\boldsymbol{\nabla} \cdot \boldsymbol{B} = 0$ sowie $\boldsymbol{\nabla} \times \boldsymbol{B} = 0$, also $\boldsymbol{B} = 0$, und weiter $\boldsymbol{\nabla} \cdot \boldsymbol{E} = 0$ sowie $\boldsymbol{\nabla} \times \boldsymbol{E} = 0$, also auch $\boldsymbol{E} = 0$.

Schließlich wollen wir noch zeigen, wie sich die Maxwellschen Gleichungen in Differentialformenschreibweise ausdrücken lassen. Wie im Anhang näher erläutet wird, sind Felder, deren Definition auf der Integration über $p$-dimensionale Untermannigfaltigkeiten beruht, durch $p$-Formen darzustellen; also entspricht der Ladungsdichte $\rho$ eine 3-Form und der Stromdichte $\boldsymbol{j}$ eine 2-Form. Ferner erfordert die Invarianz des Lorentz-Kraftgesetzes (3.2) bzw. (3.3)) unter Paritäts- und Zeitumkehrtransformationen folgendes Transformationsverhalten von $\boldsymbol{E}$ und $\boldsymbol{B}$:

$$P: \quad \begin{array}{rcl} \boldsymbol{E}(t,\boldsymbol{x}) & \rightarrow & -\,\boldsymbol{E}(t,-\boldsymbol{x}) \\ \boldsymbol{B}(t,\boldsymbol{x}) & \rightarrow & +\,\boldsymbol{B}(t,-\boldsymbol{x}) \end{array} \qquad \text{(Parität)} \tag{3.18}$$

$$T: \quad \begin{array}{rcl} \boldsymbol{E}(t,\boldsymbol{x}) & \rightarrow & +\,\boldsymbol{E}(-t,\boldsymbol{x}) \\ \boldsymbol{B}(t,\boldsymbol{x}) & \rightarrow & -\,\boldsymbol{B}(-t,\boldsymbol{x}) \end{array} \qquad \text{(Zeitumkehr)} \tag{3.19}$$

Also ist $\boldsymbol{E}$ ein *polares* Vektorfeld und $\boldsymbol{B}$ ein *axiales* Vektorfeld. Mit Hilfe des Sternoperators kann man sich ferner davon überzeugen, daß ein polares Vektorfeld einer 1-Form entspricht, während ein axiales Vektorfeld durch Anwendung des Sternoperators auf eine 2-Form entsteht. Wir führen deshalb folgende Differentialformen ein:

$$\bar{\rho} \;=\; \rho \, \boldsymbol{e}_1 \wedge \boldsymbol{e}_2 \wedge \boldsymbol{e}_3 \;\in\; \Omega^3(E^3) \;, \tag{3.20}$$

$$\bar{\jmath} \;=\; \tfrac{1}{2} \epsilon_{klm} \, j_k \, \boldsymbol{e}_l \wedge \boldsymbol{e}_m \;\in\; \Omega^2(E^3) \;, \tag{3.21}$$

$$E \;=\; E_i \, \boldsymbol{e}_i \;\in\; \Omega^1(E^3) \;, \tag{3.22}$$

$$B \;=\; \tfrac{1}{2} \epsilon_{klm} \, B_k \, \boldsymbol{e}_l \wedge \boldsymbol{e}_m \;\in\; \Omega^2(E^3) \;. \tag{3.23}$$

Damit nehmen die Maxwellschen Gleichungen folgende Gestalt an:

$$d * E = \frac{\bar{\rho}}{\epsilon_0}, \tag{3.24-a}$$

$$dE = -\kappa \frac{\partial B}{\partial t}, \tag{3.24-b}$$

$$dB = 0, \tag{3.24-c}$$

$$d * B = \kappa\mu_0 \left( \bar{j} + \epsilon_0 \frac{\partial * E}{\partial t} \right). \tag{3.24-d}$$

Man beachte, daß der Sternoperator nur in den inhomogenen Maxwellschen Gleichungen (3.24-a) und (3.24-d) auftaucht, während sich die homogenen Maxwellschen Gleichungen (3.24-b) und (3.24-c) ohne jeden Bezug auf eine Metrik oder eine Orientierung schreiben lassen.

## 3.2 Maßsysteme in der Elektrodynamik

Wie wir in den Kapiteln 4 und 5 sehen werden, folgt aus den Maxwellschen Gleichungen und dem Lorentz-Kraftgesetz für den Betrag der elektrostatischen Kraft $\boldsymbol{F}^{\mathrm{e}}$ zwischen zwei Punktladungen $q_1$ und $q_2$ im Abstand $r$

$$|\boldsymbol{F}^{\mathrm{e}}| = \frac{1}{4\pi\epsilon_0} \frac{q_1 q_2}{r^2} \tag{3.25}$$

und für den Betrag der magnetostatischen Kraft $\boldsymbol{F}^{\mathrm{m}}$ zwischen zwei fadenförmigen, linearen, parallelen, von stationären Strömen $I_1$ und $I_2$ durchflossenen Leitern der Länge $l$ (im Limes $l \to \infty$) im Abstand $r$

$$|\boldsymbol{F}^{\mathrm{m}}| = \frac{\kappa^2\mu_0}{4\pi} \frac{2lI_1I_2}{r}. \tag{3.26}$$

Das Verhältnis dieser beiden Kräfte ist dimensionslos und unabhängig von den zugrundegelegten Einheiten für die Kraft und für die Ladung. Das Verhältnis der beiden darin auftretenden Vorfaktoren schreiben wir in der Form

$$\kappa^2\epsilon_0\mu_0 = \frac{1}{c^2}, \tag{3.27}$$

wobei $c$ die Dimension einer Geschwindigkeit hat. Diese Geschwindigkeit $c$ ist eine universelle, vom Maßsystem unabhängige und für das Phänomen des Elektromagnetismus insgesamt charakteristische Größe; sie wird sich später als die Ausbreitungsgeschwindigkeit elektromagnetischer Wellen im Vakuum erweisen.

Ausgehend von Gl. (3.27) lassen sich die gebräuchlichen Maßsysteme in zwei Gruppen einteilen:

### 3.2.1 Asymmetrische Maßsysteme

$$\kappa = 1, \quad \epsilon_0\mu_0 = \frac{1}{c^2}. \tag{3.28}$$

Hauptvorteil solcher Maßsysteme sind die einfache Gestalt des Lorentz-Kraftgesetzes und des Faradayschen Induktionsgesetzes; Hauptnachteil ist die Tatsache, daß $\boldsymbol{E}$ und $\boldsymbol{B}$ verschiedene Dimension haben. Bei allgemeinen theoretischen Überlegungen, besonders im Rahmen der speziellen Relativitätstheorie, ist dies oft recht unpraktisch – so z.B. deshalb, weil sich durch den Wechsel des Inertialsystems, wie wir noch sehen werden, $\boldsymbol{E}$ und $\boldsymbol{B}$ miteinander mischen lassen. Beispiele für asymmetrische Maßsysteme sind

- **Elektrostatisches Maßsystem**:

$$\epsilon_0 = \frac{1}{4\pi} \; , \quad \mu_0 = \frac{4\pi}{c^2} \; . \tag{3.29}$$

In diesem System nimmt das Coulombsche Gesetz eine besonders einfache Form an. Die Dimension der Ladung ist $[q] = \sqrt{\text{Kraft}} \cdot \text{Länge}$.

- **Magnetostatisches Maßsystem**:

$$\epsilon_0 = \frac{1}{4\pi c^2} \; , \quad \mu_0 = 4\pi \; . \tag{3.30}$$

In diesem System nimmt das Biot-Savartsche Gesetz (vgl. Kapitel 5) eine besonders einfache Form an. Die Dimension der Ladung ist $[q] = \sqrt{\text{Kraft}} \cdot \text{Zeit}$.

- **SI = „Système International"** (gelegentlich auch als technisches Maßsystem oder – etwas unvollständig – als MKSA-System bezeichnet): Das SI ist durch die Einführung einer eigenen elektrischen Grundeinheit gekennzeichnet. Nach dem derzeitigen Stand ist dies die Stromeinheit Ampere (A), die gesetzlich wie folgt definiert ist: „Die Basiseinheit 1 Ampere ist die Stärke eines zeitlich unveränderlichen elektrischen Stromes, der, durch zwei im Vakuum parallel im Abstand 1 Meter voneinander angeordnete, geradlinige, unendlich lange Leiter von vernachlässigbar kleinem, kreisförmigem Querschnitt fließend, zwischen diesen Leitern je 1 Meter Leiterlänge elektrodynamisch die Kraft $2 \cdot 10^{-7}$ Newton hervorrufen würde." Die Einheit der Ladung ist dann das Coulomb (C), also die Amperesekunde: 1C = 1As. Gemäß der Definition der Einheit Ampere gilt also

$$\epsilon_0 = \frac{10^7}{4\pi}\,\frac{1}{c^2}\,\frac{\mathrm{A}^2}{\mathrm{N}} \; , \quad \mu_0 = 4\pi \cdot 10^{-7}\,\frac{\mathrm{N}}{\mathrm{A}^2} \; . \tag{3.31}$$

Dieses Maßsystem ist für praktische Zwecke das am besten geeignete und mittlerweile fast universell akzeptiert.

### 3.2.2 Symmetrische Maßsysteme

$$\kappa = \frac{1}{c} \; , \quad \epsilon_0 \mu_0 = 1 \; . \tag{3.32}$$

Hauptvorteil solcher Maßsysteme ist die Tatsache, daß $\boldsymbol{E}$ und $\boldsymbol{B}$ gleiche Dimension haben: Alle Geschwindigkeiten werden in Einheiten von $c$ gemessen, und in den Maxwellschen Gleichungen tritt die zeitliche Ableitung stets mit einem zusätzlichen Faktor $1/c$ auf, der dem Produkt die Dimension einer räumlichen Ableitung verleiht. Für praktische Anwendungen ist dies allerdings eher störend, da die Lichtgeschwindigkeit um viele Größenordnungen oberhalb der typischen Geschwindigkeiten liegt, die im täglichen Leben von Bedeutung sind. Beispiele für symmetrische Maßsysteme sind

- **Gaußsches Maßsystem**:

$$\epsilon_0 = \frac{1}{4\pi} \quad , \quad \mu_0 = 4\pi \; . \tag{3.33}$$

Wie im elektrostatischen Maßsystem nimmt das Coulombsche Gesetz eine besonders einfache Form an, und als Dimension der Ladung ergibt sich $[q] = \sqrt{\text{Kraft}} \cdot \text{Länge}$. Dieses Maßsystem ist in der theoretischen Elektrodynamik weit verbreitet.

- **Heavisidesches Maßsystem**:

$$\epsilon_0 = 1 \quad , \quad \mu_0 = 1 \; . \tag{3.34}$$

Dieses einfachste und symmetrischste aller Maßsysteme wird vor allem in der Quantenfeldtheorie verwendet.

Wir werden uns im folgenden auf kein bestimmtes Maßsystem festlegen, auch wenn dadurch zu den üblichen Konstanten $\epsilon_0$ und $\mu_0$ noch eine weitere Konstante $\kappa$ tritt, die mit den anderen beiden und der universellen Geschwindigkeit $c$ gemäß Gl. (3.27) verbunden ist. Dieses Vorgehen hat nämlich den Vorteil, daß sich die relevanten Formeln ohne mühsames Umrechnen in allen gebräuchlichen Maßsystemen direkt ablesen lassen: Man muß nur im Auge behalten, daß z.B.

$$\kappa = 1 \qquad \text{in SI-Einheiten} \tag{3.35}$$

$$\kappa = \frac{1}{c} \qquad \begin{array}{c}\text{im Gaußschen Maßsystem} \\ \text{oder Heavisideschen Maßsystem}\end{array} \tag{3.36}$$

gilt.

Zur Umrechnung der verschiedenen Maßsysteme ineinander ist noch die Beobachtung nützlich, daß in jedem Maßsystem die Größen

$$\boldsymbol{E}_H = \sqrt{\epsilon_0}\,\boldsymbol{E} \quad , \quad \boldsymbol{B}_H = \frac{\boldsymbol{B}}{\sqrt{\mu_0}} \quad , \quad \rho_H = \frac{\rho}{\sqrt{\epsilon_0}} \quad , \quad \boldsymbol{j}_H = \frac{\boldsymbol{j}}{\sqrt{\epsilon_0}} \tag{3.37}$$

mit den Heavisideschen Größen identisch sind und deshalb dem Lorentz-Kraftgesetz und den Maxwellschen Gleichungen im Heavisideschen System genügen.

## 3.3 Anfangswertproblem und Randbedingungen

Die Maxwellschen Gleichungen beschreiben – zusammen mit dem Lorentz-Kraftgesetz – alle makroskopischen elektromagnetischen Erscheinungen. Als physikalische Errungenschaft sind sie in Tragweite und Tiefe allenfalls mit den Newtonschen

Bewegungsgleichungen vergleichbar. Nicht umsonst stellte Ludwig Boltzmann seiner Darstellung der Maxwellschen Theorie das Faust-Zitat voran: „War es ein Gott, der diese Zeilen schrieb?“. Ihre volle Durchschlagskraft haben die Maxwellschen Gleichungen sogar erst in diesem Jahrhundert gezeigt, als ihre relativistische Invarianz hervortrat. In der Tat: Wo sie mit den Newtonschen Bewegungsgleichungen im Widerspruch standen, waren es die Newtonschen Gleichungen, die abgeändert werden mußten.

Wenn nun behauptet wird, daß die Maxwellschen Gleichungen eine vollständige Beschreibung aller makroskopischen elektromagnetischen Erscheinungen liefern, so bedeutet dies insbesondere, daß sie die zeitliche Entwicklung des elektromagnetischen Feldes aus einer gegebenen Anfangskonfiguration heraus eindeutig festlegen müssen. Zur Diskussion dieses Anfangswertproblems wollen wir zunächst annehmen, daß Ladungs- und Stromverteilung $\rho(t, \boldsymbol{x})$ und $\boldsymbol{j}(t, \boldsymbol{x})$ von außen fest vorgegeben seien. Die Maxwellschen Gleichungen sind dann ein inhomogenes System von linearen partiellen Differentialgleichungen erster Ordnung für $\boldsymbol{E}$ und $\boldsymbol{B}$. Ist also der Zustand zur Zeit $t_0$ durch Vorgabe von $\boldsymbol{E}(t_0, \boldsymbol{x})$ und $\boldsymbol{B}(t_0, \boldsymbol{x})$ vorgegeben, so sollten $\boldsymbol{E}(t, \boldsymbol{x})$ und $\boldsymbol{B}(t, \boldsymbol{x})$ auch für alle anderen Zeiten $t$ bestimmt sein. Dies ist in der Tat der Fall, wie man sich – auf grob vereinfachte und abgekürzte Weise – folgendermaßen klarmachen kann: Aufgrund der Gleichungen (3.5-b) und (3.5-d) bestimmen $\boldsymbol{E}$ und $\boldsymbol{B}$ zu einer gegebenen Zeit $t_0$ auch die partiellen Zeitableitungen $\partial \boldsymbol{E}/\partial t$ und $\partial \boldsymbol{B}/\partial t$ zu derselben Zeit $t_0$. Durch $n$-malige partielle Ableitung von Gl. (3.5-b) und Gl. (3.5-d) nach der Zeit sieht man außerdem, daß die $n$-te partielle Zeitableitung von $\boldsymbol{E}$ und $\boldsymbol{B}$ zur Zeit $t_0$ auch die $(n+1)$-te partielle Zeitableitung von $\boldsymbol{E}$ und $\boldsymbol{B}$ zur Zeit $t_0$ bestimmt. Durch Induktion nach $n$ folgt also, daß $\boldsymbol{E}$ und $\boldsymbol{B}$ zur Zeit $t_0$ sämtliche partiellen Zeitableitungen von $\boldsymbol{E}$ und $\boldsymbol{B}$ zur Zeit $t_0$ festlegen. Wenn also die Felder $\boldsymbol{E}$ und $\boldsymbol{B}$ analytisch in der Zeit sind, d.h. wenn sie sich in Taylor-Reihen nach $t$ mit nichtverschwindendem Konvergenzradius entwickeln lassen, so bestimmen bereits die Gleichungen (3.5-b) und (3.5-d) allein die Zeitentwicklung des elektromagnetischen Feldes. (Schärfere mathematische Theoreme wird man allerdings benötigen, wenn man die a-priori-Annahme der Analytizität in der Zeit fallenlassen will.) Die Gleichungen (3.5-a) und (3.5-c) dagegen enthalten keine Zeitableitungen; sie sind vielmehr als Einschränkungen an die zulässigen Feldkonfigurationen zu jeder festen Zeit aufzufassen. Damit entsteht ein Konsistenzproblem, denn es ist zu zeigen, daß Felder, welche die Nebenbedingungen (3.5-a) und (3.5-c) zur Zeit $t = t_0$ erfüllen und sich gemäß den Gleichungen (3.5-b) und (3.5-d) zeitlich entwickeln, den Nebenbedingungen (3.5-a) und (3.5-c) auch zu jeder anderen Zeit $t$ genügen. Dies aber ist eine Konsequenz des Erhaltungssatzes (3.1) für die Ladung, denn wegen Gl. (3.5-d) gilt

$$\frac{\partial}{\partial t}\left(\boldsymbol{\nabla}\cdot\boldsymbol{E} - \frac{\rho}{\epsilon_0}\right) = \boldsymbol{\nabla}\cdot\frac{\partial \boldsymbol{E}}{\partial t} - \frac{1}{\epsilon_0}\frac{\partial\rho}{\partial t} = \boldsymbol{\nabla}\cdot\left(\frac{\boldsymbol{j}}{\epsilon_0} + \frac{\partial \boldsymbol{E}}{\partial t}\right)$$

$$= \frac{1}{\kappa\epsilon_0\mu_0}\,\boldsymbol{\nabla}\cdot(\boldsymbol{\nabla}\times\boldsymbol{B}) = 0\,,$$

und wegen Gl. (3.5-b) ist

$$\frac{\partial}{\partial t}(\boldsymbol{\nabla}\cdot\boldsymbol{B}) = \boldsymbol{\nabla}\cdot\frac{\partial \boldsymbol{B}}{\partial t} = -\frac{1}{\kappa}\,\boldsymbol{\nabla}\cdot(\boldsymbol{\nabla}\times\boldsymbol{E}) = 0\,.$$

Als Anfangswerte kann man statt $\boldsymbol{E}(t_0, \boldsymbol{x})$ und $\boldsymbol{B}(t_0, \boldsymbol{x})$ auch $\boldsymbol{E}(t_0, \boldsymbol{x})$ und $(\partial \boldsymbol{E}/\partial t)(t_0, \boldsymbol{x})$ oder aber $\boldsymbol{B}(t_0, \boldsymbol{x})$ und $(\partial \boldsymbol{B}/\partial t)(t_0, \boldsymbol{x})$ vorgeben, sofern dabei die entsprechenden Nebenbedingungen

$$\nabla \cdot \boldsymbol{E}(t_0, \boldsymbol{x}) = \frac{1}{\epsilon_0} \rho(t_0, \boldsymbol{x}) \qquad \text{und} \qquad \nabla \cdot \frac{\partial \boldsymbol{E}}{\partial t}(t_0, \boldsymbol{x}) = \frac{1}{\epsilon_0} \frac{\partial \rho}{\partial t}(t_0, \boldsymbol{x})$$

bzw.

$$\nabla \cdot \boldsymbol{B}(t_0, \mathbf{x}) = 0 \qquad \text{und} \qquad \nabla \cdot \frac{\partial \boldsymbol{B}}{\partial t}(t_0, \mathbf{x}) = 0$$

erfüllt sind. Im ersten Fall sind nämlich $\nabla \cdot \boldsymbol{B}$ und $\nabla \times \boldsymbol{B}$ zur Zeit $t_0$ durch die Gleichungen (3.5-c) und (3.5-d) festgelegt und damit, wenn nur genügend rascher Abfall im Unendlichen vorliegt, auch $\boldsymbol{B}$ zur Zeit $t_0$. Ebenso sind im zweiten Fall $\nabla \cdot \boldsymbol{E}$ und $\nabla \times \boldsymbol{E}$ zur Zeit $t_0$ durch die Gleichungen (3.5-a) und (3.5-b) festgelegt und damit, wenn nur genügend rascher Abfall im Unendlichen vorliegt, auch $\boldsymbol{E}$ zur Zeit $t_0$.

Wenn die Ladungs- und Stromverteilungen $\rho$ und $\boldsymbol{j}$ nicht von außen vorgegeben werden, so sind die Bewegungsgleichungen für ein kombiniertes elektromagnetisches und mechanisches System zu lösen. Die Kräfte im mechanischen Teil des Systems sind hierbei durch die Lorentz-Kraft und eventuell durch weitere nichtelektromagnetische Kräfte gegeben. Wir haben es dann mit einem komplizierten und vor allem in hohem Maße nichtlinearen System mit unendlich vielen Freiheitsgraden zu tun. Die eindeutige Lösbarkeit des Anfangswertproblems ist nur für kleine Zeitspannen gesichert, während die Stabilität des Systems für beliebig große Zeiten ein überaus schwieriges Problem ist.

Anstelle der Bedingung des genügend schnellen Abfalls im Unendlichen, oder auch zusätzlich dazu, sind die Felder $\boldsymbol{E}$ und $\boldsymbol{B}$ oft noch anderen Randbedingungen zu unterwerfen. Als wichtigstes Beispiel sei die Situation betrachtet, in der auf einer Fläche $F$ im Raum eine Flächenladungsdichte $\omega$ oder eine Flächenstromdichte $\boldsymbol{k}$ vorgegeben ist. Zumindest lokal kann man sich dann den Raum durch die Trennfläche $F$ in zwei Bereiche $V_1$ und $V_2$ zerlegt denken. Nimmt man nun an, daß die Felder $\boldsymbol{E}$ und $\boldsymbol{B}$ und ihre zeitlichen Ableitungen in $V_1$ und $V_2$ beliebig oft differenzierbar sind und an der Trennfläche $F$ allenfalls Sprünge aufweisen, so erhält man die folgenden Anschlußbedingungen für $\boldsymbol{E}$ und $\boldsymbol{B}$:

$$\boldsymbol{n}_{12} \cdot (\boldsymbol{E}_1 - \boldsymbol{E}_2) = \frac{\omega}{\epsilon_0} \quad , \quad \boldsymbol{n}_{12} \times (\boldsymbol{E}_1 - \boldsymbol{E}_2) = 0 \, , \tag{3.38}$$

$$\boldsymbol{n}_{12} \cdot (\boldsymbol{B}_1 - \boldsymbol{B}_2) = 0 \quad , \quad \boldsymbol{n}_{12} \times (\boldsymbol{B}_1 - \boldsymbol{B}_2) = \kappa \mu_0 \boldsymbol{k} \, . \tag{3.39}$$

Dabei sind $\boldsymbol{E}_1$ und $\boldsymbol{B}_1$ bzw. $\boldsymbol{E}_2$ und $\boldsymbol{B}_2$ die Werte von $\boldsymbol{E}$ und $\boldsymbol{B}$ auf der Trennfläche $F$, die man durch Grenzübergang aus dem Innern von $V_1$ bzw. $V_2$ erhält, und $\boldsymbol{n}_{12}$ ist die vom Bereich $V_2$ in den Bereich $V_1$ gerichtete Flächennormale.
In der Tat ergeben sich die Gleichungen für die Normalkomponenten

$$\boldsymbol{E}_1^{\mathrm{n}} - \boldsymbol{E}_2^{\mathrm{n}} = \boldsymbol{n}_{12} \cdot (\boldsymbol{E}_1 - \boldsymbol{E}_2) \qquad \text{und} \qquad \boldsymbol{B}_1^{\mathrm{n}} - \boldsymbol{B}_2^{\mathrm{n}} = \boldsymbol{n}_{12} \cdot (\boldsymbol{B}_1 - \boldsymbol{B}_2)$$

aus den Maxwellschen Gleichungen (3.5-a) und (3.5-c) durch Integration über die Oberfläche des in Abb. 3.3 eingezeichneten kleinen Volumens $\tilde{V}$; dabei bezieht sich der Begriff „klein" auf die Ausdehnung $d$ des Volumens $\tilde{V}$ in Richtung der Flächennormale $\boldsymbol{n}_{12}$:

$$\int_{F\cap\tilde{V}} df\; \boldsymbol{n}_{12}\cdot(\boldsymbol{E}_1-\boldsymbol{E}_2) \;=\; \lim_{d\to 0}\int_{\partial\tilde{V}} d\boldsymbol{f}\cdot\boldsymbol{E} \;=\; \lim_{d\to 0}\int_{\tilde{V}} d^3x\;\boldsymbol{\nabla}\cdot\boldsymbol{E}$$
$$=\; \frac{1}{\epsilon_0}\lim_{d\to 0}\int_{\tilde{V}} d^3x\;\rho \;=\; \frac{1}{\epsilon_0}\int_{F\cap\tilde{V}} df\;\omega\;,$$

$$\int_{F\cap\tilde{V}} df\; \boldsymbol{n}_{12}\cdot(\boldsymbol{B}_1-\boldsymbol{B}_2) \;=\; \lim_{d\to 0}\int_{\partial\tilde{V}} d\boldsymbol{f}\cdot\boldsymbol{B} \;=\; \lim_{d\to 0}\int_{\tilde{V}} d^3x\;\boldsymbol{\nabla}\cdot\boldsymbol{B} \;=\; 0\,.$$

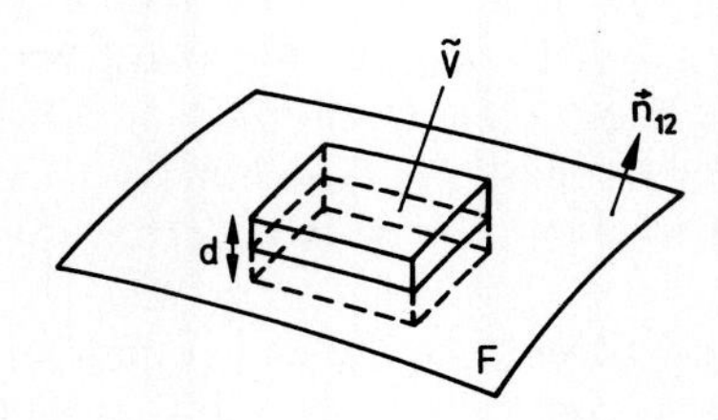


**Abb. 3.3**: Zur Berechnung des Sprungs in der Normalkomponente des elektrischen bzw. magnetischen Feldes an einer – mit einer gegebenen Flächenladungsdichte bzw. Flächenstromdichte belegten – Trennfläche zwischen zwei Gebieten, mit Hilfe des Gaußschen Satzes: Näheres siehe Text

Analog ergeben sich die Gleichungen für die Tangentialkomponenten

$$\boldsymbol{E}_1^{\mathrm{t}} - \boldsymbol{E}_2^{\mathrm{t}} \;=\; \boldsymbol{t}\cdot(\boldsymbol{E}_1-\boldsymbol{E}_2) \qquad \text{und} \qquad \boldsymbol{B}_1^{\mathrm{t}} - \boldsymbol{B}_2^{\mathrm{t}} \;=\; \boldsymbol{t}\cdot(\boldsymbol{B}_1-\boldsymbol{B}_2)$$

(wobei $\boldsymbol{t}$ die möglichen Tangentenvektoren an die Trennfläche $F$ durchläuft) aus den Maxwellschen Gleichungen (3.5-b) und (3.5-d) durch Integration über den Rand der in Abb. 3.4 eingezeichneten, senkrecht zu $\boldsymbol{t}$ orientierten kleinen Fläche $\tilde{F}$; dabei bezieht sich der Begriff „klein“ auf die Ausdehnung $d$ der Fläche $\tilde{F}$ in Richtung der Flächennormale $\boldsymbol{n}_{12}$:

$$\int_{F\cap\tilde{F}} dx\;(\boldsymbol{t}\times\boldsymbol{n}_{12})\cdot(\boldsymbol{E}_1-\boldsymbol{E}_2) \;=\; \lim_{d\to 0}\int_{\partial\tilde{F}} d\boldsymbol{x}\cdot\boldsymbol{E} \;=\; \lim_{d\to 0}\int_{\tilde{F}} d\boldsymbol{f}\cdot(\boldsymbol{\nabla}\times\boldsymbol{E})$$
$$=\; -\,\kappa\lim_{d\to 0}\int_{\tilde{F}} d\boldsymbol{f}\cdot\frac{\partial\boldsymbol{B}}{\partial t} \;=\; 0\;,$$

$$\int_{F\cap\tilde{F}} dx\;(\boldsymbol{t}\times\boldsymbol{n}_{12})\cdot(\boldsymbol{B}_1-\boldsymbol{B}_2) \;=\; \lim_{d\to 0}\int_{\partial\tilde{F}} d\boldsymbol{x}\cdot\boldsymbol{B} \;=\; \lim_{d\to 0}\int_{\tilde{F}} d\boldsymbol{f}\cdot(\boldsymbol{\nabla}\times\boldsymbol{B})$$
$$=\; \kappa\mu_0\lim_{d\to 0}\int_{\tilde{F}} d\boldsymbol{f}\cdot\left(\boldsymbol{j}+\epsilon_0\frac{\partial\boldsymbol{E}}{\partial t}\right) \;=\; \kappa\mu_0\int_{F\cap\tilde{F}} dx\;\boldsymbol{k}\cdot\boldsymbol{t}\;.$$

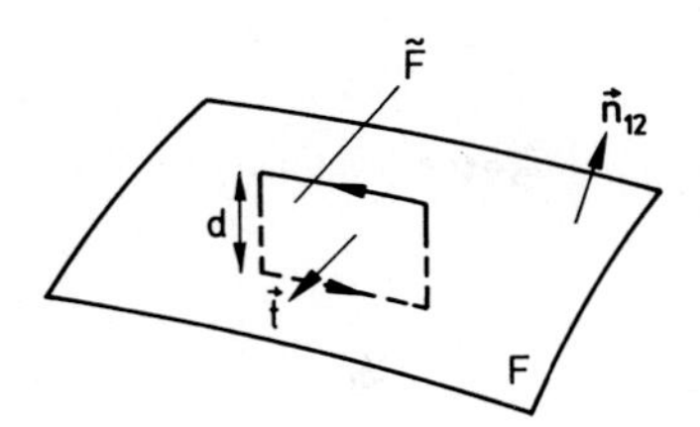


**Abb. 3.4**: Zur Berechnung des Sprungs in der Tangentialkomponente des elektrischen bzw. magnetischen Feldes an einer – mit einer gegebenen Flächenladungsdichte bzw. Flächenstromdichte belegten – Trennfläche zwischen zwei Gebieten, mit Hilfe des Stokesschen Satzes: Näheres siehe Text

## 3.4 Potentiale und Eichtransformationen

Die Lösung der Maxwellschen Gleichungen (3.5-a)–(3.5-d) läßt sich durch die Einführung von *Potentialen* entscheidend vereinfachen. Zunächst ist nämlich die homogene Gleichung (3.5-c) äquivalent zur Existenz eines Vektorfeldes $\boldsymbol{A}$ mit

$$\boldsymbol{B} \;=\; \boldsymbol{\nabla} \times \boldsymbol{A}\,. \tag{3.40}$$

Dieses Feld heißt *Vektorpotential*. Einsetzen von Gl. (3.40) in die homogene Gleichung (3.5-b) liefert dann

$$\boldsymbol{\nabla} \times \left( \boldsymbol{E} + \kappa\,\frac{\partial \boldsymbol{A}}{\partial t} \right) \;=\; 0\,, \tag{3.41}$$

was äquivalent ist zur Existenz eines Skalarfeldes $\phi$ mit

$$\boldsymbol{E} \;=\; -\,\boldsymbol{\nabla}\phi \;-\; \kappa\,\frac{\partial \boldsymbol{A}}{\partial t}\,. \tag{3.42}$$

Dieses Feld heißt *skalares Potential.*

Die Potentiale $\boldsymbol{A}$ und $\phi$ sind durch die Felder $\boldsymbol{E}$ und $\boldsymbol{B}$ keineswegs eindeutig bestimmt. Vielmehr führen andere Potentiale $\boldsymbol{A}'$ und $\phi'$ genau dann zu denselben Feldern, wenn sie aus den ursprünglichen Potentialen $\boldsymbol{A}$ und $\phi$ durch eine *Eichtransformation*

$$\boldsymbol{A} \longrightarrow \boldsymbol{A}' \;=\; \boldsymbol{A} + \boldsymbol{\nabla}\chi \quad , \quad \phi \longrightarrow \phi' \;=\; \phi \;-\; \kappa\,\frac{\partial \chi}{\partial t} \tag{3.43}$$

hervorgehen, wobei $\chi$ eine beliebige Funktion von $t$ und $\boldsymbol{x}$ sein darf. Diese *Eichfreiheit* kann man ausnutzen, um die Potentiale geeigneten zusätzlichen Bedingungen zu unterwerfen; man spricht dann von der Wahl einer *Eichung*. Ferner bezeichnet man diejenigen Eichtransformationen, die mit einer gegebenen Eichbedingung verträglich sind, als *residuale Eichtransformationen*.

Die beiden für praktische Zwecke wichtigsten Eichungen sind

- **Coulomb-Eichung**:

$$\boldsymbol{\nabla}\cdot\boldsymbol{A} = 0 \,. \tag{3.44}$$

Die residualen Eichtransformationen sind die Eichtransformationen (3.43) mit der Nebenbedingung

$$\Delta\chi = 0 \,. \tag{3.45}$$

- **Lorentz-Eichung**:

$$\boldsymbol{\nabla}\cdot\boldsymbol{A} + \frac{1}{\kappa c^2}\frac{\partial\phi}{\partial t} = 0 \,. \tag{3.46}$$

Die residualen Eichtransformationen sind die Eichtransformationen (3.43) mit der Nebenbedingung

$$\Box\chi \equiv \frac{1}{c^2}\frac{\partial^2\chi}{\partial t^2} - \Delta\chi = 0 \,. \tag{3.47}$$

Als nächstes setzen wir Gl. (3.40) und Gl. (3.42) in die inhomogenen Maxwellschen Gleichungen (3.5-a) und (3.5-d) ein und erhalten nach elementarer Rechnung

$$\Delta\phi + \kappa\,\boldsymbol{\nabla}\cdot\frac{\partial\boldsymbol{A}}{\partial t} = -\frac{\rho}{\epsilon_0} \,, \tag{3.48}$$

$$\Delta\boldsymbol{A} - \boldsymbol{\nabla}(\boldsymbol{\nabla}\cdot\boldsymbol{A}) - \frac{1}{c^2}\frac{\partial^2\boldsymbol{A}}{\partial t^2} - \frac{1}{\kappa c^2}\boldsymbol{\nabla}\left(\frac{\partial\phi}{\partial t}\right) = -\kappa\mu_0\,\boldsymbol{j} \,, \tag{3.49}$$

wobei wir noch Gl. (3.27) und die Identität

$$\boldsymbol{\nabla}\times(\boldsymbol{\nabla}\times\boldsymbol{A}) = \boldsymbol{\nabla}(\boldsymbol{\nabla}\cdot\boldsymbol{A}) - \Delta\boldsymbol{A}$$

benutzt haben.

Speziell in der Coulomb-Eichung ergibt sich damit

$$\Delta\phi = -\frac{\rho}{\epsilon_0} \tag{3.50}$$

und

$$\Box\boldsymbol{A} \equiv \frac{1}{c^2}\frac{\partial^2\boldsymbol{A}}{\partial t^2} - \Delta\boldsymbol{A} = \kappa\mu_0\,\boldsymbol{j}_{\mathrm{t}} \,, \tag{3.51}$$

wobei

$$\boldsymbol{j}_{\mathrm{t}} = \boldsymbol{j} - \epsilon_0\,\boldsymbol{\nabla}\left(\frac{\partial\phi}{\partial t}\right) \tag{3.52}$$

(vgl. Gl. (3.27)) der *transversale*, also divergenzfreie, Anteil des Stromes ist:

$$\boldsymbol{\nabla}\cdot\boldsymbol{j}_{\mathrm{t}} = 0 \,. \tag{3.53}$$

In der Tat folgt dies wegen Gl. (3.44) durch Bildung der Divergenz von Gl. (3.51) oder auch durch Bildung der Divergenz von Gl. (3.52) und Anwendung von Gl. (3.1):

$$\boldsymbol{\nabla}\cdot\boldsymbol{j}_{\mathrm{t}} = \boldsymbol{\nabla}\cdot\boldsymbol{j} - \epsilon_0\,\Delta\left(\frac{\partial\phi}{\partial t}\right) = \boldsymbol{\nabla}\cdot\boldsymbol{j} + \frac{\partial\rho}{\partial t} = 0 \,.$$

Gl. (3.50) stimmt mit der entsprechenden Gleichung aus der Elektrostatik überein, wobei die Zeit nur die Rolle eines zusätzlichen Parameters spielt. Das entsprechende skalare Potential $\phi$ heißt deshalb auch *instantanes Coulomb-Potential.* Als besonders praktisch erweist sich die Coulomb-Eichung für $\rho \equiv 0$, da man dann $\phi \equiv 0$ wählen kann.

Dagegen erhält man in der Lorentz-Eichung

$$\Box\phi \equiv \frac{1}{c^2}\frac{\partial^2\phi}{\partial t^2} - \Delta\phi = \frac{\rho}{\epsilon_0} , \tag{3.54}$$

$$\Box\boldsymbol{A} \equiv \frac{1}{c^2}\frac{\partial^2\boldsymbol{A}}{\partial t^2} - \Delta\boldsymbol{A} = \kappa\mu_0\,\boldsymbol{j} . \tag{3.55}$$

Hier nehmen also die inhomogenen Maxwellschen Gleichungen eine besonders symmetrische Gestalt an: Sie werden zu einem System von inhomogenen Wellengleichungen.

## 3.5 Energie des elektromagnetischen Feldes

Wir wollen uns in diesem Abschnitt mit der Energiebilanz des elektromagnetischen Feldes befassen. Es liegt im Sinne der Feldvorstellung, daß die Energie des elektromagnetischen Feldes kontinuierlich im Raum verteilt ist und daß sie durch den Raum strömen kann – genau wie die Energie eines Fluids. Nach Kapitel 2 erwarten wir also eine Bilanzgleichung für die Energie von der Form

$$\frac{\partial\rho^E}{\partial t} + \boldsymbol{\nabla}\cdot\boldsymbol{j}^E = q^E , \tag{3.56}$$

wobei $\rho^E$, $\boldsymbol{j}^E$ und $q^E$ die Energiedichte, die Energiestromdichte und die Energiequelldichte des elektromagnetischen Feldes sind. Nach aller Erfahrung ist die Energie eine Erhaltungsgröße, und so kommt für $q^E$ nur die pro Volumen und Zeit auf ein anderes, nicht-elektrodynamisches System übertragene Energie in Frage. Hierfür liefert uns die Lorentz-Kraft den richtigen Ausdruck: So ist gemäß Gl. (3.2) die vom Zeitpunkt $t_1$ bis zum Zeitpunkt $t_2$ durch die Felder $\boldsymbol{E}$ und $\boldsymbol{B}$ an einer Punktladung $q$ geleistete Arbeit gleich

$$W(t_1,t_2) = \int_{t_1}^{t_2} dt\; \boldsymbol{v}\cdot\boldsymbol{F} = q\int_{t_1}^{t_2} dt\; \boldsymbol{v}\cdot\boldsymbol{E} ;$$

insbesondere leistet also das magnetische Feld keine Arbeit. Für eine kontinuierliche Ladungs- und Stromverteilung ergibt sich damit

$$q^E = -\boldsymbol{j}\cdot\boldsymbol{E} , \tag{3.57}$$

wobei das Minuszeichen daher rührt, daß die auf die Ladungs- und Stromverteilung übertragene Energie einer Abnahme der elektromagnetischen Feldenergie entspricht. Mit Hilfe der Maxwellschen Gleichungen (3.5-d) und (3.5-b) finden wir nun

$$\begin{aligned}
-\boldsymbol{j}\cdot\boldsymbol{E} &= \epsilon_0\,\boldsymbol{E}\cdot\frac{\partial\boldsymbol{E}}{\partial t} - \frac{1}{\kappa\mu_0}\,\boldsymbol{E}\cdot(\boldsymbol{\nabla}\times\boldsymbol{B}) \\
&= \epsilon_0\,\boldsymbol{E}\cdot\frac{\partial\boldsymbol{E}}{\partial t} - \frac{1}{\kappa\mu_0}\,\big((\boldsymbol{\nabla}\times\boldsymbol{E})\cdot\boldsymbol{B} - \boldsymbol{\nabla}\cdot(\boldsymbol{E}\times\boldsymbol{B})\big) \\
&= \epsilon_0\,\boldsymbol{E}\cdot\frac{\partial\boldsymbol{E}}{\partial t} + \frac{1}{\mu_0}\,\boldsymbol{B}\cdot\frac{\partial\boldsymbol{B}}{\partial t} + \frac{1}{\kappa\mu_0}\,\boldsymbol{\nabla}\cdot(\boldsymbol{E}\times\boldsymbol{B}) \\
&= \frac{\partial}{\partial t}\left(\frac{\epsilon_0}{2}\,\boldsymbol{E}^2 + \frac{1}{2\mu_0}\,\boldsymbol{B}^2\right) + \boldsymbol{\nabla}\cdot\left(\frac{1}{\kappa\mu_0}\,\boldsymbol{E}\times\boldsymbol{B}\right) .
\end{aligned}$$

wobei wir im zweiten Schritt noch die Identität

$$\boldsymbol{\nabla}\cdot(\boldsymbol{E}\times\boldsymbol{B}) = (\boldsymbol{\nabla}\times\boldsymbol{E})\cdot\boldsymbol{B} - \boldsymbol{E}\cdot(\boldsymbol{\nabla}\times\boldsymbol{B})$$

benutzt haben. Das ist gerade eine Bilanzgleichung der gesuchten Form (3.56), mit

$$\rho^E = \frac{\epsilon_0}{2}\,\boldsymbol{E}^2 + \frac{1}{2\mu_0}\,\boldsymbol{B}^2 \tag{3.58}$$

als Energiedichte und

$$\boldsymbol{j}^E = \frac{1}{\kappa\mu_0}\,\boldsymbol{E}\times\boldsymbol{B} \tag{3.59}$$

als Energiestromdichte; diese ist identisch mit dem sogenannten *Poynting-Vektor*, der allgemein mit $\boldsymbol{S}$ bezeichnet wird:

$$\boldsymbol{S} = \frac{1}{\kappa\mu_0}\,\boldsymbol{E}\times\boldsymbol{B} . \tag{3.60}$$

Gemäß Gl. (3.58) zerfällt die Feldenergie $U$ in einem Volumen $V$ in die Summe aus einem elektrischen Anteil und einem magnetischen Anteil, also

$$U = U^{\mathrm{e}} + U^{\mathrm{m}} , \tag{3.61}$$

mit

$$U^{\mathrm{e}} = \frac{\epsilon_0}{2}\int d^3x\;\boldsymbol{E}^2 , \tag{3.62}$$

und

$$U^{\mathrm{m}} = \frac{1}{2\mu_0}\int d^3x\;\boldsymbol{B}^2 . \tag{3.63}$$

Für den Fall statischer Felder läßt sich die Feldenergie auch anders darstellen, und zwar mit Hilfe des skalaren Potentials $\phi$ und des Vektorpotentials $\boldsymbol{A}$, wobei $\boldsymbol{E} = -\boldsymbol{\nabla}\phi$ und $\boldsymbol{B} = \boldsymbol{\nabla}\times\boldsymbol{A}$. Wenn $\phi$ und $\boldsymbol{A}$ im Unendlichen genügend rasch abfallen, finden wir durch partielle Integration für die elektrostatische Energie

$$U^{\mathrm{e}} = \frac{\epsilon_0}{2}\int d^3x\;\boldsymbol{E}^2 = -\frac{\epsilon_0}{2}\int d^3x\;\boldsymbol{E}\cdot\boldsymbol{\nabla}\phi = \frac{\epsilon_0}{2}\int d^3x\;(\boldsymbol{\nabla}\cdot\boldsymbol{E})\,\phi$$

und damit den Ausdruck

$$U^{\mathrm{e}} = \frac{1}{2} \int d^3x \, \rho\phi \,, \tag{3.64}$$

sowie für die magnetostatische Energie

$$U^{\mathrm{m}} = \frac{1}{2\mu_0} \int d^3x \, \boldsymbol{B}^2 = \frac{1}{2\mu_0} \int d^3x \, \boldsymbol{B} \cdot (\boldsymbol{\nabla} \times \boldsymbol{A}) = \frac{1}{2\mu_0} \int d^3x \, (\boldsymbol{\nabla} \times \boldsymbol{B}) \cdot \boldsymbol{A}$$

und damit den Ausdruck

$$U^{\mathrm{m}} = \frac{\kappa}{2} \int d^3x \, \boldsymbol{j} \cdot \boldsymbol{A} \,. \tag{3.65}$$

Wenn Ladungen und Ströme sich in zwei Anteile zerlegen lassen, also

$$\rho = \rho_1 + \rho_2 \,, \quad \boldsymbol{j} = \boldsymbol{j}_1 + \boldsymbol{j}_2 \,, \tag{3.66}$$

so lassen sich aufgrund der Linearität der Maxwellschen Gleichungen auch die von ihnen erzeugten Felder auf die gleiche Art und Weise in zwei Anteile zerlegen:

$$\boldsymbol{E} = \boldsymbol{E}_1 + \boldsymbol{E}_2 \,, \quad \boldsymbol{B} = \boldsymbol{B}_1 + \boldsymbol{B}_2 \,. \tag{3.67}$$

Entsprechendes gilt für die Potentiale:

$$\phi = \phi_1 + \phi_2 \,, \quad \boldsymbol{A} = \boldsymbol{A}_1 + \boldsymbol{A}_2 \,. \tag{3.68}$$

Als typisches Beispiel stellen wir uns vor, daß $\rho_1, \boldsymbol{j}_1$ und $\rho_2, \boldsymbol{j}_2$ in weit voneinander getrennten Bereichen $V_1$ und $V_2$ konzentriert sind. Aus Gl. (3.62) und Gl. (3.63) ergibt sich

$$U^{\mathrm{e}} = U_1^{\mathrm{e}} + U_2^{\mathrm{e}} + U_{12}^{\mathrm{e}} \,, \tag{3.69}$$

und

$$U^{\mathrm{m}} = U_1^{\mathrm{m}} + U_2^{\mathrm{m}} + U_{12}^{\mathrm{m}} \,, \tag{3.70}$$

wobei

$$U_1^{\mathrm{e}} = \frac{\epsilon_0}{2} \int d^3x \, \boldsymbol{E}_1^2 \,, \quad U_2^{\mathrm{e}} = \frac{\epsilon_0}{2} \int d^3x \, \boldsymbol{E}_2^2 \,, \tag{3.71}$$

$$U_{12}^{\mathrm{e}} = \epsilon_0 \int d^3x \, \boldsymbol{E}_1 \cdot \boldsymbol{E}_2 \,, \tag{3.72}$$

und

$$U_1^{\mathrm{m}} = \frac{1}{2\mu_0} \int d^3x \, \boldsymbol{B}_1^2 \,, \quad U_2^{\mathrm{m}} = \frac{1}{2\mu_0} \int d^3x \, \boldsymbol{B}_2^2 \,, \tag{3.73}$$

$$U_{12}^{\mathrm{m}} = \frac{1}{\mu_0} \int d^3x \, \boldsymbol{B}_1 \cdot \boldsymbol{B}_2 \,. \tag{3.74}$$

Im statischen Falle wird

$$U_1^{\mathrm{e}} = \frac{1}{2}\int d^3x\, \rho_1\phi_1 \ , \quad U_2^{\mathrm{e}} = \frac{1}{2}\int d^3x\, \rho_2\phi_2 \ , \tag{3.75}$$

$$U_{12}^{\mathrm{e}} = \int d^3x\, \rho_1\phi_2 = \int d^3x\, \rho_2\phi_1 \ , \tag{3.76}$$

und

$$U_1^{\mathrm{m}} = \frac{\kappa}{2}\int d^3x\, \boldsymbol{j}_1\cdot\boldsymbol{A}_1 \ , \quad U_2^{\mathrm{m}} = \frac{\kappa}{2}\int d^3x\, \boldsymbol{j}_2\cdot\boldsymbol{A}_2 \ , \tag{3.77}$$

$$U_{12}^{\mathrm{m}} = \kappa\int d^3x\, \boldsymbol{j}_1\cdot\boldsymbol{A}_2 = \kappa\int d^3x\, \boldsymbol{j}_2\cdot\boldsymbol{A}_1 \ . \tag{3.78}$$

Sowohl die elektrische Energie als auch die magnetische Energie setzen sich also aus jeweils drei Anteilen zusammen, nämlich den *Selbstenergien* der beiden Ladungs- und Stromverteilungen und der *Wechselwirkungsenergie*, welche die von den beiden Verteilungen aufeinander ausgeübten Kräfte berücksichtigt. Insbesondere die Ausdrücke (3.76) und (3.78) für die Wechselwirkungsenergie sind für die Diskussion von Kraftwirkungen in elektromagnetischen Feldern sehr nützlich. Elektrische und magnetische Energie sind also *nicht additiv*, d.h. die Energie der gesamten Verteilung ist nicht die Summe der beiden Teilenergien, sondern es kommt als Interferenzterm die Wechselwirkungsenergie hinzu.

Angesichts der obigen Diskussion könnte man auf den Gedanken kommen, eine neue „Energiedichte"

$$\tilde{\rho}^E = \tfrac{1}{2}(\rho\phi + \kappa\, \boldsymbol{j}\cdot\boldsymbol{A}) \tag{3.79}$$

einzuführen, da diese dieselbe Gesamtenergie liefert wie die bisherige Energiedichte $\rho^E$. Es gibt jedoch eine ganze Reihe von Gründen, warum $\rho^E$ gegenüber $\tilde{\rho}^E$ als Ausdruck für die Energiedichte des elektromagnetischen Feldes vorzuziehen ist:

1. $\tilde{\rho}^E$ liefert nur im statischen Falle die elektromagnetische Gesamtenergie.
2. $\tilde{\rho}^E$ ist im Gegensatz zu $\rho^E$ nicht *eichinvariant*, d.h. nicht invariant unter Eichtransformationen (3.43) der Potentiale, die ja die Felder $\boldsymbol{E}$ und $\boldsymbol{B}$ unverändert lassen.
3. $\tilde{\rho}^E$ ist im Gegensatz zu $\rho^E$ nicht positiv (semi-) definit.
4. Vor allem aber ist $\tilde{\rho}^E = 0$ dort, wo $\rho = 0$ und $\boldsymbol{j} = 0$. Wäre $\tilde{\rho}^E$ der richtige Ausdruck für die Energiedichte des elektromagnetischen Feldes, so wäre Energie nur dort lokalisiert, wo Ladungen oder Ströme vorhanden sind. Das würde das elektromagnetische Feld in eine unselbständige, sekundäre Rolle zurückdrängen.

Ganz allgemein ist anzumerken, daß Energiedichte und Energiestromdichte des elektromagnetischen Feldes durch die Bilanzgleichung allein natürlich noch nicht eindeutig bestimmt sind. In der Tat erfüllen für beliebige Vektorfelder $\boldsymbol{C}$ und $\boldsymbol{F}$

$$\hat{\rho}^E = \rho^E + \boldsymbol{\nabla}\cdot\boldsymbol{C} \qquad \text{und} \qquad \hat{\boldsymbol{j}}^E = \boldsymbol{j}^E - \frac{\partial\boldsymbol{C}}{\partial t} + \boldsymbol{\nabla}\times\boldsymbol{F} \tag{3.80}$$

dieselbe Bilanzgleichung wie $\rho^E$ und $\boldsymbol{j}^E$. Wenn $\boldsymbol{C}$ im Unendlichen schnell genug abfällt, gilt zudem bei Integration über den ganzen Raum

$$\int d^3x\, \hat{\rho}^E \;=\; \int d^3x\, \rho^E \;; \tag{3.81}$$

es ergibt sich also dieselbe Gesamtenergie. Und selbst wenn die Energiedichte als bekannt vorausgesetzt wird, so ist die Energiestromdichte immer noch nicht eindeutig bestimmt, denn der Zusatzterm $\boldsymbol{\nabla} \times \boldsymbol{F}$ bleibt frei. Allerdings macht sich dieser Zusatzterm nur als Randterm bei der Integration über offene Flächen bemerkbar, denn unter der Voraussetzung $\boldsymbol{C}=0$ folgt aus Gl. (3.80) für jede Fläche $F$

$$\int_F d\boldsymbol{f} \cdot \hat{\boldsymbol{j}}^E - \int_F d\boldsymbol{f} \cdot \boldsymbol{j}^E \;=\; \int_F d\boldsymbol{f} \cdot (\boldsymbol{\nabla} \times \boldsymbol{F}) \;=\; \int_{\partial F} d\boldsymbol{x} \cdot \boldsymbol{F} \;,$$

und dieses Integral verschwindet trivialerweise, wenn $\partial F$ leer, d.h. $F$ geschlossen ist. In der Tat ist aufgrund der Bilanzgleichung der Fluß durch den Rand eines Volumens schon durch $\rho^E$ und $q^E$ bestimmt; der Fluß durch eine nicht geschlossene Fläche $F$ hingegen hängt explizit von $\boldsymbol{F}$ ab.

Welches die richtigen Ausdrücke für Energiedichte und Energiestromdichte sind, muß letztlich das Experiment entscheiden, denn im Prinzip sind $\rho^E$ und $\boldsymbol{j}^E$ meßbare Größen. Allerdings sind sie nicht so einfach zu messen wie die elektrische Ladungsdichte $\rho$ und die elektrische Stromdichte $\boldsymbol{j}$, bei denen von vornherein kein Zweifel an der Richtigkeit ihrer Definition besteht. Die oben gefundenen Ausdrücke (3.58) und (3.59) für $\rho^E$ und $\boldsymbol{j}^E$ sind aber einfach und natürlich, vor allem auch im Rahmen der allgemeinen Relativitätstheorie, und sie haben ihre experimentelle Probe bestanden.

## 3.6 Impuls und Drehimpuls des elektromagnetischen Feldes

Auch für Impuls und Drehimpuls des elektromagnetischen Feldes erwarten wir Bilanzgleichungen der bekannten Form

$$\frac{\partial \rho_i^P}{\partial t} + \nabla_k\, j_{ik}^P \;=\; f_i \;, \tag{3.82}$$

$$\frac{\partial \rho_i^L}{\partial t} + \nabla_k\, j_{ik}^L \;=\; d_i \;, \tag{3.83}$$

wobei $\rho_i^P$ bzw. $\rho_i^L$ die Dichte der $i$-ten Impulskomponente bzw. Drehimpulskomponente und $j_{ik}^P$ bzw. $j_{ik}^L$ die $k$-Komponente der Stromdichte der $i$-ten Impulskomponente bzw. Drehimpulskomponente des elektromagnetischen Feldes bezeichnet, während $f_i$ bzw. $d_i$ die $i$-Komponente der Kraftdichte bzw. Drehmomentdichte ist.

Wenden wir uns zunächst der Impulsbilanz zu. Die rechte Seite der Gl. (3.82) ist unmittelbar von der Lorentz-Kraft (3.3) bekannt:

$$f_i \;=\; -\rho E_i \;-\; \kappa\, \epsilon_{ikl}\, j_k B_l \;. \tag{3.84}$$

Die Minuszeichen in Gl. (3.84) rühren wieder daher, daß der auf die Ladungs- und Stromverteilung übertragene Impuls einer Abnahme des elektromagnetischen Feldimpulses entspricht. Mit Hilfe sämtlicher Maxwellscher Gleichungen und nach Ausführung ähnlicher Manipulationen wie im Falle der Energiebilanz finden wir dann

$$\rho_i^P \;=\; \kappa\epsilon_0\,\epsilon_{ikl}\,E_k\,B_l \tag{3.85}$$

als Impulsdichte und

$$j_{ik}^P \;=\; \epsilon_0\left(\frac{1}{2}\boldsymbol{E}^2\delta_{ik} \;-\; E_i\,E_k\right) \;+\; \frac{1}{\mu_0}\left(\frac{1}{2}\boldsymbol{B}^2\delta_{ik} \;-\; B_i\,B_k\right) \tag{3.86}$$

als Impulsstromdichte; diese ist bis auf ein Vorzeichen identisch mit dem sogenannten *Maxwellschen Spannungstensor*, der allgemein mit $T$ bezeichnet wird:

$$T_{ik} \;=\; \epsilon_0\left(E_i\,E_k \;-\; \frac{1}{2}\boldsymbol{E}^2\delta_{ik}\right) \;+\; \frac{1}{\mu_0}\left(B_i\,B_k \;-\; \frac{1}{2}\boldsymbol{B}^2\delta_{ik}\right)\;. \tag{3.87}$$

Offenbar ist die Impulsdichte des elektromagnetischen Feldes bis auf einen Faktor $1/c^2$ identisch mit dessen Energiestromdichte, also mit dem Poynting-Vektor (siehe Gl. (3.60)), während sich die Impulsstromdichte, wie in Kapitel 2 erläutert, auch als Drucktensor interpretieren läßt. So beschreibt der Maxwellsche Spannungstensor für jedes Volumen $V$ den in $V$ einströmenden Feldimpuls, d.h. die gesamte durch das elektromagnetische Feld auf $V$ ausgeübte Druckkraft $\boldsymbol{F}$, gemäß

$$F_i \;=\; \int_{\partial V} df_k\;T_{ik} \;=\; \int_V d^3x\;\nabla_k T_{ik}\;. \tag{3.88}$$

Qualitativ lassen sich die Kraftwirkungen des elektromagnetischen Feldes sehr anschaulich aus Feldlinienbildern ablesen, indem man den Feldlinien das generelle Bestreben zuschreibt, sich zu verkürzen und gegenseitig abzustoßen.

Als elementares Beispiel betrachten wir ein homogenes statisches elektrisches bzw. magnetisches Feld in Richtung der $z$-Achse, also $\boldsymbol{E} = E\boldsymbol{e}_3$ $(\boldsymbol{B} = 0)$ bzw. $\boldsymbol{B} = B\boldsymbol{e}_3$ $(\boldsymbol{E}=0)$, in einem Volumen $V$:

$$T_{ik} \;=\; \frac{\epsilon_0}{2}E^2\begin{pmatrix} -1 & 0 & 0 \\ 0 & -1 & 0 \\ 0 & 0 & 1 \end{pmatrix} \quad \text{bzw.} \quad T_{ik} \;=\; \frac{1}{2\mu_0}B^2\begin{pmatrix} -1 & 0 & 0 \\ 0 & -1 & 0 \\ 0 & 0 & 1 \end{pmatrix}\;.$$

Dies bedeutet, daß in Richtung der 1-Achse und der 2-Achse, also quer zu den Feldlinien, Feldimpuls aus dem Volumen ausströmt, während in Richtung der 3-Achse, also entlang der Feldlinien, Feldimpuls in das Volumen $V$ einströmt. Dies entspricht Kräften, die das Volumenelement entlang der Feldlinien zu verkürzen und quer zu den Feldlinien zu verbreitern suchen, also Zug entlang der Feldlinien und Druck quer zu den Feldlinien ausüben (vgl. Abb. 3.5).

Eine bemerkenswerte Eigenschaft des in Gl. (3.86) gefundenen Ausdrucks für die Impulsstromdichte ist dessen Symmetrie:

$$j_{ik}^P \;=\; j_{ki}^P\;. \tag{3.89}$$

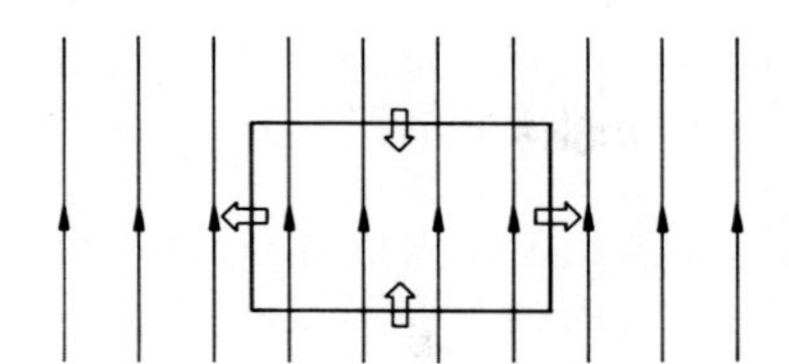

**Abb. 3.5**: Kraftwirkungen des elektromagnetischen Feldes auf ein Volumen: Druckkräfte quer zu den Feldlinien, Zugkräfte entlang der Feldlinien

Wie in Kapitel 2 gezeigt, erlaubt es diese Symmetrie nämlich, die Bilanzgleichung (3.83) für den Drehimpuls mit folgenden Ansätzen zu erfüllen:

$$d_i = \epsilon_{ijl}\, x_j\, f_l \,. \tag{3.90}$$

$$\rho_i^L = \epsilon_{ijl}\, x_j\, \rho_l^P \,, \tag{3.91}$$

$$j_{ik}^L = \epsilon_{ijl}\, x_j\, j_{lk}^P \,, \tag{3.92}$$

Das sind die Ausdrücke, die man in einer Feldtheorie immer dann erwarten darf, wenn die Felder nur Bahndrehimpuls und keinen Eigendrehimpuls tragen. Hier jedoch ist das Resultat einigermaßen überraschend, denn schließlich haben Photonen Spin 1, tragen also sehr wohl einen Eigendrehimpuls (vom Betrag $\hbar$). Wenn allerdings Gl. (3.83) mit den Gleichungen (3.90)–(3.92) (sowie (3.84)–(3.86)) nur die Bilanzgleichung für den Bahnanteil des Drehimpulses wäre und wenn die Bilanzgleichung für den gesamten Drehimpuls ganz anders aussähe, so gäbe es im elektromagnetischen Feld zwei getrennt erhaltene drehimpulsartige Größen, was schwer zu verstehen wäre.

Es liegt jedenfalls die Frage nahe, ob Dichte und Stromdichte für Impuls bzw. Drehimpuls des elektromagnetischen Feldes tatsächlich durch die Gleichungen (3.85) und (3.84) bzw. (3.91) und (3.92) gegeben sind. Wie im Falle der Energiebilanz sind diese Größen ja durch ihre Bilanzgleichung allein noch nicht eindeutig bestimmt. In der Tat erfüllen für beliebige Tensorfelder $C_{ik}$ und $F_{ikl}$ mit der Antisymmetriebedingung $F_{ikl} + F_{ilk} = 0$

$$\hat{\rho}_i = \rho_i + \nabla_k\, C_{ik} \qquad \text{und} \qquad \hat{\jmath}_{ik} = j_{ik} - \frac{\partial C_{ik}}{\partial t} + \nabla_l\, F_{ikl} \tag{3.93}$$

dieselbe Bilanzgleichung wie $\rho_i$ und $j_{ik}$. Und selbst wenn die Dichte als bekannt vorausgesetzt wird, so ist die Stromdichte immer noch nicht eindeutig bestimmt, denn der Zusatzterm $\nabla_l\, F_{ikl}$ bleibt frei. Allerdings macht sich dieser Zusatzterm wieder nur als Randterm bei der Integration über offene Flächen bemerkbar, denn unter der Voraussetzung $C_{ik}=0$ folgt aus Gl. (3.93) für jede Fläche $F$

$$\int_F df_k\, \hat{\jmath}_{ik} - \int_F df_k\, j_{ik} = \int_F df_k\, \nabla_l F_{ikl} = \int_{\partial F} dx_m\, F_{im} \,,$$

wobei $F_{im} = \frac{1}{2} \epsilon_{mkl} F_{ikl}$ ist, und dieses Integral verschwindet trivialerweise, wenn $\partial F$ leer, d.h. $F$ geschlossen ist. Insbesondere hängt also der Druck auf eine offene Fläche von $F_{ikl}$ ab, der gesamte Druck auf die Oberfläche eines Volumens dagegen nicht.

Letzten Endes ist die Frage nach den richtigen Ausdrücken für Dichte und Stromdichte von Impuls bzw. Drehimpuls des elektromagnetischen Feldes, wie schon im Fall der Energie, nur experimentell zu entscheiden. Die oben angegebenen Ausdrücke haben diese Probe bestanden.

In einem Folgeband dieser Reihe über „Geometrische Feldtheorie“ werden wir in den Kapiteln über den Lagrange-Formalismus und über die allgemeine Relativitätstheorie noch andere Verfahren zur Bestimmung der Dichten und Stromdichten von Energie, Impuls und Drehimpuls kennenlernen.

# 4 Elektrostatik

Für zeitunabhängige Felder, Ströme und Ladungen entkoppeln die Maxwellschen Gleichungen für elektrische und magnetische Felder, und die Gleichungen für das elektrische Feld reduzieren sich auf die *Grundgleichungen der Elektrostatik:*

$$\nabla \cdot \boldsymbol{E} = \frac{\rho}{\epsilon_0} , \tag{4.1}$$

$$\nabla \times \boldsymbol{E} = 0 . \tag{4.2}$$

Die zweite Gleichung läßt sich unmittelbar lösen, indem man durch

$$\boldsymbol{E} = -\nabla \phi \tag{4.3}$$

das *skalare Potential* $\phi$ einführt; es ist hierdurch bis auf eine additive Konstante eindeutig bestimmt. Damit wird aus der ersten Gleichung die *Poisson-Gleichung*

$$\Delta \phi = -\frac{\rho}{\epsilon_0} . \tag{4.4}$$

Mathematisch gesehen ist also die Elektrostatik die Theorie der Lösung der Poisson-Gleichung.

## 4.1 Elektrisches Feld für eine vorgegebene Ladungsverteilung im Vakuum, Multipolentwicklung

Die eindeutige Lösung $\phi$ der Poisson-Gleichung mit der Randbedingung

$$\lim_{|\boldsymbol{x}| \to \infty} \phi(\boldsymbol{x}) = 0 \tag{4.5}$$

läßt sich für Ladungsverteilungen, die im Unendlichen genügend schnell abfallen, sofort angeben:

$$\phi(\boldsymbol{x}) = \frac{1}{4\pi\epsilon_0} \int d^3x' \, \frac{\rho(\boldsymbol{x}')}{|\boldsymbol{x} - \boldsymbol{x}'|} . \tag{4.6}$$

(Der Beweis der Eindeutigkeit wird im nächsten Abschnitt erfolgen.) Von besonderer Bedeutung ist die Lösung für eine einzelne Punktladung bei $\boldsymbol{x}'$; sie ist bis auf die Normierung gleich der *Greenschen Funktion*

$$G_0(\boldsymbol{x}, \boldsymbol{x}') = \frac{1}{|\boldsymbol{x} - \boldsymbol{x}'|} \tag{4.7}$$

des Laplace-Operators $\Delta$, die der definierenden Gleichung

$$\Delta_{\boldsymbol{x}} G_0(\boldsymbol{x}, \boldsymbol{x}') = -4\pi\, \delta(\boldsymbol{x} - \boldsymbol{x}') \tag{4.8}$$

genügt.

Allgemein heißt eine Funktion (genauer: Distribution) $G(x, x')$ *Greensche Funktion* zu einem linearen Differentialoperator $L$, wenn

$$L_x\, G(x, x') = \delta(x - x') \ .$$

Dabei deutet der Index an dem Operator darauf hin, auf welches Argument die Ableitungen wirken sollen; das jeweils andere Argument spielt nur die Rolle eines Parameters. Wir werden statt $L_x$ (bzw. $L_{x'}$) oft einfach $L$ (bzw. $L'$) schreiben. Im vorliegenden Fall des Laplace-Operators in drei Dimensionen erweist es sich zudem als praktisch, einen zusätzlichen Faktor $-4\pi$ anzubringen. Die Bedeutung Greenscher Funktionen liegt darin, daß die Lösung der allgemeinen inhomogenen linearen Differentialgleichung

$$Lf = g$$

auf die Ausführung eines expliziten Faltungsintegrals zwischen der Quelle und der Greenschen Funktion reduziert wird:

$$f(x) = \int dx'\; G(x, x')\, g(x') \ .$$

Schwieriger ist die Frage nach der Eindeutigkeit zu beantworten: sie hängt von der korrekten Behandlung der Randbedingungen ab. Die Differenz zweier Greenscher Funktionen ist jedenfalls stets eine Lösung der entsprechenden homogenen Gleichung:

$$G_2(x, x') - G_1(x, x') = u(x, x') \qquad \text{mit} \qquad L_x\, u(x, x') = 0 \ .$$

Kehren wir nun zur Lösung (4.6) der Poisson-Gleichung (4.4) zurück und nehmen wir an, die Ladungsverteilung $\rho$ sei in einem Gebiet um einen Punkt $\boldsymbol{x}_0$ herum lokalisiert. Dann schreiben wir

$$\boldsymbol{r} = \boldsymbol{x} - \boldsymbol{x}_0 \quad , \quad \boldsymbol{r}' = \boldsymbol{x}' - \boldsymbol{x}_0 \tag{4.9}$$

und setzen die Taylor-Entwicklung

$$\frac{1}{|\boldsymbol{x} - \boldsymbol{x}'|} = \sum_{l=0}^{\infty} \frac{(-1)^l}{l!} \left(\boldsymbol{r}' \cdot \boldsymbol{\nabla}_{\boldsymbol{r}}\right)^l \left(\frac{1}{|\boldsymbol{x} - \boldsymbol{x}_0|}\right) \tag{4.10}$$

von $G_0$ um $\boldsymbol{x}_0$ (bezüglich der Variablen $\boldsymbol{x}'$) in Gl. (4.6) ein. Damit folgt

$$\phi(\boldsymbol{x}) = \frac{1}{4\pi\epsilon_0} \sum_{l=0}^{\infty} \frac{(-1)^l}{l!} \int d^3x' \; \rho(\boldsymbol{x}') \; (\boldsymbol{r}' \cdot \boldsymbol{\nabla}_{\boldsymbol{r}})^l \left( \frac{1}{|\boldsymbol{x} - \boldsymbol{x}_0|} \right) . \tag{4.11}$$

Explizit lauten diese Entwicklungen bis einschließlich zum dritten Term[1]

$$\frac{1}{|\boldsymbol{x} - \boldsymbol{x}'|} = \frac{1}{r} + \frac{\boldsymbol{r}' \cdot \boldsymbol{r}}{r^3} + \frac{1}{6} \left( 3r_i' r_j' - r'^2 \delta_{ij} \right) \frac{3r_i r_j - r^2 \delta_{ij}}{r^5} + \ldots \tag{4.12}$$

sowie

$$\phi(\boldsymbol{x}) = \frac{1}{4\pi\epsilon_0} \left( \frac{q}{r} + \frac{\boldsymbol{p} \cdot \boldsymbol{r}}{r^3} + \frac{1}{6} \, q_{ij} \, \frac{3r_i r_j - r^2 \delta_{ij}}{r^5} + \ldots \right) \tag{4.13}$$

mit

$$q = \int d^3x' \; \rho(\boldsymbol{x}') \, , \tag{4.14}$$

$$\boldsymbol{p} = \int d^3x' \; \rho(\boldsymbol{x}') \, \boldsymbol{r}' \, , \tag{4.15}$$

$$q_{ij} = \int d^3x' \; \rho(\boldsymbol{x}') \left( 3r_i' r_j' - r'^2 \delta_{ij} \right) . \tag{4.16}$$

Dabei ist $q$ die *Gesamtladung* – gelegentlich auch *Monopolmoment* der Ladungsverteilung genannt; sie ist unabhängig von der Wahl des Ursprungs. Der Vektor $\boldsymbol{p}$ heißt *Dipolmoment* und der symmetrische, spurfreie Tensor $q_{ij}$ *Quadrupolmoment* der Ladungsverteilung; diese sind i.a. von der Wahl des Ursprungs abhängig. Ganz allgemein können wir Gl. (4.11) in der Form

$$\phi(\boldsymbol{x}) = \sum_{l=0}^{\infty} \phi_l(\boldsymbol{x}) \tag{4.17}$$

schreiben, wobei der $l$-te Term in dieser Entwicklung die Form

$$\phi_l(\boldsymbol{x}) = \frac{1}{4\pi\epsilon_0} \frac{(-1)^l}{l!} \frac{1}{N_l} \, q_{i_1 \ldots i_l} \, \nabla_{i_1} \ldots \nabla_{i_l} \left( \frac{1}{|\boldsymbol{x} - \boldsymbol{x}_0|} \right) \tag{4.18}$$

hat, mit einer Normierungskonstanten $N_l$ [2] und mit Koeffizienten $q_{i_1 \ldots i_l}$, die nicht nur total symmetrisch, sondern wegen

$$\Delta \left( \frac{1}{|\boldsymbol{x} - \boldsymbol{x}_0|} \right) = 0 \qquad \text{für} \quad \boldsymbol{x} \neq \boldsymbol{x}_0 \tag{4.19}$$

[1] Wir benutzen im folgenden stets die Einsteinsche Summenkonvention, derzufolge über doppelt vorkommende Indizes zu summieren ist, solange dies nicht ausdrücklich ausgeschlossen wird.

[2] Für die Normierungskonstanten $N_l$ scheint keine allgemeinverbindliche Konvention zu existieren – bis auf den einfachsten Fall $l = 2$, für den man, wie in den Gleichungen (4.13) und (4.16) geschehen, $N_2 = 3$ setzt.

auch spurfrei gewählt werden können. Explizit ist

$$q_{i_1 \ldots i_l} = q'_{i_1 \ldots i_l} - \frac{2}{3l(l-1)} \sum_{1 \leq r < s \leq l} \delta_{i_r i_s} \, q'_{jji_1 \ldots \widehat{i_r} \ldots \widehat{i_s} \ldots i_l} , \tag{4.20}$$

$$q'_{i_1 \ldots i_l} = N_l \int d^3x' \, \rho(\boldsymbol{x}') \, r'_{i_1} \ldots r'_{i_l} , \tag{4.21}$$

wobei der Hut über einem Index wie üblich bedeutet, daß dieser bei der Summierung auszulassen ist.

Die Konstruktion des spurfreien Anteils in Gl. (4.20) läßt sich wie folgt verstehen: Bezeichnet $\vee^p\mathbb{R}^n$ den Raum der total symmetrischen Tensoren $p$-ter Stufe über dem $\mathbb{R}^n$, so definiert Spurbildung, d.h. Kontraktion mit dem Kronecker-Tensor $\delta$, eine lineare Abbildung $\operatorname{tr}^p : \vee^p\mathbb{R}^n \to \vee^{p-2}\mathbb{R}^n$ und umgekehrt Bildung des Tensorproduktes mit dem Kronecker-Tensor $\delta$ und anschließende Symmetrisierung eine lineare Abbildung $\delta^p : \vee^{p-2}\mathbb{R}^n \to \vee^p\mathbb{R}^n$. Dann ist der lineare Operator $1 - \delta^p \operatorname{tr}^p$ ein Projektionsoperator in $\vee^p\mathbb{R}^n$, und zwar gerade derjenige, der jedem symmetrischen Tensor $q'$ in $\vee^p\mathbb{R}^n$ seinen spurfreien Anteil $q = q' - \delta^p \operatorname{tr}^p q'$ zuordnet. Insbesondere kann man sich davon überzeugen, daß der Raum der total symmetrischen Tensoren $l$-ter Stufe über dem $\mathbb{R}^3$ Dimension $l(l+1)/2$ und der Raum der total symmetrischen, spurfreien Tensoren $l$-ter Stufe über dem $\mathbb{R}^3$ Dimension $2l+1$ hat.

Den durch die Gleichungen (4.20) und (4.21) definierten total symmetrischen, spurfreien Tensor $q_{i_1 \ldots i_l}$ nennt man das $l$-te *Multipolmoment* der Ladungsverteilung $\rho$. Aus den Gleichungen (4.20) und (4.21) geht auch hervor, daß das $l$-te Moment genau dann unabhängig ist von der Wahl des Ursprungs, wenn die ersten $l-1$ Momente verschwinden. Das Feld $\phi_l$ in Gl. (4.18) heißt das $l$-te *Multipolfeld;* es hat für große $|\boldsymbol{x}|$ das asymptotische Verhalten

$$\phi_l(\boldsymbol{x}) \sim \frac{1}{|\boldsymbol{x}|^{l+1}} \qquad \text{für} \quad |\boldsymbol{x}| \to \infty . \tag{4.22}$$

Die *Multipolentwicklung* nach Gl. (4.17) ist also immer dann besonders sinnvoll, wenn $|\boldsymbol{x}|$ groß gegen die Ausdehnung der Ladungswolke ist.

Statt von Multipolmomenten spricht man auch von *Formfaktoren,* da sie Informationen über die räumliche Verteilung der Ladungsdichte enthalten. Das Monopolmoment $q$ beispielsweise ist ein Skalar und damit rotationsinvariant. Das Dipolmoment $\boldsymbol{p}$ dagegen ist ein Vektor, und sein Betrag $|\boldsymbol{p}|$ ist wieder rotationsinvariant, während die Richtung von $\boldsymbol{p}$ einfach die Lage des Dipols im Raum beschreibt. Das Quadrupolmoment schließlich kann als symmetrischer Tensor auf Diagonalgestalt gebracht werden, und die entprechenden Diagonalelemente, also die Eigenwerte des Quadrupoltensors, sind ebenfalls rotationsinvariant; außerdem verschwindet wegen der Spurfreiheit ihre Summe, also gibt es nur zwei unabhängige Eigenwerte. Ist die Ladungsverteilung um irgendeine Achse rotationssymmetrisch, so sind zwei der Eigenwerte gleich, und es gibt nur einen unabhängigen Eigenwert.

Aus Punktladungen lassen sich Ladungsverteilungen aufbauen, deren erste $l-1$ Multipolmomente verschwinden. So haben zwei Punktladungen entgegengesetzter

Größe kein Monopolmoment; das Dipolmoment ist das erste auftretende Multipolmoment. Zwei solche Dipole mit entgegengesetzten Vorzeichen ergeben zusammen eine Ladungsverteilung mit verschwindendem Dipolmoment, aber i.a. nichtverschwindendem Quadrupolmoment (vgl. Abb. 4.1). Dies erklärt die Bezeichnungen „Monopol", „Dipol", „Quadrupol" usw.. Darüber hinaus lassen sich singuläre Ladungsverteilungen, für die $\phi$ nur einen einzigen Multipolterm hat, als Grenzfälle geeigneter Verteilungen von Punktladungen realisieren. Beispiele hierfür sind

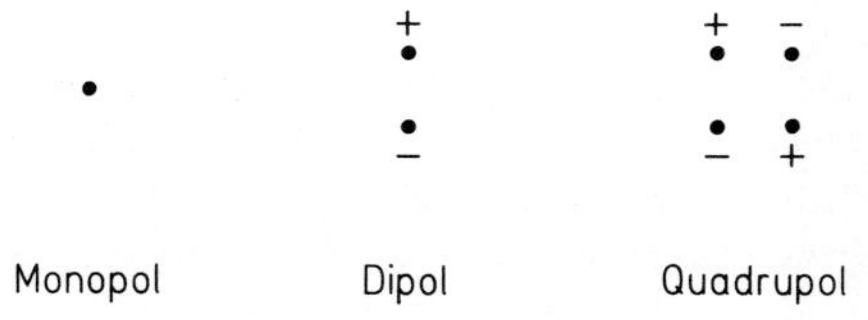

**Abb. 4.1**: Schematische Ladungsverteilung für einen Monopol, einen Dipol und einen Quadrupol

*Mathematischer Monopol (Punktladung):*

$$\rho_q(\boldsymbol{x}) = q\,\delta(\boldsymbol{x} - \boldsymbol{x}_0)\,, \tag{4.23}$$

*Mathematischer Dipol:*

$$\rho_{\boldsymbol{p}}(\boldsymbol{x}) = -(\boldsymbol{p}\cdot\boldsymbol{\nabla})\,\delta(\boldsymbol{x} - \boldsymbol{x}_0)\,, \tag{4.24}$$

*Mathematischer Quadrupol:*

$$\rho_{q_{ij}}(\boldsymbol{x}) = \frac{1}{6}\,q_{kl}\,\nabla_k\nabla_l\,\delta(\boldsymbol{x} - \boldsymbol{x}_0)\,. \tag{4.25}$$

Anstelle von Gl. (4.10) kann man auch die Entwicklung der Greenschen Funktion $G_0$ nach Kugelfunktionen benutzen; diese lautet

$$\frac{1}{|\boldsymbol{r} - \boldsymbol{r}'|} = \sum_{l=0}^{\infty}\sum_{m=-l}^{+l} \frac{4\pi}{2l+1}\,\frac{r'^l}{r^{l+1}}\,Y_{lm}(\Omega)\,Y^*_{lm}(\Omega') \qquad \text{für} \quad r > r' \tag{4.26}$$

und ergibt

$$\phi(r,\Omega) = \frac{1}{\epsilon_0}\sum_{l=0}^{\infty}\sum_{m=-l}^{+l}\frac{1}{2l+1}\,\frac{1}{r^{l+1}}\,q_{lm}\,Y_{lm}(\Omega) \tag{4.27}$$

mit den Multipolmomenten

$$q_{lm} = \int dr'\,d\Omega'\,\rho(r',\Omega')\,r'^{l+2}\,Y^*_{lm}(\Omega')\,. \tag{4.28}$$

Wieder erkennen wir, daß das Potential eines Multipolfeldes der Ordnung $l$ für $r \to \infty$ wie $r^{-l-1}$ abfällt; seine Richtungsabhängigkeit ist durch Kugelfunktionen gegeben.

Zum Abschluß betrachten wir anstelle des von einer Ladungsverteilung erzeugten Potentials das Verhalten einer Ladungsverteilung $\rho$ in einem vorgegebenen äußeren Potential $\phi$. Dabei sei die Ladungsdichte $\rho$ in einem Gebiet um einen Punkt $\boldsymbol{x}_0$ herum lokalisiert, während wir uns das Potential $\phi$ als durch eine andere Ladungsverteilung erzeugt denken, die in einem anderen, von $\boldsymbol{x}_0$ weit entfernten Gebiet lokalisiert ist, so daß

$$\Delta\phi(\boldsymbol{x}) = 0 \qquad \text{für } \boldsymbol{x} \text{ nahe bei } \boldsymbol{x}_0 \,. \tag{4.29}$$

Durch Taylor-Entwicklung von $\phi$ um $\boldsymbol{x}_0$ finden wir dann für die Wechselwirkungsenergie zwischen Ladungsverteilung und Feld gemäß Gl. (3.76)

$$U^{\mathrm{WW}} = \int d^3x\ \rho(\boldsymbol{x})\,\phi(\boldsymbol{x}) = \sum_{l=0}^{\infty} \frac{1}{l!} \int d^3x\ \rho(\boldsymbol{x})\ (\boldsymbol{r}\cdot\boldsymbol{\nabla})^l\,\phi(\boldsymbol{x})\Big|_{\boldsymbol{x}=\boldsymbol{x}_0} ,$$

d.h. mit Gl. (4.20) und Gl. (4.21)

$$U^{\mathrm{WW}} = \sum_{l=0}^{\infty} \frac{1}{l!}\frac{1}{N_l}\, q_{i_1\ldots i_l}\ \nabla_{i_1}\ldots\nabla_{i_l}\phi(\boldsymbol{x})\Big|_{\boldsymbol{x}=\boldsymbol{x}_0} , \tag{4.30}$$

wobei wir Gl. (4.29) benutzt haben, um die Koeffizienten spurfrei zu machen (d.h. $q'_{i_1\ldots i_l}$ durch $q_{i_1\ldots i_l}$ zu ersetzen). Explizit lautet diese Entwicklung bis einschließlich zum dritten Term

$$U^{\mathrm{WW}} = q\phi(\boldsymbol{x}_0) + (\boldsymbol{p}\cdot\boldsymbol{\nabla})\,\phi(\boldsymbol{x})\Big|_{\boldsymbol{x}=\boldsymbol{x}_0} + \frac{1}{6}\,q_{ij}\ \nabla_i\nabla_j\phi(\boldsymbol{x})\Big|_{\boldsymbol{x}=\boldsymbol{x}_0} + \ldots \tag{4.31}$$

Insbesondere ergibt sich also für die Wechselwirkungsenergie eines Dipols bei $\boldsymbol{x}_0$ mit Dipolmoment $\boldsymbol{p}$ im äußeren Feld $\boldsymbol{E}$

$$U^{\mathrm{WW}} = -\boldsymbol{p}\cdot\boldsymbol{E}(\boldsymbol{x}_0)\,. \tag{4.32}$$

Aus der Änderung der Energie bei Verschiebung und Drehung von $\boldsymbol{p}$ ergeben sich Kraft und Drehmoment auf ein starres Dipolmoment $\boldsymbol{p}$ im Punkt $\boldsymbol{x}_0$ zu

$$\boldsymbol{F}(\boldsymbol{x}_0) = -\boldsymbol{\nabla}(\boldsymbol{p}\cdot\boldsymbol{E})(\boldsymbol{x}_0)\,, \tag{4.33}$$

und

$$\boldsymbol{D}(\boldsymbol{x}_0) = \boldsymbol{p}\times\boldsymbol{E}(\boldsymbol{x}_0)\,. \tag{4.34}$$

In einem homogenen Feld $\boldsymbol{E} \equiv \boldsymbol{E}_0$ ist also $\boldsymbol{F} = 0$, aber i.a. $\boldsymbol{D} \neq 0$.

## 4.2 Randwertprobleme in der Elektrostatik

In den meisten praktischen Anwendungen der Elektrostatik hat man es mit Ladungsverteilungen zu tun, die nur zum Teil fest vorgegeben sind, zum Teil aber sich an die jeweils herrschenden Randbedingungen anpassen. Typische Situationen dieser Art treten in der Elektrostatik bei Anwesenheit von Leitern auf.

In einem elektrischen Leiter sind die Elektronen gegenüber den positiven Ladungsträgern frei verschiebbar. Andererseits sorgt der elektrische Widerstand dafür, daß im Gleichgewicht (ohne angelegte äußere Spannung) im Leiter kein Strom fließt. In einem Supraleiter dagegen fließt ein Strom auch ohne äußere Spannung monatelang ohne meßbare Verluste. Im Inneren eines elektrischen Leiters endlicher Leitfähigkeit jedenfalls muß im Gleichgewicht $\boldsymbol{E} \equiv 0$ sein, da jedes nicht-verschwindende elektrische Feld sofort Ladungen in Bewegung setzt, also zu Strömen führt. Wegen $\boldsymbol{E} \equiv 0$ und $\rho = \epsilon_0 \boldsymbol{\nabla} \cdot \boldsymbol{E}$ ist dann auch $\rho \equiv 0$. Ladungen können also höchstens auf der *Oberfläche* eines Leiters sitzen, und zwar mit einer *Flächendichte* $\omega$. Die Grenzbedingungen für das elektrostatische Feld $\boldsymbol{E}$ an der Leiteroberfläche, mit $\boldsymbol{n}$ als in den Außenraum gerichteter Normale, lauten damit

$$\boldsymbol{E}_{\text{innen}} = 0 \,, \tag{4.35}$$

und gemäß Gl. (3.38)

$$\boldsymbol{n} \cdot \boldsymbol{E}_{\text{außen}} = \frac{\omega}{\epsilon_0} \,, \tag{4.36}$$

$$\boldsymbol{n} \times \boldsymbol{E}_{\text{außen}} = 0 \,. \tag{4.37}$$

Insbesondere steht also das Außenfeld vertikal auf der Leiteroberfläche.

Für das zugehörige Potential $\phi$ bedeutet dies: $\phi$ ist überall stetig und ist im Innern sowie an der Oberfläche des Leiters konstant; außerdem erfüllt es auf der Außenseite der Leiteroberfläche die Randbedingung

$$(\boldsymbol{n} \cdot \boldsymbol{\nabla})\phi = -\frac{\omega}{\epsilon_0} \,. \tag{4.38}$$

Die Grundaufgaben der Elektrostatik in Anwesenheit von Leitern sind nun die folgenden:

Gegeben seien ein System von Leitern $L_i$ sowie eine Ladungsverteilung $\rho$ im Raum außerhalb der Leiter (vgl. Abb. 4.2). Gegeben seien ferner entweder

1. die Gesamtladungen $Q_i$ auf den Leitern $L_i$ (erste Grundaufgabe),

oder

2. die Potentiale $V_i$ auf den Leitern $L_i$ (zweite Grundaufgabe).

Gesucht ist in beiden Fällen das elektrostatische Potential $\phi$ bzw. das elektrostatische Feld $\boldsymbol{E}$ im Gleichgewicht.

Wir werden uns zunächst mit der zweiten Grundaufgabe beschäftigen und die erste später auf die zweite zurückführen.

Mathematisch gesehen entspricht der zweiten Grundaufgabe ein *Dirichletsches Randwertproblem:* Gegeben seien ein Gebiet $W$ mit Rand $\partial W$ (vgl. Abb. 4.2) sowie Funktionen $\rho$ auf $W$ und $V$ auf $\partial W$. Gesucht ist eine Lösung $\phi$ der Poisson-Gleichung (4.4) derart, daß

$$\phi\big|_{\partial W} = V \,. \tag{4.39}$$

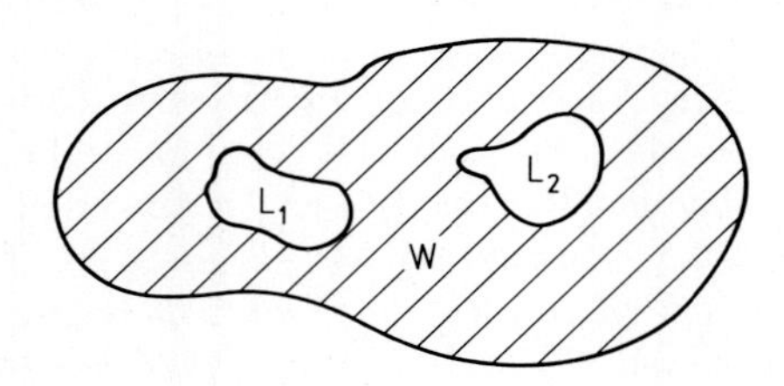


**Abb. 4.2**: Ein System aus Leitern $L_i$ und eine gegebene Ladungsverteilung $\rho$ auf einem begrenzten Gebiet $W$ außerhalb der Leiter

Für die Elektrostatik von geringerer Bedeutung ist das zum Dirichletschen analoge *Neumannsche Randwertproblem:* Gegeben seien ein Gebiet $W$ mit Rand $\partial W$ sowie Funktionen $\rho$ auf $W$ und $\omega$ auf $\partial W$. Gesucht ist eine Lösung $\phi$ der Poisson-Gleichung (4.4) derart, daß

$$(\boldsymbol{n} \cdot \boldsymbol{\nabla})\, \phi \,\big|_{\partial W} \;=\; \frac{\omega}{\epsilon_0} \,. \tag{4.40}$$

Physikalisch entsprechen das Dirichletsche bzw. Neumannsche Randwertproblem nämlich der Vorgabe des Potentials $V$ bzw. der Flächenladungsdichte $\omega$ auf dem Rand $\partial W$ von $W$, und während $V$ auf der Oberfläche eines (zusammenhängenden) Leiters stets konstant sein muß, ist $\omega$ auf der Oberfläche eines Leiters i.a. eine komplizierte Funktion der Geometrie und keineswegs durch die Gesamtladung allein bestimmt.

Für das folgende werden wir zunächst voraussetzen, daß das Gebiet $W$ kompakt ist; den nicht-kompakten Fall kann man hierauf zurückführen, indem man einen Teil des Randes von $W$ ins Unendliche verschiebt.

Die Existenz einer Lösung sowohl des Dirichletschen als auch des Neumannschen Randwertproblems ist von der Anschauung her unmittelbar klar; mathematisch läßt sie sich (unter geeigneten Stetigkeits- und Differenzierbarkeitsannahmen an den Rand $\partial W$ des Gebietes $W$ sowie an die Funktionen $\rho$ und $V$ bzw. $\omega$) im Rahmen der sog. Potentialtheorie beweisen. Wir werden dies hier und im folgenden, jedenfalls für den Fall $\rho \equiv 0$, als gegeben annehmen. Die Eindeutigkeit dieser Lösungen (im Neumannschen Fall bis auf eine additive Konstante) folgt dagegen aus den *Greenschen Formeln:* Die erste Greensche Formel lautet

$$\int_{\partial W} d\boldsymbol{f} \cdot \varphi\, \boldsymbol{\nabla} \psi \;=\; \int_W d^3x\; (\varphi\, \Delta \psi \;+\; \boldsymbol{\nabla} \varphi \cdot \boldsymbol{\nabla} \psi) \,. \tag{4.41}$$

Sie ergibt sich direkt aus dem Gaußschen Satz:

$$\int_{\partial W} d\boldsymbol{f} \cdot \varphi\, \boldsymbol{\nabla} \psi \;=\; \int_W d^3x\; \boldsymbol{\nabla} \cdot (\varphi\, \boldsymbol{\nabla} \psi) \;=\; \int_W d^3x\; (\varphi\, \Delta \psi \;+\; \boldsymbol{\nabla} \varphi \cdot \boldsymbol{\nabla} \psi) \,.$$

Antisymmetrisierung in $\varphi$ und $\psi$ liefert die zweite Greensche Formel

$$\int_{\partial W} d\boldsymbol{f} \cdot (\varphi\, \boldsymbol{\nabla} \psi \;-\; \psi\, \boldsymbol{\nabla} \varphi) \;=\; \int_W d^3x\; (\varphi\, \Delta \psi \;-\; \psi\, \Delta \varphi) \,. \tag{4.42}$$

Sind nun $\phi_1$ und $\phi_2$ zwei Lösungen des Dirichletschen bzw. Neumannschen Randwertproblems, d.h. der Poisson-Gleichung (4.4) mit den Randbedingungen (4.39) bzw. (4.40), so liefert Gl. (4.41), angewandt auf $\varphi = \psi = \phi_1 - \phi_2$,

$$\int_W d^3x \, (\boldsymbol{\nabla}\varphi)^2 \; = \; \int_{\partial W} d\boldsymbol{f} \cdot \varphi \, \boldsymbol{\nabla}\varphi \; = \; 0$$

und damit $\boldsymbol{\nabla}\varphi \equiv 0$ in $W$, d.h. $\varphi \equiv 0$ in $W$ (im Dirichletschen Fall, da dort $\varphi \equiv 0$ auf $\partial W$) bzw. $\varphi \equiv$ const. (im Neumannschen Fall). Diese Überlegung gilt sinngemäß auch, wenn ein Teil des Randes im Unendlichen liegt, sofern ein genügend rascher Abfall der zu betrachtenden Lösung gefordert wird. Damit ist auch der schon mehrfach angekündigte Eindeutigkeitsbeweis für die im Unendlichen verschwindende Lösung der Poisson-Gleichung erbracht.

Als Konvention über die Orientierung der Flächennormalen $\boldsymbol{n}$ sei für das folgende verabredet, daß diese stets aus den Leitern $L_i$ herauszeigt, d.h. im Gegensatz zur bisher verwendeten Konvention in das Gebiet $W$ hineinzeigt. Dies führt zu einem Vorzeichenwechsel im Gaußschen Satz und in den Greenschen Formeln (4.41) und (4.42).

Für die im Gebiet $W$ vorhandene elektrostatische Gesamtenergie erhalten wir aus Gl. (3.62) unter Verwendung von Gl. (4.36)

$$\begin{aligned}
U^{\mathrm{e}} &= \frac{\epsilon_0}{2} \int_W d^3x \, \boldsymbol{E}^2 \; = \; -\frac{\epsilon_0}{2} \int_W d^3x \, \boldsymbol{E} \cdot \boldsymbol{\nabla}\phi \\
&= -\frac{\epsilon_0}{2} \int_W d^3x \, \boldsymbol{\nabla} \cdot (\boldsymbol{E}\phi) + \frac{\epsilon_0}{2} \int_W d^3x \, (\boldsymbol{\nabla} \cdot \boldsymbol{E}) \, \phi \\
&= \frac{\epsilon_0}{2} \int_{\partial W} d\boldsymbol{f} \cdot \boldsymbol{E}\phi + \frac{1}{2} \int_W d^3x \, \rho\phi \\
&= \frac{\epsilon_0}{2} \sum_i V_i \int_{\partial L_i} d\boldsymbol{f} \cdot \boldsymbol{E} + \frac{1}{2} \int_W d^3x \, \rho\phi \\
&= \frac{1}{2} \sum_i V_i \int_{\partial L_i} df \, \omega + \frac{1}{2} \int_W d^3x \, \rho\phi \, ,
\end{aligned}$$

d.h.

$$U^{\mathrm{e}} = \frac{1}{2} \sum_i V_i Q_i + \frac{1}{2} \int_W d^3x \, \rho\phi \, . \tag{4.43}$$

Von besonderem Interesse ist der Fall $\rho \equiv 0$ (Abwesenheit von Ladungen zwischen den Leitern). Dann vereinfacht sich Gl. (4.43) zu

$$U^{\mathrm{e}} = \frac{1}{2} \sum_i V_i Q_i \, . \tag{4.44}$$

Ferner hängen die Ladungen $Q_i$ auf den $\partial L_i$ linear von den Potentialen $V_j$ auf den $L_j$ ab, d.h. es gilt

$$Q_i = \sum_j C_{ij} V_j \tag{4.45}$$

und daher

$$U^{\mathrm{e}} = \frac{1}{2} \sum_{i,j} C_{ij} V_i V_j \tag{4.46}$$

mit Koeffizienten $C_{ij}$, die als *Kapazitätskoeffizienten* bezeichnet werden und sich zur *Kapazitätsmatrix* zusammenfassen lassen. Die Linearität des Zusammenhangs zwischen Ladungen und Potentialen sieht man wie folgt ein: Die $\phi_j$ seien die (eindeutigen) Lösungen des Randwertproblems

$$\Delta \phi_j = 0 \quad , \quad \phi_j \big|_{\partial L_i} = \delta_{ij} V^{(0)} \, , \tag{4.47}$$

wobei $V^{(0)} \neq 0$ ein zum Zwecke der Normierung eingeführtes Referenzpotential sei. Dann ist

$$\phi = \sum_j \lambda_j \phi_j \qquad \text{mit} \quad \lambda_j = \frac{V_j}{V^{(0)}} \tag{4.48}$$

die (eindeutige) Lösung des Randwertproblems

$$\Delta \phi = 0 \quad , \quad \phi \big|_{\partial L_i} = V_i \, , \tag{4.49}$$

und die Ladung auf dem $i$-ten Leiter ist

$$Q_i = -\epsilon_0 \int_{\partial L_i} d\boldsymbol{f} \cdot \boldsymbol{\nabla} \phi = -\epsilon_0 \sum_j \lambda_j \int_{\partial L_i} d\boldsymbol{f} \cdot \boldsymbol{\nabla} \phi_j = \sum_j C_{ij} V_j$$

mit

$$C_{ij} = -\frac{\epsilon_0}{V^{(0)}} \int_{\partial L_i} d\boldsymbol{f} \cdot \boldsymbol{\nabla} \phi_j \, . \tag{4.50}$$

Wegen $\rho \equiv 0$ verschwindet die Summe aller Ladungen auf den Leitern:

$$\sum_i Q_i = -\epsilon_0 \sum_i \int_{\partial L_i} d\boldsymbol{f} \cdot \boldsymbol{\nabla} \phi = -\epsilon_0 \int_{\partial W} d\boldsymbol{f} \cdot \boldsymbol{\nabla} \phi = \epsilon_0 \int_W d^3x \, \Delta \phi = 0 \, .$$

Außerdem dürfen sich die Ladungen auf den Leitern bei einer Nullpunktsverschiebung des Potentials um einen festen Wert $V_0$ nicht ändern:

$$Q_i = \sum_j C_{ij} V_j = \sum_j C_{ij} (V_j + V_0) \, .$$

Die Kapazitätsmatrix $C_{ij}$ ist also nicht invertierbar, denn sowohl ihre Zeilensummen als auch ihre Spaltensummen müssen sämtlich verschwinden:

$$\sum_i C_{ij} = 0 \quad , \quad \sum_j C_{ij} = 0 \, . \tag{4.51}$$

Die nach Streichen irgendeiner Zeile oder irgendeiner Spalte verbleibende Matrix allerdings ist invertierbar. Weiter unten werden wir außerdem sehen, daß die Kapazitätsmatrix symmetrisch ist:

$$C_{ij} = C_{ji} \, . \tag{4.52}$$

Im allgemeinen wird sich, wie bereits erwähnt, das Gebiet $W$ zumindest teilweise bis ins Unendliche erstrecken: Die auf Gl. (4.51) führenden Argumente bleiben dann gültig, wenn man einen zusätzlichen Leiter $L'$, mit Potential $V'$ und Ladung $Q'$, im Unendlichen so einführt, daß $Q'$ die Summe der Ladungen auf den übrigen Leitern kompensiert. In diesem Fall reduziert man die Kapazitätsmatrix durch Streichen der entsprechenden Zeile und Spalte.

In einigen einfachen Fällen lassen sich die Kapazitätsmatrizen direkt angeben:

*Beispiel 1:* Leitende Kugel in einer leitenden Hohlkugel.

Die Kugel habe Radius $R_1$ und trage die Ladung $Q_1$, die Hohlkugel habe Radius $R_2$ und trage die Ladung $Q_2$, wobei $R_1 < R_2$ und $Q_1 + Q_2 = 0$ (vgl. Abb. 4.3).

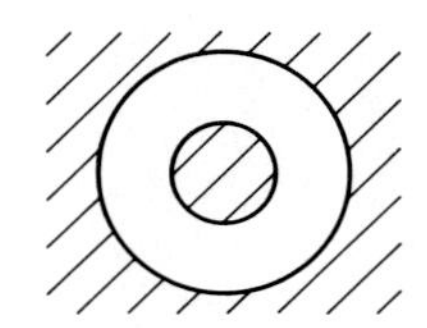

**Abb. 4.3**: Schema eines Kugelkondensators

Das Potential $\phi$ im Gebiet $W = \{\boldsymbol{x} \in \mathbb{R}^3 / R_1 \le |\boldsymbol{x}| \le R_2\}$ ist

$$\phi(\boldsymbol{x}) = \frac{1}{4\pi\epsilon_0} \frac{Q_1}{|\boldsymbol{x}|} + \text{const.} = -\frac{1}{4\pi\epsilon_0} \frac{Q_2}{|\boldsymbol{x}|} + \text{const.}\,.$$

Also gilt

$$V_1 - V_2 = \frac{Q_1}{4\pi\epsilon_0} \left( \frac{1}{R_1} - \frac{1}{R_2} \right) = -\frac{Q_2}{4\pi\epsilon_0} \left( \frac{1}{R_1} - \frac{1}{R_2} \right).$$

Die Kapazitätsmatrix ist somit

$$(C_{ij}) = 4\pi\epsilon_0 \frac{R_2 R_1}{R_2 - R_1} \begin{pmatrix} 1 & -1 \\ -1 & 1 \end{pmatrix}. \tag{4.53}$$

Insbesondere ergibt dies die übliche Formel für die Kapazität eines *Kugelkondensators* mit innerem Radius $R_1$ und äußerem Radius $R_2$:

$$C = 4\pi\epsilon_0 \frac{R_2 R_1}{R_2 - R_1}\,. \tag{4.54}$$

Zwei Grenzfälle sind von besonderem Interesse:

a) Kapazität einer leitenden Kugel vom Radius $R$:
Mit $R_1 = R$ und $R_2 \to \infty$ wird

$$C = 4\pi\epsilon_0 R\,. \tag{4.55}$$

b) Kapazität eines *Plattenkondensators:*

Mit $d = R_2 - R_1 \ll R_1 < R_2$ und $F \approx 4\pi R_1 R_2$ wird

$$C = \epsilon_0 \frac{F}{d} . \tag{4.56}$$

*Beispiel 2:* Zwei dünne leitende Kugelschalen in einer leitenden Hohlkugel.

Die innere bzw. äußere Kugelschale habe Radius $R_1$ bzw. $R_2$ und trage die Ladung $Q_1$ bzw. $Q_2$, die Hohlkugel habe Radius $R_3$ und trage die Ladung $Q_3$, wobei $R_1 < R_2 < R_3$ und $Q_1 + Q_2 + Q_3 = 0$ (vgl. Abb. 4.4).

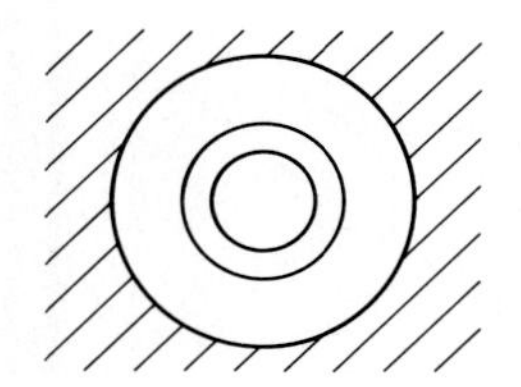

**Abb. 4.4**: Zwei dünne leitende Kugelschalen in einer leitenden Hohlkugel

Das Potential $\phi$ im Gebiet $W = \{\boldsymbol{x} \in \mathbb{R}^3 / 0 \leq |\boldsymbol{x}| \leq R_3\}$ ist

$$\phi(\boldsymbol{x}) = \begin{cases} \dfrac{1}{4\pi\epsilon_0}\left(\dfrac{Q_1}{|\boldsymbol{x}|} + \dfrac{Q_2}{|\boldsymbol{x}|}\right) + \text{const.} & \text{für} \quad R_2 \leq |\boldsymbol{x}| \leq R_3 \\ \dfrac{1}{4\pi\epsilon_0}\left(\dfrac{Q_1}{|\boldsymbol{x}|} + \dfrac{Q_2}{R_2}\right) + \text{const.} & \text{für} \quad R_1 \leq |\boldsymbol{x}| \leq R_2 \\ \dfrac{1}{4\pi\epsilon_0}\left(\dfrac{Q_1}{R_1} + \dfrac{Q_2}{R_2}\right) + \text{const.} & \text{für} \quad |\boldsymbol{x}| \leq R_1 \end{cases} .$$

Also gilt

$$V_1 - V_2 = \frac{1}{4\pi\epsilon_0} Q_1 \left(\frac{1}{R_1} - \frac{1}{R_2}\right) ,$$

$$V_2 - V_3 = \frac{1}{4\pi\epsilon_0} (Q_1 + Q_2) \left(\frac{1}{R_2} - \frac{1}{R_3}\right) ,$$

$$V_1 - V_3 = \frac{1}{4\pi\epsilon_0} \left(\frac{Q_1}{R_1} + \frac{Q_2}{R_2} - \frac{Q_1}{R_3} - \frac{Q_2}{R_3}\right) .$$

Hieraus ergibt sich die Kapazitätsmatrix

$$(C_{ij}) = 4\pi\epsilon_0 \begin{pmatrix} \dfrac{R_2 R_1}{R_2 - R_1} & -\dfrac{R_2 R_1}{R_2 - R_1} & 0 \\ -\dfrac{R_2 R_1}{R_2 - R_1} & \dfrac{R_2^2 (R_3 - R_1)}{(R_2 - R_1)(R_3 - R_2)} & -\dfrac{R_3 R_2}{R_3 - R_2} \\ 0 & -\dfrac{R_3 R_2}{R_3 - R_2} & \dfrac{R_3 R_2}{R_3 - R_2} \end{pmatrix} . \tag{4.57}$$

Im Limes $R_3 \to \infty$ vereinfacht sich dies zu

$$(C_{ij}) = 4\pi\epsilon_0 \frac{R_2 R_1}{R_2 - R_1} \begin{pmatrix} 1 & -1 & 0 \\ -1 & R_2/R_1 & 1 - R_2/R_1 \\ 0 & 1 - R_2/R_1 & R_2/R_1 - 1 \end{pmatrix} . \tag{4.58}$$

Wir wenden uns nun dem Problem der allgemeinen Lösung der oben besprochenen Randwertprobleme mit Hilfe Greenscher Funktionen zu. Ist zunächst $G(\boldsymbol{x}, \boldsymbol{x}')$ irgendeine Greensche Funktion des Laplace-Operators $\Delta$, so folgt aus der zweiten Greenschen Formel (4.42) (mit dem schon erwähnten Vorzeichenwechsel aufgrund der Orientierung der Flächennormalen in das Gebiet $W$ hinein) sowie der Poisson-Gleichung (4.4) für $\phi$

$$\begin{aligned} \int_{\partial W} d\boldsymbol{f}' \cdot \big(G(\boldsymbol{x}', \boldsymbol{x})\, \boldsymbol{\nabla}'\phi(\boldsymbol{x}') - \phi(\boldsymbol{x}')\, \boldsymbol{\nabla}' G(\boldsymbol{x}', \boldsymbol{x})\big) \\ = -\int_W d^3x' \, \big(G(\boldsymbol{x}', \boldsymbol{x})\, \Delta'\phi(\boldsymbol{x}') - \phi(\boldsymbol{x}')\, \Delta' G(\boldsymbol{x}', \boldsymbol{x})\big) \\ = \frac{1}{\epsilon_0} \int_W d^3x' \, G(\boldsymbol{x}', \boldsymbol{x})\, \rho(\boldsymbol{x}') - 4\pi\, \phi(\boldsymbol{x}) , \end{aligned}$$

d.h.

$$\begin{aligned} \phi(\boldsymbol{x}) = {} & \frac{1}{4\pi\epsilon_0} \int_W d^3x' \, G(\boldsymbol{x}', \boldsymbol{x})\, \rho(\boldsymbol{x}') \\ & - \frac{1}{4\pi} \int_{\partial W} d\boldsymbol{f}' \cdot \big(G(\boldsymbol{x}', \boldsymbol{x})\, \boldsymbol{\nabla}'\phi(\boldsymbol{x}') - \phi(\boldsymbol{x}')\, \boldsymbol{\nabla}' G(\boldsymbol{x}', \boldsymbol{x})\big) . \end{aligned} \tag{4.59}$$

Insbesondere läßt sich die Lösung des Dirichletschen Randwertproblems in $W$ für beliebige Randwertfunktionen $V$ auf die Angabe der *Dirichletschen Greenschen Funktion* $G_{\mathrm{D}}(\boldsymbol{x}, \boldsymbol{x}')$ des Laplace-Operators $\Delta$ zum Gebiet $W$ zurückführen, also auf die Angabe einer Lösung der Differentialgleichung

$$\Delta\, G_{\mathrm{D}}(\boldsymbol{x}, \boldsymbol{x}') = -4\pi\, \delta(\boldsymbol{x} - \boldsymbol{x}') \tag{4.60}$$

mit der Randbedingung

$$G_{\mathrm{D}}(\boldsymbol{x}, \boldsymbol{x}')\big|_{\boldsymbol{x} \in \partial W} = 0 , \tag{4.61}$$

denn mit den Randbedingungen (4.39) und (4.61) reduziert sich Gl. (4.59) auf

$$\begin{aligned} \phi(\boldsymbol{x}) = {} & \frac{1}{4\pi\epsilon_0} \int_W d^3x' \, G_{\mathrm{D}}(\boldsymbol{x}', \boldsymbol{x})\, \rho(\boldsymbol{x}') \\ & + \frac{1}{4\pi} \int_{\partial W} d\boldsymbol{f}' \cdot V(\boldsymbol{x}')\, \boldsymbol{\nabla}' G_{\mathrm{D}}(\boldsymbol{x}', \boldsymbol{x}) . \end{aligned} \tag{4.62}$$

Ganz analog läßt sich die Lösung des Neumannschen Randwertproblems in $W$ für beliebige Randwertfunktionen $\omega$ auf die Angabe der *Neumannschen Greenschen Funktion* $G_{\mathrm{N}}(\boldsymbol{x}, \boldsymbol{x}')$ des Laplace-Operators $\Delta$ zum Gebiet $W$ zurückführen, also auf die Angabe einer Lösung der Differentialgleichung

$$\Delta\, G_{\mathrm{N}}(\boldsymbol{x}, \boldsymbol{x}') = -4\pi\, \delta(\boldsymbol{x} - \boldsymbol{x}') \tag{4.63}$$

mit der Randbedingung

$$(\boldsymbol{n} \cdot \boldsymbol{\nabla})\, G_{\mathrm{N}}(\boldsymbol{x}, \boldsymbol{x}')\big|_{\boldsymbol{x} \in \partial W} = \frac{4\pi}{|\partial W|}\,, \tag{4.64}$$

denn mit den Randbedingungen (4.40) und (4.64) reduziert sich Gl. (4.59) auf

$$\begin{aligned} \phi(\boldsymbol{x}) &= \langle \phi \rangle_{\partial W} + \frac{1}{4\pi\epsilon_0} \int_W d^3x'\; G_{\mathrm{N}}(\boldsymbol{x}', \boldsymbol{x})\, \rho(\boldsymbol{x}') \\ &\quad - \frac{1}{4\pi\epsilon_0} \int_{\partial W} df'\; \omega(\boldsymbol{x}')\, G_{\mathrm{N}}(\boldsymbol{x}', \boldsymbol{x})\,, \end{aligned} \tag{4.65}$$

wobei $\langle \phi \rangle_{\partial W}$ der Mittelwert des Potentials über den Rand $\partial W$ des Gebietes $W$ ist.

Die scheinbar einfachste Randbedingung, bei der die linke Seite von Gl. (4.64) gleich Null gewählt wird, ist inkonsistent mit Gl. (4.63). Setzt man nämlich die linke Seite von Gl. (4.64) gleich einer zunächst beliebigen Konstanten, so ergibt sich – zumindest für Gebiete $W$, die vollständig im Endlichen liegen – durch Integration über $\partial W$ und Anwendung des Gaußschen Satzes aus Gl. (4.63), daß diese Konstante mit der in Gl. (4.64) angegebenen Konstanten übereinstimmen muß und jedenfalls nicht verschwindet.

Wenn das Gebiet $W$ sich zumindest teilweise bis ins Unendliche erstreckt, so sind die Randbedingungen (4.61) und (4.64) durch die Forderung zu ergänzen, daß $G(\boldsymbol{x}, \boldsymbol{x}')$ sowie $\phi(\boldsymbol{x})$ für $|\boldsymbol{x}| \to \infty$ mindestens wie $1/|\boldsymbol{x}|$ und $\boldsymbol{\nabla} G(\boldsymbol{x}, \boldsymbol{x}')$ sowie $\boldsymbol{\nabla}\phi(\boldsymbol{x})$ für $|\boldsymbol{x}| \to \infty$ mindestens wie $1/|\boldsymbol{x}|^2$ abfallen. Unter diesen Bedingungen bleibt die Herleitung der Gleichungen (4.62) und (4.65) aus Gl. (4.59) auch für solche Gebiete richtig; man muß nur den Rand $\partial W$ von $W$ in den Gleichungen (4.64) und (4.65) durch seinen im Endlichen gelegenen Anteil ersetzen.

Die Eindeutigkeit der Dirichletschen bzw. Neumannschen Greenschen Funktion zu gegebenem Gebiet $W$ und gegebenem Randwert $V$ bzw. $\omega$ ist ganz allgemein durch die Greenschen Formeln gesichert, während man den Beweis ihrer Existenz auf die Existenz von Lösungen der homogenen Laplace-Gleichung zu entsprechenden Randbedingungen reduzieren kann, indem man

$$G_{\mathrm{D}}(\boldsymbol{x}, \boldsymbol{x}') = G_0(\boldsymbol{x}, \boldsymbol{x}') + u_{\mathrm{D}}(\boldsymbol{x}, \boldsymbol{x}') \tag{4.66}$$

bzw.

$$G_{\mathrm{N}}(\boldsymbol{x}, \boldsymbol{x}') = G_0(\boldsymbol{x}, \boldsymbol{x}') + u_{\mathrm{N}}(\boldsymbol{x}, \boldsymbol{x}') \tag{4.67}$$

setzt, wobei $u_{\mathrm{D}}(\boldsymbol{x}, \boldsymbol{x}')$ bzw. $u_{\mathrm{N}}(\boldsymbol{x}, \boldsymbol{x}')$ Lösung des entsprechenden Randwertproblems $\Delta u_{\mathrm{D}}(\boldsymbol{x}, \boldsymbol{x}') = 0$ bzw. $\Delta u_{\mathrm{N}}(\boldsymbol{x}, \boldsymbol{x}') = 0$ und

$$u_{\mathrm{D}}(\boldsymbol{x}, \boldsymbol{x}')\big|_{\boldsymbol{x} \in \partial W} = -\,G_0(\boldsymbol{x}, \boldsymbol{x}')\big|_{\boldsymbol{x} \in \partial W} \tag{4.68}$$

bzw.

$$(\boldsymbol{n} \cdot \boldsymbol{\nabla})\, u_{\mathrm{N}}(\boldsymbol{x}, \boldsymbol{x}')\big|_{\boldsymbol{x} \in \partial W} = -\,(\boldsymbol{n} \cdot \boldsymbol{\nabla})\, G_0(\boldsymbol{x}, \boldsymbol{x}')\big|_{\boldsymbol{x} \in \partial W} + \frac{4\pi}{|\partial W|} \tag{4.69}$$

ist.

Eine weitere wichtige Eigenschaft der Dirichletschen Greenschen Funktion ist ihre Symmetrie:

$$G_{\mathrm{D}}(\boldsymbol{x},\boldsymbol{x}') = G_{\mathrm{D}}(\boldsymbol{x}',\boldsymbol{x}) . \tag{4.70}$$

Zum Beweis wende man Gl. (4.62), mit $\boldsymbol{x}''$ anstelle von $\boldsymbol{x}'$ als Integrationsvariable, auf $\phi(\boldsymbol{x}) = (q_0/4\pi\epsilon_0)\, G_{\mathrm{D}}(\boldsymbol{x},\boldsymbol{x}')$ und $\rho(\boldsymbol{x}) = q_0\,\delta(\boldsymbol{x}-\boldsymbol{x}')$ an.

Die Lösung der beiden Grundaufgaben der Elektrostatik läßt sich nun unmittelbar angeben. Zunächst schreibt sich die Lösung der zweiten Grundaufgabe mit vorgegebenen Potentialen $V_i$ auf den $L_i$:

$$\begin{aligned}\phi(\boldsymbol{x}) &= \frac{1}{4\pi\epsilon_0}\int_W d^3x'\, G_{\mathrm{D}}(\boldsymbol{x}',\boldsymbol{x})\,\rho(\boldsymbol{x}') \\ &\quad + \frac{1}{4\pi}\sum_i V_i \int_{\partial L_i} d\boldsymbol{f}'\cdot\boldsymbol{\nabla}'\, G_{\mathrm{D}}(\boldsymbol{x}',\boldsymbol{x}) .\end{aligned} \tag{4.71}$$

Insbesondere ist also $(q/4\pi\epsilon_0)\, G_{\mathrm{D}}(\boldsymbol{x}_0,\boldsymbol{x})$ das von einer am Ort $\boldsymbol{x}_0$ befindlichen Punktladung $q$ in Anwesenheit der geerdeten Leiter $L_i$ erzeugte Potential am Ort $\boldsymbol{x}$. Die Ladung $Q_i$ auf $L_i$ ist, für $\rho \equiv 0$,

$$\begin{aligned}Q_i &= -\epsilon_0 \int_{\partial L_i} d\boldsymbol{f}\cdot\boldsymbol{\nabla}\phi(\boldsymbol{x}) \\ &= -\frac{\epsilon_0}{4\pi}\sum_j V_j \int_{\partial L_i} d\boldsymbol{f}\cdot\boldsymbol{\nabla}\int_{\partial L_j} d\boldsymbol{f}'\cdot\boldsymbol{\nabla}'\, G_{\mathrm{D}}(\boldsymbol{x}',\boldsymbol{x}) .\end{aligned}$$

Wieder ergibt sich die lineare Beziehung (4.45) zwischen den Ladungen und den Potentialen auf den Leitern, nur sind die Kapazitätskoeffizienten $C_{ij}$ jetzt durch $G_{\mathrm{D}}$ ausgedrückt:

$$C_{ij} = -\frac{\epsilon_0}{4\pi}\int_{\partial L_i} d\boldsymbol{f}\cdot\boldsymbol{\nabla}\int_{\partial L_j} d\boldsymbol{f}'\cdot\boldsymbol{\nabla}'\, G_{\mathrm{D}}(\boldsymbol{x}',\boldsymbol{x}) . \tag{4.72}$$

Damit folgt auch die Symmetrie (4.52) der Kapazitätsmatrix aus der Symmetrie (4.70) der Dirichletschen Greenschen Funktion. Schließlich ersehen wir daraus, wie sich die erste Grundaufgabe ($Q_i$ gegeben) auf die zweite ($V_i$ gegeben) zurückführen läßt: Mit Hilfe der Kapazitätsmatrix bestimmt man zu gegebenen Ladungen $Q_i$ Potentiale $V_j$ derart, daß Gl. (4.45) erfüllt ist (dies legt die $V_j$ eindeutig bis auf eine additive Konstante fest), und löst mit diesen $V_j$ die zweite Grundaufgabe.

Die Lösung der ersten Grundaufgabe erfüllt das sog.

*Thomsonsche Prinzip:*

Wenn man auf den Leitern $L_i$ die Gesamtladungen $Q_i$ vorgibt, dann stellt sich im Gleichgewicht die Ladungsverteilung auf den Leitern so ein, daß die elektrostatische Feldenergie minimal wird.

Zum Beweis sei $\phi_0$ die (eindeutige) Lösung der ersten Grundaufgabe und $\phi = \phi_0 + \varphi$ ein anderes Potential mit

$$\Delta\phi = -\frac{\rho}{\epsilon_0} = \Delta\phi_0$$

in $W$ und

$$\int_{\partial L_i} d\boldsymbol{f} \cdot \boldsymbol{\nabla}\phi = -\frac{Q_i}{\epsilon_0} = \int_{\partial L_i} d\boldsymbol{f} \cdot \boldsymbol{\nabla}\phi_0 ,$$

d.h.

$$\Delta\varphi = 0$$

in $W$ und

$$\int_{\partial L_i} d\boldsymbol{f} \cdot \boldsymbol{\nabla}\varphi = 0 .$$

Dann gilt

$$\begin{aligned} U^{\mathrm{e}}[\phi] &= \frac{\epsilon_0}{2}\int_W d^3x\, (\boldsymbol{\nabla}\phi)^2 = \frac{\epsilon_0}{2}\int_W d^3x\, \left\{(\boldsymbol{\nabla}\phi_0)^2 + 2\,\boldsymbol{\nabla}\phi_0 \cdot \boldsymbol{\nabla}\varphi + (\boldsymbol{\nabla}\varphi)^2\right\} \\ &= U^{\mathrm{e}}[\phi_0] + \frac{\epsilon_0}{2}\int_W d^3x\, (\boldsymbol{\nabla}\varphi)^2 + A[\phi_0, \varphi] . \end{aligned}$$

Nun ist aber

$$\begin{aligned} A[\phi_0,\varphi] &= \epsilon_0 \int_W d^3x\, \boldsymbol{\nabla}\phi_0 \cdot \boldsymbol{\nabla}\varphi = \epsilon_0 \int_W d^3x\, \{\boldsymbol{\nabla}\cdot(\phi_0 \boldsymbol{\nabla}\varphi) - \phi_0\,\Delta\varphi\} \\ &= -\epsilon_0 \int_{\partial W} d\boldsymbol{f} \cdot \phi_0 \boldsymbol{\nabla}\varphi \\ &= -\epsilon_0 \sum_i \phi_0\big|_{L_i} \int_{\partial L_i} d\boldsymbol{f} \cdot \boldsymbol{\nabla}\varphi \qquad (\text{da } \phi_0 \text{ konstant auf } L_i) \\ &= 0 . \end{aligned}$$

Daraus ergibt sich die gesuchte Abschätzung

$$U^{\mathrm{e}}[\phi] = U^{\mathrm{e}}[\phi_0] + \frac{\epsilon_0}{2}\int d^3x\, (\boldsymbol{\nabla}\varphi)^2 \geq U^{\mathrm{e}}[\phi_0] . \tag{4.73}$$

Die bisher nur im Rahmen eines Existenzbeweises benutzte Zerlegung (4.66) der Dirichletschen Greenschen Funktion $G_{\mathrm{D}}(\boldsymbol{x}, \boldsymbol{x}')$ läßt sich physikalisch wie folgt interpretieren: Das Gesamtpotential

$$\frac{q}{4\pi\epsilon_0} G_{\mathrm{D}}(\boldsymbol{x}', \boldsymbol{x}) = \frac{q}{4\pi\epsilon_0} \frac{1}{|\boldsymbol{x}' - \boldsymbol{x}|} + \frac{q}{4\pi\epsilon_0} u_{\mathrm{D}}(\boldsymbol{x}', \boldsymbol{x})$$

am Ort $\boldsymbol{x}'$ setzt sich aus dem Potential einer am Ort $\boldsymbol{x}$ befindlichen Punktladung $q$ und einem in $W$ regulären Anteil zusammen, der von der auf den Leitern $L_i$ durch die Punktladung *influenzierten* Ladungsverteilung herrührt. Diese wirkt auf die erzeugende Punktladung zurück und unterwirft sie einer Kraft, der sog. *Bildkraft.* Für geerdete Leiter (d.h. für $V_i = 0$) ist diese gleich

$$\boldsymbol{F} = -\frac{q^2}{4\pi\epsilon_0} \boldsymbol{\nabla}' u_{\mathrm{D}}(\boldsymbol{x}', \boldsymbol{x})\big|_{\boldsymbol{x}'=\boldsymbol{x}} . \tag{4.74}$$

Allgemein (d.h. für $V_i \neq 0$) ergibt sich aus Gl. (4.71)

$$\begin{aligned} \boldsymbol{F} &= -\frac{q^2}{4\pi\epsilon_0} \, \boldsymbol{\nabla}' \, u_\mathrm{D}(\boldsymbol{x}', \boldsymbol{x}) \,\big|_{\boldsymbol{x}'=\boldsymbol{x}} \\ &\quad - \frac{q}{4\pi} \sum_i V_i \, \boldsymbol{\nabla}' \int_{\partial L_i} d\boldsymbol{f}'' \cdot \boldsymbol{\nabla}'' \, u_\mathrm{D}(\boldsymbol{x}'', \boldsymbol{x}') \,\big|_{\boldsymbol{x}'=\boldsymbol{x}} \, . \end{aligned} \tag{4.75}$$

Hierbei wurde benutzt, daß (für $\boldsymbol{x} \in W$ und $\boldsymbol{x}'$ nahe bei $\boldsymbol{x}$) $\boldsymbol{x}'$ nicht in $L_i$ liegt, was aufgrund des Flußsatzes

$$\int_{\partial L_i} d\boldsymbol{f}'' \cdot \boldsymbol{\nabla}'' \left( \frac{1}{|\boldsymbol{x}'' - \boldsymbol{x}'|} \right) = 0$$

und daher

$$\int_{\partial L_i} d\boldsymbol{f}'' \cdot \boldsymbol{\nabla}'' \, G_\mathrm{D}(\boldsymbol{x}'', \boldsymbol{x}') = \int_{\partial L_i} d\boldsymbol{f}'' \cdot \boldsymbol{\nabla}'' \, u_\mathrm{D}(\boldsymbol{x}'', \boldsymbol{x}')$$

impliziert.

Die Konstruktion von $G_\mathrm{D}$ und die Lösung der elektrostatischen Grundaufgaben sind für beliebige Gebiete $W$ im allgemeinen sehr schwierig. Die wichtigsten Verfahren sind die folgenden:

a) Entwicklungen nach einem dem Symmetriecharakter des Problems angepaßten vollständigen System von Eigenfunktionen des Laplace-Operators $\Delta$.

   Beispielsweise entwickelt man für rotationssymmetrische Anordnungen der Leiter nach Kugelfunktionen.

b) Funktionentheoretische Verfahren für zweidimensionale Probleme.

   Sie kommen immer dann ins Spiel, wenn das Potentialproblem Translationssymmetrie in einer Richtung aufweist, also effektiv zweidimensional ist. Zunächst ist wegen des Flußsatzes in zwei Dimensionen das elektrostatische Feld $\boldsymbol{E}_0$ einer am Ort $\boldsymbol{x}_0$ befindlichen Punktladung $q$ durch

$$\boldsymbol{E}_0(\boldsymbol{x}) = \frac{q}{2\pi\epsilon_0} \frac{\boldsymbol{x} - \boldsymbol{x}_0}{|\boldsymbol{x} - \boldsymbol{x}_0|^2} \tag{4.76}$$

   und das zugehörige Potential durch

$$\phi_0(\boldsymbol{x}) = -\frac{q}{2\pi\epsilon_0} \ln |\boldsymbol{x} - \boldsymbol{x}_0| \tag{4.77}$$

   gegeben. Zur Anwendung funktionentheoretischer Hilfsmittel ist es zweckmäßig, in der Ebene statt der kartesischen Koordinaten $x$ und $y$ eine komplexe Koordinate $z = x + iy$ (sowie die dazu konjugiert komplexe Koordinate $\bar{z} = x - iy$) einzuführen; dann erhält Gl. (4.77) die Form

$$\phi_0(z) = -\frac{q}{2\pi\epsilon_0} \ln |z - z_0| = -\frac{q}{2\pi\epsilon_0} \operatorname{Re} \ln (z - z_0) \, . \tag{4.78}$$

Die zweidimensionale Dirichletsche Greensche Funktion $G_{\mathrm{D}}(z, z')$ zu einem gegebenen Gebiet $W$ in der Ebene erfüllt definitionsgemäß die Differentialgleichung

$$\Delta\, G_{\mathrm{D}}(z, z') \;=\; -\,2\pi\, \delta(z - z') \tag{4.79}$$

mit der Randbedingung

$$G_{\mathrm{D}}(z, z')\,\big|_{z \,\in\, \partial W} \;=\; 0 \tag{4.80}$$

und kann in der Form

$$G_{\mathrm{D}}(z, z') \;=\; -\,\ln|z - z'| + u_{\mathrm{D}}(z, z') \tag{4.81}$$

geschrieben werden, wobei $u_{\mathrm{D}}$ bezüglich $z$ ***harmonisch*** ist, d.h.

$$\Delta\, u_{\mathrm{D}}(z, z') \;=\; 0 \tag{4.82}$$

erfüllt. Hierin ist $\Delta$ der zweidimensionale Laplace-Operator

$$\Delta \;=\; \frac{\partial^2}{\partial x^2} + \frac{\partial^2}{\partial y^2} \;=\; 2\,\partial\,\bar{\partial} \;=\; 2\,\bar{\partial}\,\partial \tag{4.83}$$

mit

$$\partial \;\equiv\; \frac{\partial}{\partial z} \;=\; \frac{1}{2}\left(\frac{\partial}{\partial x} - i\,\frac{\partial}{\partial y}\right) \quad , \quad \bar{\partial} \;\equiv\; \frac{\partial}{\partial \bar{z}} \;=\; \frac{1}{2}\left(\frac{\partial}{\partial x} + i\,\frac{\partial}{\partial y}\right) \;. \tag{4.84}$$

Nun sind sowohl Realteil als auch Imaginärteil einer holomorphen Funktion $f(z) = u(z) + i\,v(z)$ stets harmonisch, und umgekehrt ist jede harmonische Funktion als Realteil oder auch als Imaginärteil einer holomorphen Funktion darstellbar. Außerdem ist für je zwei holomorphe Funktionen $f$ und $g$ auch deren Komposition $g \circ f$, definiert durch $(g \circ f)(z) = g(f(z))$, wieder eine holomorphe Funktion. Dies ermöglicht die Konstruktion Dirichletscher Greenscher Funktionen durch *konforme Abbildung:*

Es seien $W_1$ und $W_2$ zwei Gebiete in der komplexen Ebene und $f : W_2 \longrightarrow W_1$ eine umkehrbar eindeutige, biholomorphe Abbildung von $W_2$ nach $W_1$. Ist $G_{\mathrm{D}}^{(1)}$ Dirichletsche Greensche Funktion für das Gebiet $W_1$, so ist $G_{\mathrm{D}}^{(2)}$ mit

$$G_{\mathrm{D}}^{(2)}(z, z') \;=\; G_{\mathrm{D}}^{(1)}(f(z), f(z')) \tag{4.85}$$

Dirichletsche Greensche Funktion für das Gebiet $W_2$.

Zum Beweis bemerken wir nur, daß aufgrund der angegebenen Eigenschaften von harmonischen und holomorphen Funktionen mit $u_{\mathrm{D}}^{(1)}$ auch $u_{\mathrm{D}}^{(2)}$ harmonisch ist:

$$\begin{aligned}
u_{\mathrm{D}}^{(2)}(z, z') \;&=\; G_{\mathrm{D}}^{(2)}(z, z') + \ln|z - z'| \\
&=\; G_{\mathrm{D}}^{(1)}(f(z), f(z')) + \ln|f(z) - f(z')| - \ln\left|\frac{f(z) - f(z')}{z - z'}\right| \\
&=\; u_{\mathrm{D}}^{(1)}(f(z), f(z')) - \operatorname{Re}\ln\left(\frac{f(z) - f(z')}{z - z'}\right) \;.
\end{aligned}$$

Der so bewiesene Satz gibt uns ein starkes Hilfsmittel zur Bestimmung der Dirichletschen Greenschen Funktion in die Hand: Man löst das Problem für ein einfaches Gebiet $W_1$ und findet die Greensche Funktion für ein komplizierteres Gebiet $W_2$ durch holomorphe Transformation.

c) Spiegelungsmethoden (teilweise mit b) verwandt).

Man versucht, die (Dirichletschen oder Neumannschen) Randbedingungen für $G(\boldsymbol{x}, \boldsymbol{x}')$ zu realisieren, indem man zum Potential $1/|\boldsymbol{x} - \boldsymbol{x}'|$ Potentiale von weiteren Punktladungen in solchen Punkten hinzufügt, die durch geeignete Spiegelungen am Rand $\partial W$ des Gebietes $W$ aus $\boldsymbol{x}'$ entstehen. $u(\boldsymbol{x}, \boldsymbol{x}')$ ist dann also ein Potential von fiktiven Punktladungen außerhalb von $W$.

*Beispiel 3:* Spiegelung an einer Ebene.

$W$ sei ein durch eine leitende Ebene $E$ begrenzter Halbraum und $q$ eine Punktladung im Punkt $\boldsymbol{x} \in W$. Wenn $\sigma$ die Spiegelung an $E$ bezeichnet, so werden die Randbedingungen offenbar durch Anbringung einer Bildladung der Stärke $-q$ im zu $\boldsymbol{x}$ spiegelbildlichen Punkt $\sigma\boldsymbol{x}$ außerhalb von $W$ befriedigt. Die Dirichletsche Greensche Funktion von $W$ ist deshalb

$$G_{\mathrm{D}}(\boldsymbol{x}', \boldsymbol{x}) = \frac{1}{|\boldsymbol{x}' - \boldsymbol{x}|} - \frac{1}{|\boldsymbol{x}' - \sigma\boldsymbol{x}|} = \frac{1}{|\boldsymbol{x}' - \boldsymbol{x}|} - \frac{1}{|\sigma\boldsymbol{x}' - \boldsymbol{x}|} . \tag{4.86}$$

Für die von $q$ influenzierte Ladung $q_{\mathrm{inf}}$ auf $E$ findet man wegen des Flußsatzes $q_{\mathrm{inf}} = -q$, und die Bildkraft zwischen Ladung und Ebene ist gleich der Kraft zwischen Ladung und Bildladung:

$$\boldsymbol{F} = -\frac{q^2}{4\pi\epsilon_0} \frac{\boldsymbol{x} - \sigma\boldsymbol{x}}{|\boldsymbol{x} - \sigma\boldsymbol{x}|^3} . \tag{4.87}$$

*Beispiel 4:* Spiegelung an einer Kugel.

$W$ sei der Außenraum einer leitenden Kugel $K$ mit Radius $R$ und $q$ eine Punktladung im Punkt $\boldsymbol{x} \in W$. Wenn $\tau$ die Spiegelung an der Kugeloberfläche bezeichnet, d.h.

$$\tau\boldsymbol{y} = \frac{R^2}{|\boldsymbol{y}|^2} \boldsymbol{y} , \tag{4.88}$$

so werden die Randbedingungen durch Anbringung einer Bildladung der Stärke $-qR/|\boldsymbol{x}|$ im zu $\boldsymbol{x}$ spiegelbildlichen Punkt $\tau\boldsymbol{x}$ außerhalb von $W$ befriedigt.

Zum Beweis brauchen wir nur nachzurechnen, daß

$$R^2 |\boldsymbol{x}' - \boldsymbol{x}|^2 = |\boldsymbol{x}|^2 |\boldsymbol{x}' - \tau\boldsymbol{x}|^2 \qquad \text{für } |\boldsymbol{x}'| = R$$

ist, was in der Tat zutrifft, denn es gilt

$$R^2 |\boldsymbol{x}' - \boldsymbol{x}|^2 = R^4 - 2R^2\, \boldsymbol{x}' \cdot \boldsymbol{x} + R^2 |\boldsymbol{x}|^2 ,$$

$$|\boldsymbol{x}|^2 |\boldsymbol{x}' - \tau\boldsymbol{x}|^2 = |\boldsymbol{x}|^2 \left| \boldsymbol{x}' - \frac{R^2}{|\boldsymbol{x}|^2} \boldsymbol{x} \right|^2 = |\boldsymbol{x}|^2 R^2 - 2R^2\, \boldsymbol{x}' \cdot \boldsymbol{x} + R^4 ,$$

falls $|\boldsymbol{x}'| = R$.

Die Dirichletsche Greensche Funktion von $W$ ist deshalb

$$G_{\mathrm{D}}(\boldsymbol{x}', \boldsymbol{x}) = \frac{1}{|\boldsymbol{x}' - \boldsymbol{x}|} - \frac{R}{|\boldsymbol{x}|} \frac{1}{|\boldsymbol{x}' - \tau \boldsymbol{x}|} . \tag{4.89}$$

Für die von $q$ influenzierte Ladung $q_{\mathrm{inf}}$ auf $K$ findet man wegen des Flußsatzes

$$q_{\mathrm{inf}} = -q \frac{R}{|\boldsymbol{x}|} , \tag{4.90}$$

und die Bildkraft zwischen Ladung und Kugel ist gleich der Kraft zwischen Ladung und Bildladung:

$$\boldsymbol{F} = \frac{1}{4\pi\epsilon_0} q\, q_{\mathrm{inf}} \frac{\boldsymbol{x} - \tau\boldsymbol{x}}{|\boldsymbol{x} - \tau\boldsymbol{x}|^3} = \frac{1}{4\pi\epsilon_0} \frac{q\, q_{\mathrm{inf}}}{|\boldsymbol{x} - \tau\boldsymbol{x}|^2} \frac{\boldsymbol{x}}{|\boldsymbol{x}|} . \tag{4.91}$$

Wenn wir die Ladung $Q$ auf der Oberfläche fest vorgeben wollen, so können wir dies durch die Einführung einer weiteren Bildladung $Q - q_{\mathrm{inf}}$ erreichen, die wir in den Mittelpunkt der Kugel setzen, damit deren Oberfläche Äquipotentialfläche bleibt. Das Potential für eine Punktladung $q$ in Anwesenheit einer Sphäre mit der Ladung $Q$ ist dann

$$\phi(\boldsymbol{x}') = \frac{1}{4\pi\epsilon_0} \left( \frac{q}{|\boldsymbol{x}' - \boldsymbol{x}|} + \frac{q_{\mathrm{inf}}}{|\boldsymbol{x}' - \tau\boldsymbol{x}|} + \frac{Q - q_{\mathrm{inf}}}{|\boldsymbol{x}'|} \right) . \tag{4.92}$$

Die Bildkraft ist wieder die Kraft zwischen $q$ und den Bildladungen:

$$\begin{aligned} \boldsymbol{F} &= \frac{q}{4\pi\epsilon_0} \left( q_{\mathrm{inf}} \frac{\boldsymbol{x} - \tau\boldsymbol{x}}{|\boldsymbol{x} - \tau\boldsymbol{x}|^3} + (Q - q_{\mathrm{inf}}) \frac{\boldsymbol{x}}{|\boldsymbol{x}|^3} \right) \\ &= \frac{q}{4\pi\epsilon_0} \left( \frac{q_{\mathrm{inf}}}{|\boldsymbol{x} - \tau\boldsymbol{x}|^2} + \frac{Q - q_{\mathrm{inf}}}{|\boldsymbol{x}|^2} \right) \frac{\boldsymbol{x}}{|\boldsymbol{x}|} . \end{aligned} \tag{4.93}$$

# 5 Magnetostatik, Quasistationäre Felder

Für zeitunabhängige Felder liefern die Maxwellschen Gleichungen neben den im letzten Kapitel besprochenen Grundgleichungen der Elektrostatik noch die *Grundgleichungen der Magnetostatik:*

$$\nabla \cdot \boldsymbol{B} = 0 , \tag{5.1}$$

$$\nabla \times \boldsymbol{B} = \kappa \mu_0 \, \boldsymbol{j} . \tag{5.2}$$

Aus Konsistenzgründen ist dabei stets die Stationaritätsbedingung

$$\nabla \cdot \boldsymbol{j} = 0 \tag{5.3}$$

zu fordern. Die erste Gleichung läßt sich wieder unmittelbar lösen, indem man durch

$$\boldsymbol{B} = \nabla \times \boldsymbol{A} \tag{5.4}$$

das *Vektorpotential* $\boldsymbol{A}$ einführt. Damit wird aus der zweiten Gleichung

$$\Delta \boldsymbol{A} - \nabla (\nabla \cdot \boldsymbol{A}) = - \kappa \mu_0 \, \boldsymbol{j} . \tag{5.5}$$

Wie in Kapitel 3 erläutert, ist $\boldsymbol{A}$ hierdurch jedoch nicht eindeutig bestimmt, sondern nur bis auf *Eichtransformationen*

$$\boldsymbol{A} \longrightarrow \boldsymbol{A} + \nabla \chi \tag{5.6}$$

mit beliebigen Funktionen $\chi$. In der Magnetostatik reduziert man üblicherweise diese Eichfreiheit durch Wahl der *Coulomb-Eichung*

$$\nabla \cdot \boldsymbol{A} = 0 . \tag{5.7}$$

Es verbleibt dann noch die Freiheit zur Durchführung von Eichtransformationen (5.6) mit Eichfunktionen $\chi$, die *harmonisch* sind, d.h.

$$\Delta \chi = 0 \tag{5.8}$$

erfüllen. In der Coulomb-Eichung vereinfacht sich Gl. (5.5) zu

$$\Delta \boldsymbol{A} \; = \; -\kappa\mu_0\, \boldsymbol{j} \; . \tag{5.9}$$

Dies ist eine vektorielle Form der *Poisson-Gleichung;* mathematisch gesehen ist also auch die Magnetostatik die Theorie der Lösung der Poisson-Gleichung.

Von *quasistationären Vorgängen* spricht man, im Gegensatz zur Statik, wenn die Felder zwar zeitlich veränderlich sind, die zeitlichen Veränderungen aber so langsam vor sich gehen, daß in der Maxwellschen Gleichung (3.5-d) für die Rotation von $\boldsymbol{B}$ der Maxwellsche Verschiebungsstrom $\epsilon_0\, \partial \boldsymbol{E}/\partial t$ gegenüber dem Quellterm $\boldsymbol{j}$ vernachlässigt werden kann; dies ist typischerweise bei Prozessen mit Frequenzen $\ll 10^{14}$ Hz der Fall. Allerdings wird die quasistationäre Näherung schon bei viel niedrigeren Frequenzen unbrauchbar, nämlich immer dann, wenn die zugehörigen Wellenlängen vergleichbar werden mit der typischen Längenskala, auf der die Verteilung der Felder und ihrer Quellen zu betrachten ist. Dann nämlich beginnt die endliche Ausbreitungsgeschwindigkeit elektromagnetischer Phänomene eine Rolle zu spielen, was sich in Form von Laufzeiteffekten äußert und zu einer Verletzung der Stationaritätsbedingung (5.3) führt. Für quasistationäre Felder jedenfalls bleiben die Grundgleichungen (5.1) und (5.2) für das magnetische Feld unverändert bestehen, während die Grundgleichungen für das elektrische Feld dahingehend abzuändern sind, daß dieses nicht länger wirbelfrei ist, sondern dem Induktionsgesetz genügt.

## 5.1 Magnetisches Feld für eine vorgegebene Stromverteilung im Vakuum

Wie schon aus der Elektrostatik bekannt, läßt sich die eindeutige Lösung $\boldsymbol{A}$ von Gl. (5.9) mit der Randbedingung

$$\lim_{|\boldsymbol{x}| \to \infty} \boldsymbol{A}(\boldsymbol{x}) \; = \; 0 \tag{5.10}$$

für Stromverteilungen, die im Unendlichen genügend schnell abfallen, direkt hinschreiben:

$$\boldsymbol{A}(\boldsymbol{x}) \; = \; \frac{\kappa\mu_0}{4\pi} \int d^3x' \; \frac{\boldsymbol{j}(\boldsymbol{x}')}{|\boldsymbol{x} - \boldsymbol{x}'|} \; . \tag{5.11}$$

Das zugehörige Magnetfeld ist durch das verallgemeinerte *Biot-Savartsche Gesetz* gegeben:

$$\boldsymbol{B}(\boldsymbol{x}) \; = \; \frac{\kappa\mu_0}{4\pi} \int d^3x' \; \frac{\boldsymbol{j}(\boldsymbol{x}') \times (\boldsymbol{x} - \boldsymbol{x}')}{|\boldsymbol{x} - \boldsymbol{x}'|^3} \; . \tag{5.12}$$

Im übrigen rechnet man sofort nach, daß die Lösung (5.11) von Gl. (5.9) tatsächlich die Coulombsche Eichbedingung (5.7) erfüllt:

$$\begin{aligned}(\nabla \cdot \boldsymbol{A})(\boldsymbol{x}) &= \frac{\kappa\mu_0}{4\pi}\int d^3x'\ \boldsymbol{j}(\boldsymbol{x}')\cdot\nabla\left(\frac{1}{|\boldsymbol{x}-\boldsymbol{x}'|}\right) \\ &= -\frac{\kappa\mu_0}{4\pi}\int d^3x'\ \boldsymbol{j}(\boldsymbol{x}')\cdot\nabla'\left(\frac{1}{|\boldsymbol{x}-\boldsymbol{x}'|}\right) \\ &= -\frac{\kappa\mu_0}{4\pi}\int d^3x'\ \nabla'\cdot\left(\frac{\boldsymbol{j}(\boldsymbol{x}')}{|\boldsymbol{x}-\boldsymbol{x}'|}\right) + \frac{\kappa\mu_0}{4\pi}\int d^3x'\ \frac{(\nabla'\cdot\boldsymbol{j})(\boldsymbol{x}')}{|\boldsymbol{x}-\boldsymbol{x}'|}\ .\end{aligned}$$

Der erste Term läßt sich in ein Oberflächenintegral verwandeln und verschwindet wegen der geforderten Abfallseigenschaften von $\boldsymbol{j}$; der zweite Term dagegen verschwindet aufgrund der Stationaritätsbedingung (5.3).

Als elementares Beispiel berechnen wir das Magnetfeld eines (unendlich langen) geraden Drahtes, der in Richtung des Einheitsvektors $\boldsymbol{e}$ durch den Ursprung verläuft und von einem Strom $I$ durchflossen wird. Man kann das Feld $\boldsymbol{B}$ aus Gl. (5.12) durch explizite Integration berechnen, doch sein Betrag ist viel einfacher durch Integration des Ampèreschen Gesetzes entlang eines Kreises $\gamma = \partial F$ vom Radius $r$ in der Ebene senkrecht zu $\boldsymbol{n}$ zu gewinnen. Aus Gl. (5.12) folgt nämlich zunächst, daß das Feld $\boldsymbol{B}(\boldsymbol{x})$ in Richtung von $\boldsymbol{e} \times \boldsymbol{x}$ zeigt, und für seinen Betrag $B(r)$ im Abstand $r$ vom Draht finden wir

$$2\pi r B(r) \;=\; \int_{\partial F} d\boldsymbol{x}\cdot\boldsymbol{B} \;=\; \kappa\mu_0 \int_F d\boldsymbol{f}\cdot\boldsymbol{j} \;=\; \kappa\mu_0\, I\ ,$$

d.h.

$$B(r) \;=\; \frac{\kappa\mu_0}{2\pi}\,\frac{I}{r}\ , \tag{5.13}$$

Durch Anwendung des Lorentz-Kraftgesetzes auf die Ladungsträger in einem weiteren, parallel verlaufenden (unendlich langen) geraden Draht läßt sich hieraus das Kraftgesetz (3.26) ableiten.

Als weiteres Beispiel betrachten wir das Magnetfeld einer (genügend langen) Spule, deren Achse in Richtung des Einheitsvektors $\boldsymbol{e}$ durch den Ursprung verläuft und die von einem Strom $I$ durchflossen wird. (Dabei wird angenommen, daß die Richtung des Stromes mit der Richtung von $\boldsymbol{e}$ gemäß der Rechte-Hand-Regel verknüpft ist.) Wieder kann man das Feld $\boldsymbol{B}$ aus Gl. (5.12) durch explizite Integration berechnen, und wieder ist sein Betrag viel einfacher durch Integration des Ampèreschen Gesetzes entlang eines geeigneten Weges $\gamma = \partial F$ zu gewinnen (vgl. Abb. 5.1). Ist nämlich die Spule nicht nur genügend lang, sondern auch genügend dicht gewickelt, so folgt aus Gl. (5.12) zunächst, daß das Feld im Innern der Spule annähernd homogen ist und in Richtung von $\boldsymbol{e}$ zeigt, und für seinen Betrag $B$ finden wir

$$lB \;=\; \int_{\partial F} d\boldsymbol{x}\cdot\boldsymbol{B} \;=\; \kappa\mu_0 \int_F d\boldsymbol{f}\cdot\boldsymbol{j} \;=\; \kappa\mu_0\, nI\ ,$$

da das Wegintegral im Außenraum der Spule einen vernachlässigbaren Beitrag liefert, d.h.

$$B \;=\; \kappa\mu_0\,\frac{nI}{l}\ , \tag{5.14}$$

wobei $n$ die Anzahl der Windungen und $l$ die Länge der Spule ist.

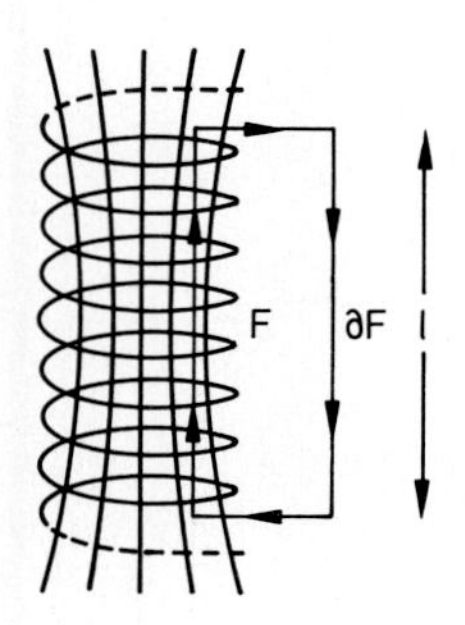


**Abb. 5.1**: Berechnung des magnetischen Feldes im Innern einer Spule durch Integration des Ampèreschen Gesetzes entlang des Weges $\gamma = \partial F$

Für eine in einem Gebiet um einen Punkt $\boldsymbol{x}_0$ herum lokalisierte Stromverteilung und für Abstände $|\boldsymbol{x}|$, die groß sind gegenüber der Ausdehnung dieses Gebietes, ergibt sich wieder eine Multipolentwicklung für $\boldsymbol{A}$, indem man die Taylor-Entwicklung (4.10) oder (4.26) der Funktion $1/|\boldsymbol{x}-\boldsymbol{x}'|$ in Gl. (5.11) einsetzt. Mit den schon zuvor verwendeten Bezeichnungen

$$\boldsymbol{r} = \boldsymbol{x} - \boldsymbol{x}_0 \quad , \quad \boldsymbol{r}' = \boldsymbol{x}' - \boldsymbol{x}_0 \tag{5.15}$$

lautet diese Entwicklung bis einschließlich zum zweiten Term

$$\begin{aligned}
\boldsymbol{A}(\boldsymbol{x}) &= \frac{\kappa\mu_0}{4\pi}\left(\frac{1}{r}\int d^3x'\, \boldsymbol{j}(\boldsymbol{x}') + \frac{1}{r^3}\int d^3x'\, \boldsymbol{j}(\boldsymbol{x}')(\boldsymbol{r}\cdot\boldsymbol{r}') + \ldots\right) \\
&= \frac{\kappa\mu_0}{4\pi}\left(\frac{1}{r}\int d^3x'\, \boldsymbol{j}(\boldsymbol{x}')\right. \\
&\quad + \frac{1}{2r^3}\int d^3x'\, \{\boldsymbol{j}(\boldsymbol{x}')(\boldsymbol{r}\cdot\boldsymbol{r}') + (\boldsymbol{j}(\boldsymbol{x}')\cdot\boldsymbol{r})\boldsymbol{r}'\} \\
&\quad + \frac{1}{2r^3}\int d^3x'\, \{\boldsymbol{j}(\boldsymbol{x}')(\boldsymbol{r}\cdot\boldsymbol{r}') - (\boldsymbol{j}(\boldsymbol{x}')\cdot\boldsymbol{r})\boldsymbol{r}'\} \\
&\quad \left. + \quad \ldots \quad \right) .
\end{aligned}$$

Aufgrund der Stationaritätsbedingung (5.3) und bei genügend schnellem Abfall der Stromdichte $\boldsymbol{j}$ im Unendlichen verschwinden die ersten beiden Integrale in dieser Entwicklung, denn Gl. (5.3) impliziert

$$0 = r_i' \nabla_p' j_p(\boldsymbol{x}') = \nabla_p' \left(r_i' j_p(\boldsymbol{x}')\right) - j_i(\boldsymbol{x}') ,$$

$$0 = r_i' r_k' \nabla_p' j_p(\boldsymbol{x}') = \nabla_p' \left(r_i' r_k' j_p(\boldsymbol{x}')\right) - r_k' j_i(\boldsymbol{x}') - r_i' j_k(\boldsymbol{x}') ,$$

d.h. für jedes Volumen $V$

$$\int_V d^3x'\; j_i(\boldsymbol{x}') \;=\; \int_{\partial V} d\boldsymbol{f}' \cdot r_i'\, \boldsymbol{j}(\boldsymbol{x}')\;,$$

$$\int_V d^3x'\; \{r_k'\, j_i(\boldsymbol{x}') + r_i'\, j_k(\boldsymbol{x}')\} \;=\; \int_{\partial V} d\boldsymbol{f}' \cdot r_i'\, r_k'\, \boldsymbol{j}(\boldsymbol{x}')\;,$$

und diese Oberflächenintegrale verschwinden, wenn $V$ der ganze Raum ist. Der verbleibende Term wird umgeformt, indem man das magnetische *Dipolmoment*

$$\boldsymbol{m} \;=\; -\frac{\kappa}{2} \int d^3x'\; \boldsymbol{j}(\boldsymbol{x}') \times \boldsymbol{r}' \tag{5.16}$$

einführt; damit ergibt sich (bei $\boldsymbol{r} \neq 0$) für das Vektorpotential

$$\boldsymbol{A}(\boldsymbol{x}) \;=\; \frac{\mu_0}{4\pi}\, \frac{\boldsymbol{m} \times \boldsymbol{r}}{r^3} \;+\; \ldots \tag{5.17}$$

und weiter wegen

$$\begin{aligned}
\boldsymbol{\nabla} \times \left(\frac{\boldsymbol{m} \times \boldsymbol{r}}{r^3}\right) \;&=\; \boldsymbol{m}\left(\boldsymbol{\nabla} \cdot \frac{\boldsymbol{r}}{r^3}\right) - (\boldsymbol{m} \cdot \boldsymbol{\nabla})\, \frac{\boldsymbol{r}}{r^3} \;=\; -\,(\boldsymbol{m} \cdot \boldsymbol{\nabla})\, \frac{\boldsymbol{r}}{r^3} \\
&=\; (\boldsymbol{m} \cdot \boldsymbol{\nabla})\, \boldsymbol{\nabla}\left(\frac{1}{r}\right) \;=\; \boldsymbol{\nabla}\left((\boldsymbol{m} \cdot \boldsymbol{\nabla})\, \frac{1}{r}\right) \;=\; -\,\boldsymbol{\nabla}\left(\frac{\boldsymbol{m} \cdot \boldsymbol{r}}{r^3}\right)
\end{aligned}$$

für das magnetische Feld

$$\boldsymbol{B}(\boldsymbol{x}) \;=\; -\,\frac{\mu_0}{4\pi}\, \boldsymbol{\nabla}\left(\frac{\boldsymbol{m} \cdot \boldsymbol{r}}{r^3}\right) \;+\; \ldots \tag{5.18}$$

In der Praxis fließen Ströme häufig in dünnen Drähten; die entsprechende Stromverteilung läßt sich dann in guter Näherung als fadenförmiger Ringstrom beschreiben, der in einer Leiterschleife $S$ mit der (aufgrund der Stationaritätsbedingung (5.3) entlang $S$ konstanten) Stromstärke $I$ fließt (vgl. Abb. 5.2). In diesem Fall nehmen die Gleichungen (5.11) und (5.12) die Form

$$\boldsymbol{A}(\boldsymbol{x}) \;=\; \frac{\kappa \mu_0\, I}{4\pi} \int_S \frac{d\boldsymbol{x}'}{|\boldsymbol{x} - \boldsymbol{x}'|} \tag{5.19}$$

und

$$\boldsymbol{B}(\boldsymbol{x}) \;=\; \frac{\kappa \mu_0\, I}{4\pi} \int_S \frac{d\boldsymbol{x}' \times (\boldsymbol{x} - \boldsymbol{x}')}{|\boldsymbol{x} - \boldsymbol{x}'|^3} \tag{5.20}$$

an; Gl. (5.20) ist das *Biot-Savartsche Gesetz.* In der Dipolnäherung erhält man wieder die Gleichungen (5.17) und (5.18), wobei das Dipolmoment $\boldsymbol{m}$ eines solchen fadenförmigen Ringstromes gleich

$$\boldsymbol{m} \;=\; \frac{\kappa I}{2} \int_S \boldsymbol{x}' \times d\boldsymbol{x}' \;=\; \kappa\, I\, \boldsymbol{F} \tag{5.21}$$

ist; $\boldsymbol{F}$ ist unabhängig vom gewählten Ursprung und ist als mittlerer Flächenvektor der vom Ringstrom umschlossenen Fläche zu deuten.

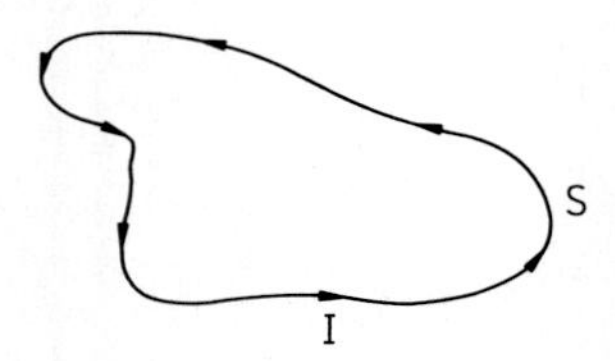


**Abb. 5.2**: Fadenförmig konzentrierter Strom in einer Leiterschleife $S$

Zum Abschluß betrachten wir, in Analogie zur Elektrostatik, das Verhalten einer Stromverteilung $\boldsymbol{j}$ in einem vorgegebenen äußeren Vektorpotential $\boldsymbol{A}$. Wieder nehmen wir an, daß die Stromverteilung $\boldsymbol{j}$ in einem Gebiet um einen Punkt $\boldsymbol{x}_0$ herum lokalisiert sei, und denken uns das Vektorpotential $\boldsymbol{A}$ als durch eine andere Stromverteilung erzeugt, die in einem anderen, von $\boldsymbol{x}_0$ weit entfernten Gebiet lokalisiert ist. Durch Taylor-Entwicklung von $\boldsymbol{A}$ um $\boldsymbol{x}_0$ finden wir dann für die Wechselwirkungsenergie zwischen Stromverteilung und Feld gemäß Gl. (3.78)

$$U^{\mathrm{WW}} = \kappa \int d^3x\, \boldsymbol{j}(\boldsymbol{x}) \cdot \boldsymbol{A}(\boldsymbol{x}) = \sum_{l=0}^{\infty} \frac{1}{l!} \int d^3x\, \boldsymbol{j}(\boldsymbol{x}) \cdot (\boldsymbol{r} \cdot \boldsymbol{\nabla})^l \boldsymbol{A}(\boldsymbol{x}) \Big|_{\boldsymbol{x}=\boldsymbol{x}_0} ,$$

oder nach Umformung entsprechend Gl. (5.17)

$$\begin{aligned} U^{\mathrm{WW}} &= \kappa \int d^3x\, \boldsymbol{j}(\boldsymbol{x}) \cdot \boldsymbol{A}(\boldsymbol{x}) = \frac{\kappa\mu_0}{4\pi} \int d^3x\, \boldsymbol{j}(\boldsymbol{x}) \cdot \left( \frac{\boldsymbol{m} \times \boldsymbol{r}}{r^3} + \ldots \right) \\ &= -\boldsymbol{m} \cdot \frac{\kappa\mu_0}{4\pi} \int d^3x\, \frac{\boldsymbol{j}(\boldsymbol{x}) \times (\boldsymbol{x} - \boldsymbol{x}_0)}{|\boldsymbol{x} - \boldsymbol{x}_0|^3} + \ldots . \end{aligned}$$

Insbesondere ergibt sich also für die Wechselwirkungsenergie eines Dipols bei $\boldsymbol{x}_0$ mit Dipolmoment $\boldsymbol{m}$ im äußeren Feld $\boldsymbol{B}$ gemäß Gl. (5.12)

$$U^{\mathrm{WW}} = \boldsymbol{m} \cdot \boldsymbol{B}(\boldsymbol{x}_0) . \tag{5.22}$$

Interessant ist das Vorzeichen dieses Ausdruckes, das sich von dem der Wechselwirkungsenergie eines elektrischen Dipols unterscheidet (vgl. Gl. (4.32)). Auch anderweitig bestehen gravierende Unterschiede. So darf die magnetische Wechselwirkungsenergie keinesfalls als mechanisches Potential für die Kräfte von äußeren Magnetfeldern auf starre Stromverteilungen angesehen werden, denn ein solches System ist nicht abgeschlossen. Bei starrer Bewegung der das Dipolmoment $\boldsymbol{m}$ erzeugenden Stromverteilung im äußeren Feld $\boldsymbol{B}$ muß nämlich zur Aufrechterhaltung der Ströme Energie nachgeliefert werden; andernfalls würden die auftretenden Induktionsspannungen diese Stromverteilung verändern.

Bei näherer Betrachtung zeigt sich ganz allgemein, daß $-U^{\mathrm{WW}}$, und nicht $U^{\mathrm{WW}}$, als mechanisches Potential fungiert. Zum Beweis betrachten wir die vom äußeren Feld $\boldsymbol{B}$ auf die um einen Vektor $\boldsymbol{a}$ verschobene Stromverteilung $\boldsymbol{j_a}$ ausgeübte Lorentz-Kraft:

$$\begin{aligned}
\boldsymbol{F}(\boldsymbol{a}) &= \kappa \int d^3x\ \boldsymbol{j_a}(\boldsymbol{x}) \times \boldsymbol{B}(\boldsymbol{x}) = \kappa \int d^3x\ \boldsymbol{j}(\boldsymbol{x}-\boldsymbol{a}) \times \boldsymbol{B}(\boldsymbol{x}) \\
&= \kappa \int d^3x\ \boldsymbol{j}(\boldsymbol{x}) \times \boldsymbol{B}(\boldsymbol{x}+\boldsymbol{a}) = \kappa \int d^3x\ \boldsymbol{j}(\boldsymbol{x}) \times (\boldsymbol{\nabla} \times \boldsymbol{A})(\boldsymbol{x}+\boldsymbol{a}) \\
&= \kappa \int d^3x\ \boldsymbol{j}(\boldsymbol{x}) \times (\boldsymbol{\nabla_a} \times \boldsymbol{A})(\boldsymbol{x}+\boldsymbol{a}) \,.
\end{aligned}$$

Um dies als Gradienten (bezüglich $\boldsymbol{a}$) des gesuchten mechanischen Potentials schreiben zu können, berechnen wir

$$\begin{aligned}
\boldsymbol{j}(\boldsymbol{x}) \times (\boldsymbol{\nabla_a} \times \boldsymbol{A})(\boldsymbol{x}+\boldsymbol{a}) &= \boldsymbol{\nabla_a}\left(\boldsymbol{j}(\boldsymbol{x}) \cdot \boldsymbol{A}(\boldsymbol{x}+\boldsymbol{a})\right) - \left(\boldsymbol{j}(\boldsymbol{x}) \cdot \boldsymbol{\nabla_a}\right) \boldsymbol{A}(\boldsymbol{x}+\boldsymbol{a}) \\
&= \boldsymbol{\nabla_a}\left(\boldsymbol{j}(\boldsymbol{x}) \cdot \boldsymbol{A}(\boldsymbol{x}+\boldsymbol{a})\right) - \left(\boldsymbol{j}(\boldsymbol{x}) \cdot \boldsymbol{\nabla}\right) \boldsymbol{A}(\boldsymbol{x}+\boldsymbol{a}) \\
&= \boldsymbol{\nabla_a}\left(\boldsymbol{j}(\boldsymbol{x}) \cdot \boldsymbol{A}(\boldsymbol{x}+\boldsymbol{a})\right) - \nabla_i\left(j_i(\boldsymbol{x})\, \boldsymbol{A}(\boldsymbol{x}+\boldsymbol{a})\right) ,
\end{aligned}$$

wobei im letzten Schritt die Stationaritätsbedingung (5.3) benutzt wurde. Der Beitrag vom zweiten Term läßt sich in ein Oberflächenintegral verwandeln und verschwindet wegen der geforderten Abfallseigenschaften von $\boldsymbol{j}$, und es folgt

$$\begin{aligned}
\boldsymbol{F}(\boldsymbol{a}) &= \kappa \boldsymbol{\nabla_a} \left( \int d^3x\ \boldsymbol{j}(\boldsymbol{x}) \cdot \boldsymbol{A}(\boldsymbol{x}+\boldsymbol{a}) \right) = \kappa \boldsymbol{\nabla_a} \left( \int d^3x\ \boldsymbol{j}(\boldsymbol{x}-\boldsymbol{a}) \cdot \boldsymbol{A}(\boldsymbol{x}) \right) \\
&= \kappa \boldsymbol{\nabla_a} \left( \int d^3x\ \boldsymbol{j_a}(\boldsymbol{x}) \cdot \boldsymbol{A}(\boldsymbol{x}) \right) = -\boldsymbol{\nabla_a}\left(-U^{\mathrm{WW}}(\boldsymbol{a})\right) \,.
\end{aligned}$$

Im Gleichgewicht ist also die magnetische Wechselwirkungsenergie maximal und nicht, wie die elektrische Wechselwirkungsenergie, minimal. In der Tat stoßen sich entgegengesetzt gerichtete fadenförmige Ströme ab, während sich entgegengesetzte Punktladungen anziehen; auch sucht ein stromdurchflossener Leiter im äußeren Magnetfeld einen möglichst großen Fluß zu umfassen.

## 5.2 Stationäre und quasistationäre fadenförmige Stromverteilungen

Gegeben sei ein System von fadenförmigen Ringströmen $I_i$, die entlang von Leiterschleifen $S_i$ fließen. Mit

$$\Phi_i^{\mathrm{m}} = \int_{F_i} d\boldsymbol{f} \cdot \boldsymbol{B} = \int_{S_i} d\boldsymbol{x} \cdot \boldsymbol{A} \tag{5.23}$$

bezeichnen wir den magnetischen Fluß durch die Leiterschleife $S_i$, gemessen über irgendeine Fläche $F_i$ mit Rand $\partial F_i = S_i$. Für die magnetostatische Gesamtenergie erhalten wir dann aus Gl. (3.65)

$$U^{\mathrm{m}} = \frac{\kappa}{2} \int d^3x\ \boldsymbol{j} \cdot \boldsymbol{A} = \frac{\kappa}{2} \sum_i I_i \int_{S_i} d\boldsymbol{x} \cdot \boldsymbol{A} \,,$$

d.h.

$$U^{\mathrm{m}} \;=\; \frac{\kappa}{2} \sum_i I_i \, \Phi_i^{\mathrm{m}} \;. \tag{5.24}$$

Ferner hängen die Flüsse $\Phi_i^{\mathrm{m}}$ durch die $S_i$ linear von den Strömen $I_j$ entlang der $S_j$ ab, denn aus Gl. (5.19) folgt

$$\boldsymbol{A}(\boldsymbol{x}) \;=\; \frac{\kappa\mu_0}{4\pi} \sum_j I_j \int_{S_j} \frac{d\boldsymbol{x}'}{|\boldsymbol{x}-\boldsymbol{x}'|} \;,$$

also

$$\Phi_i^{\mathrm{m}} \;=\; \int_{S_i} d\boldsymbol{x} \cdot \boldsymbol{A}(\boldsymbol{x}) \;=\; \frac{\kappa\mu_0}{4\pi} \sum_j I_j \int_{S_i} d\boldsymbol{x} \cdot \int_{S_j} d\boldsymbol{x}' \, \frac{1}{|\boldsymbol{x}-\boldsymbol{x}'|} \;,$$

d.h.

$$\Phi_i^{\mathrm{m}} \;=\; \frac{1}{\kappa} \sum_j L_{ij} \, I_j \tag{5.25}$$

und daher

$$U^{\mathrm{m}} \;=\; \frac{1}{2} \sum_{i,j} L_{ij} \, I_i \, I_j \;, \tag{5.26}$$

mit Koeffizienten $L_{ij}$, die als *Induktivitäten* bezeichnet werden und sich zur *Induktivitätsmatrix* zusammenfassen lassen; genauer nennt man die Hauptdiagonalelemente $L_{ij}$ $(i=j)$ *Selbstinduktivitäten* und die Nebendiagonalelemente $L_{ij}$ $(i \neq j)$ *Wechselinduktivitäten*. Explizit gilt

$$L_{ij} \;=\; \frac{\kappa^2\mu_0}{4\pi} \int_{S_i} d\boldsymbol{x} \cdot \int_{S_j} d\boldsymbol{x}' \, \frac{1}{|\boldsymbol{x}-\boldsymbol{x}'|} \;. \tag{5.27}$$

Insbesondere ist also die Induktivitätsmatrix symmetrisch.

Als Beispiel berechnen wir die Induktivität einer (genügend langen und genügend dicht gewickelten) Spule: Kombination der Gleichungen (5.14), (5.23) und (5.25) ergibt

$$\frac{1}{\kappa} L I \;=\; \Phi^{\mathrm{m}} \;=\; nFB \;=\; \kappa\mu_0 \, \frac{n^2 F I}{l} \;,$$

d.h.

$$L \;=\; \kappa^2 \mu_0 \, \frac{n^2 F}{l} \;. \tag{5.28}$$

Die bislang angestellten Überlegungen sind – wovon man sich leicht überzeugen kann – nicht nur im Rahmen der Magnetostatik zutreffend, sondern behalten auch für quasistationäre Felder ihre Gültigkeit. Betrachtet man insbesondere ein System von zeitlich (langsam) veränderlichen fadenförmigen Ringströmen $I_i$, die entlang festgehaltener Leiterschleifen $S_i$ fließen (so daß die $L_{ij}$ gemäß Gl. (5.27) konstant bleiben), so bleiben zum einen die Ausdrücke (5.24) und (5.26) für die magnetische Feldenergie unverändert bestehen, und zum anderen ist nach dem Induktionsgesetz die induzierte Spannung in der $i$-ten Leiterschleife

$$U_i^{\text{ind}} = -\kappa \frac{d\Phi_i^{\text{m}}}{dt} = -\sum_j L_{ij} \frac{dI_j}{dt} . \tag{5.29}$$

Dies erklärt die Bezeichnung „Induktivitäten" für die $L_{ij}$.

Wir betrachten nun ein System von starren Leiterschleifen $S_i$, die von fadenförmigen Ringströmen $I_i$ durchflossen werden. Natürlich fließen diese Ströme i.a. nicht von selbst, sondern sie werden von zusätzlichen äußeren – man sagt auch eingeprägten – Spannungen $V_i$ angetrieben. Außerdem besitzt jede Leiterschleife $S_i$ i.a. auch eine Kapazität $C_i$, die wir uns in Form eines Kondensators konzentriert denken. Streng genommen ist also $S_i$ keine vollständig geschlossene Schleife und $I_i$ kein wirklicher Ringstrom; vielmehr ist $I_i$ gerade die zeitliche Änderung der Ladung $Q_i$ auf dem $i$-ten Kondensator:

$$I_i = \frac{dQ_i}{dt} . \tag{5.30}$$

Ferner beschränken wir uns auf den in der Technik wichtigen Fall, in dem die Stromkreise untereinander induktiv, nicht aber kapazitiv gekoppelt sind; die in Kapitel 4 eingeführte Kapazitätsmatrix ist also diagonal. (Zwei derart gekoppelte Stromkreise sind schematisch in Abb. 5.3 dargestellt.) Nun stellen die eingeprägten Spannungen äußere Energiequellen dar, und die von ihnen abgegebene Energie $\int dt\, W$ kann entweder in elektrische Feldenergie $U^{\text{e}}$ oder magnetische Feldenergie $U^{\text{m}}$ umgewandelt oder aber als Joulesche Wärme verbraucht werden:

$$W = \sum_i V_i I_i = \frac{d}{dt}\{U^{\text{e}} + U^{\text{m}}\} + \sum_i R_i I_i^2 . \tag{5.31}$$

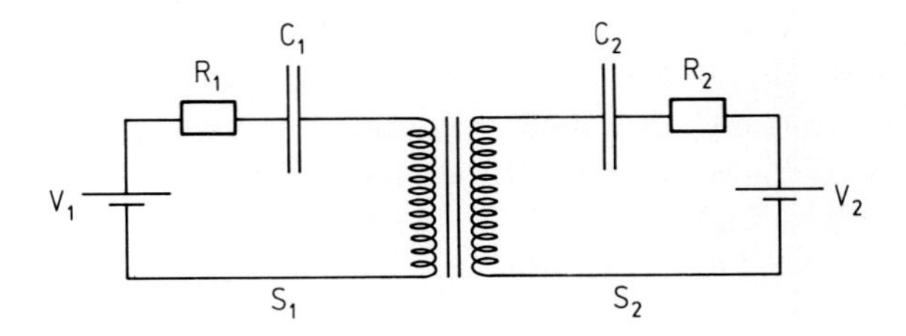


**Abb. 5.3**: Schematische Darstellung zweier induktiv gekoppelter Stromkreise

Mit den im letzten Kapitel und in diesem Kapitel gewonnenen Ausdrücken für $U^{\text{e}}$ und $U^{\text{m}}$ ergibt sich somit

$$\begin{aligned} W &= \sum_i V_i I_i = \frac{d}{dt}\left\{\frac{1}{2}\sum_i \frac{Q_i^2}{C_i} + \frac{1}{2}\sum_{i,j} L_{ij} I_i I_j\right\} + \sum_i R_i I_i^2 \\ &= \sum_i \frac{Q_i}{C_i}\frac{dQ_i}{dt} + \sum_{i,j} L_{ij} I_i \frac{dI_j}{dt} + \sum_i R_i I_i^2 . \end{aligned}$$

Nun entspricht zu jedem einzelnen Zeitpunkt $t$ jede Wahl von Werten für die Ströme $I_i(t)$ einer physikalisch realisierbaren Konfiguration, so daß wir aus dieser Beziehung (und mit Gl. (5.30)) auf die Gültigkeit des folgenden Gleichungssystems schließen dürfen:

$$\sum_j L_{ij} \frac{dI_j}{dt} + R_i I_i + \frac{Q_i}{C_i} = V_i \, . \tag{5.32}$$

Diese Gleichungen besagen, daß längs jeder Leiterschleife die Summe von Induktionsspannung, Spannungsabfall am Ohmschen Widerstand, Kondensatorspannung und eingeprägter Spannung verschwindet. Man hätte diese Gleichungen natürlich auch direkt – ohne den Weg über die Energiebilanz – herleiten können. Durch Differentiation nach der Zeit erhalten wir ein System von gewöhnlichen linearen Differentialgleichungen zweiter Ordnung für die Ströme $I_i$:

$$\sum_j L_{ij} \frac{d^2 I_j}{dt^2} + R_i \frac{dI_i}{dt} + \frac{I_i}{C_i} = \frac{dV_i}{dt} \, . \tag{5.33}$$

Im einfachsten Fall eines einzigen Stromkreises gilt

$$\frac{d^2 I}{dt^2} + 2\rho \frac{dI}{dt} + \omega_0^2 I = \frac{1}{L} \frac{dV}{dt} \tag{5.34}$$

mit

$$\omega_0 = \frac{1}{\sqrt{LC}} \quad , \quad \rho = \frac{R}{2L} \, . \tag{5.35}$$

Man erkennt den bekannten Wert für die Eigenfrequenz eines Schwingkreises und sieht, daß die Dämpfung vom Ohmschen Widerstand herrührt.

Lineare Differentialgleichungen solcher Art gelten allgemein in der Theorie linearer Netzwerke, bei denen die Ströme beliebig verzweigt und auch induktiv aneinander gekoppelt sein dürfen. Eine ausführliche Darstellung dieser interessanten und technisch wichtigen Theorie findet man in [Meetz, Engl].

Wenn schließlich das System der Stromkreise nicht starr ist, so können die $L_{ij}$ und die $C_i$ zeitlich veränderlich sein. In diesem Fall taucht in der Energiebilanz auch geleistete Arbeit $A$ auf. Wir betrachten den technisch wichtigsten Fall

$$\frac{dL_{ij}}{dt} \neq 0 \quad , \quad \frac{dC_i}{dt} = 0 \, ; \tag{5.36}$$

ein Beispiel ist der Elektromotor. In diesem Fall ist Gl. (5.29) für die Induktionsspannung zu ersetzen durch

$$U_i^{\text{ind}} = -\kappa \frac{d\Phi_i^{\text{m}}}{dt} = -\sum_j \left( \frac{dL_{ij}}{dt} I_j + L_{ij} \frac{dI_j}{dt} \right) \, . \tag{5.37}$$

Anstelle von Gl. (5.32) haben wir dann als Spannungsbilanz

$$\sum_j \frac{dL_{ij}}{dt} I_j + \sum_j L_{ij} \frac{dI_j}{dt} + R_i I_i + \frac{Q_i}{C_i} = V_i \, . \tag{5.38}$$

Multiplikation mit $I_i$ und Summation über $i$ ergibt

$$W = \sum_i V_i I_i = \sum_i \frac{Q_i}{C_i}\frac{dQ_i}{dt} + \sum_{i,j} L_{ij} I_i \frac{dI_j}{dt} + \sum_i R_i I_i^2 + \sum_{i,j} \frac{dL_{ij}}{dt} I_i I_j$$

$$= \frac{d}{dt}\left\{\frac{1}{2}\sum_i \frac{Q_i^2}{C_i} + \frac{1}{2}\sum_{i,j} L_{ij} I_i I_j\right\} + \sum_i R_i I_i^2 + \sum_{i,j} \frac{dL_{ij}}{dt} I_i I_j \ .$$

Die Leistungsbilanz nimmt nun also die Form

$$W = \sum_i V_i I_i = \frac{d}{dt}\{U^{\mathrm{e}} + U^{\mathrm{m}}\} + \sum_i R_i I_i^2 + A \tag{5.39}$$

an, die an die Stelle von Gl. (5.31) tritt, wobei wir für die geleistete Arbeit $A$ den Ausdruck

$$A = \sum_{i,j} \frac{dL_{ij}}{dt} I_i I_j \tag{5.40}$$

gewinnen. Wenn beispielsweise Arbeit dadurch geleistet werden kann, daß, wie bei einem Elektromotor, ein Teil der Anordnung um eine feste Achse gegen den anderen drehbar ist, so ist

$$A = D\frac{d\varphi}{dt} \ , \tag{5.41}$$

und

$$\frac{dL_{ij}}{dt} = \frac{dL_{ij}}{d\varphi}\frac{d\varphi}{dt} \ , \tag{5.42}$$

wobei $\varphi$ den Drehwinkel und $D$ das Drehmoment bedeutet. Also ist

$$D = \sum_{i,j} \frac{dL_{ij}}{d\varphi} I_i I_j \ . \tag{5.43}$$

Wieder sieht man, wie $-U^{\mathrm{m}}$ und nicht etwa $U^{\mathrm{m}}$ als mechanisches Potential auftritt.

# 6 Elektromagnetische Wellen

## 6.1 Ebene elektromagnetische Wellen

Die Maxwellschen Gleichungen (3.5-a)–(3.5-d) lauten im Vakuum, also in Gebieten, in denen es keine Quellen gibt,

$$\boldsymbol{\nabla}\cdot\boldsymbol{E} = 0 \quad , \quad \boldsymbol{\nabla}\times\boldsymbol{E} = -\kappa\,\frac{\partial\boldsymbol{B}}{\partial t}\;, \tag{6.1}$$

$$\boldsymbol{\nabla}\cdot\boldsymbol{B} = 0 \quad , \quad \boldsymbol{\nabla}\times\boldsymbol{B} = \frac{1}{\kappa c^2}\,\frac{\partial\boldsymbol{E}}{\partial t}\;. \tag{6.2}$$

(Dabei wurde noch die Beziehung (3.27) ausgenutzt.) Dieses Gleichungssystem hat wellenartige Lösungen, denn bildet man die Rotation der jeweils zweiten Gleichung, so erhält man mit Hilfe der jeweils ersten Gleichung

$$\begin{aligned}
\Delta\boldsymbol{E} &= \Delta\boldsymbol{E} - \boldsymbol{\nabla}(\boldsymbol{\nabla}\cdot\boldsymbol{E}) = -\boldsymbol{\nabla}\times(\boldsymbol{\nabla}\times\boldsymbol{E}) = \kappa\,\boldsymbol{\nabla}\times\frac{\partial\boldsymbol{B}}{\partial t} \\
&= \kappa\,\frac{\partial}{\partial t}\boldsymbol{\nabla}\times\boldsymbol{B} = \frac{1}{c^2}\,\frac{\partial^2\boldsymbol{E}}{\partial t^2}\;, \\
\Delta\boldsymbol{B} &= \Delta\boldsymbol{B} - \boldsymbol{\nabla}(\boldsymbol{\nabla}\cdot\boldsymbol{B}) = -\boldsymbol{\nabla}\times(\boldsymbol{\nabla}\times\boldsymbol{B}) = -\frac{1}{\kappa c^2}\boldsymbol{\nabla}\times\frac{\partial\boldsymbol{E}}{\partial t} \\
&= -\frac{1}{\kappa c^2}\,\frac{\partial}{\partial t}\boldsymbol{\nabla}\times\boldsymbol{E} = \frac{1}{c^2}\,\frac{\partial^2\boldsymbol{B}}{\partial t^2}\;,
\end{aligned}$$

und damit die *Wellengleichung* sowohl für $\boldsymbol{E}$ als auch für $\boldsymbol{B}$:

$$\Box\boldsymbol{E} \equiv \left(\frac{1}{c^2}\frac{\partial^2}{\partial t^2} - \Delta\right)\boldsymbol{E} = 0\;, \tag{6.3}$$

$$\Box\boldsymbol{B} \equiv \left(\frac{1}{c^2}\frac{\partial^2}{\partial t^2} - \Delta\right)\boldsymbol{B} = 0\;. \tag{6.4}$$

Führt man wie in Kapitel 3 ein skalares Potential $\phi$ und ein Vektorpotential $\boldsymbol{A}$ derart ein, daß

$$\boldsymbol{E} = -\boldsymbol{\nabla}\phi - \kappa\frac{\partial \boldsymbol{A}}{\partial t}\,, \tag{6.5}$$

$$\boldsymbol{B} = \boldsymbol{\nabla}\times\boldsymbol{A}\,, \tag{6.6}$$

und unterwirft man die Potentiale außerdem noch der Lorentz-Eichung

$$\boldsymbol{\nabla}\cdot\boldsymbol{A} + \frac{1}{\kappa c^2}\frac{\partial\phi}{\partial t} = 0\,, \tag{6.7}$$

so erfüllen auch sie im Bereich außerhalb der Quellen die Wellengleichung:

$$\Box\phi \equiv \left(\frac{1}{c^2}\frac{\partial^2}{\partial t^2} - \Delta\right)\phi = 0\,, \tag{6.8}$$

$$\Box\boldsymbol{A} \equiv \left(\frac{1}{c^2}\frac{\partial^2}{\partial t^2} - \Delta\right)\boldsymbol{A} = 0\,. \tag{6.9}$$

Den in den Gleichungen (6.3), (6.4), (6.8) und (6.9) auftretenden Differentialoperator zweiter Ordnung

$$\Box = \frac{1}{c^2}\frac{\partial^2}{\partial t^2} - \Delta \tag{6.10}$$

nennt man den *Wellenoperator* oder auch *d'Alembert-Operator.*

Alle diese Gleichungen haben ebene Wellenlösungen:

$$\boldsymbol{E}(t,\boldsymbol{x}) = \boldsymbol{E}_0 \exp\left(-i(\omega t - \boldsymbol{k}\cdot\boldsymbol{x})\right)\,, \tag{6.11}$$

$$\boldsymbol{B}(t,\boldsymbol{x}) = \boldsymbol{B}_0 \exp\left(-i(\omega t - \boldsymbol{k}\cdot\boldsymbol{x})\right)\,, \tag{6.12}$$

und

$$\phi(t,\boldsymbol{x}) = \phi_0 \exp\left(-i(\omega t - \boldsymbol{k}\cdot\boldsymbol{x})\right)\,, \tag{6.13}$$

$$\boldsymbol{A}(t,\boldsymbol{x}) = \boldsymbol{A}_0 \exp\left(-i(\omega t - \boldsymbol{k}\cdot\boldsymbol{x})\right)\,, \tag{6.14}$$

wobei

$$\omega^2 = c^2\boldsymbol{k}^2\,. \tag{6.15}$$

Genauer beschreibt diese Lösung eine mit der Geschwindigkeit $c$ in Richtung $\boldsymbol{k}/k$ fortlaufende ebene Welle mit der Wellenlänge $\lambda = 2\pi/k$ und der Kreisfrequenz $\omega(\boldsymbol{k}) = ck$, wobei $k = |\boldsymbol{k}|$. Phasen- und Gruppengeschwindigkeit elektromagnetischer Wellen im Vakuum sind also, unabhängig von der Wellenlänge bzw. der Frequenz, gleich der universellen Geschwindigkeit $c$:

$$v_{\mathrm{ph}} = \frac{\omega(\boldsymbol{k})}{|\boldsymbol{k}|} = c \quad , \quad v_{\mathrm{gr}} = |\boldsymbol{\nabla}_{\boldsymbol{k}}\,\omega(\boldsymbol{k})| = c\,. \tag{6.16}$$

Mit anderen Worten: Elektromagnetische Wellen im Vakuum sind *dispersionsfrei.*

Nicht jede Lösung der Wellengleichungen (6.3) und (6.4) allerdings ist auch Lösung der Maxwellschen Gleichungen (6.1) und (6.2). Um ebene Wellenlösungen der Maxwellschen Gleichungen anzugeben, setzen wir die Gleichungen (6.11) und (6.12) in die Gleichungen (6.1) und (6.2) ein und finden die folgenden Bedingungen:

$$\boldsymbol{k}\cdot\boldsymbol{E}_0 = 0 \quad , \quad \boldsymbol{k}\cdot\boldsymbol{B}_0 = 0 \, , \tag{6.17}$$

$$\boldsymbol{k}\times\boldsymbol{E}_0 = \kappa\omega\,\boldsymbol{B}_0 \quad , \quad \boldsymbol{k}\times\boldsymbol{B}_0 = -\frac{\omega}{\kappa c^2}\,\boldsymbol{E}_0 \, . \tag{6.18}$$

Gl. (6.17) bedeutet, daß elektromagnetische Wellen *transversal* sind: $\boldsymbol{E}$ und $\boldsymbol{B}$ schwingen senkrecht zur Ausbreitungsrichtung $\boldsymbol{k}/k$. Außerdem folgt Gl. (6.17) aus Gl. (6.18), welche es gestattet, $\boldsymbol{B}_0$ durch $\boldsymbol{E}_0$ oder $\boldsymbol{E}_0$ durch $\boldsymbol{B}_0$ auszudrücken, wobei aus Konsistenzgründen wieder Gl. (6.15) gelten muß:

$$\boldsymbol{E}_0 = -\frac{\kappa c^2}{\omega}\,\boldsymbol{k}\times\boldsymbol{B}_0 = -\frac{c^2}{\omega^2}\,\boldsymbol{k}\times(\boldsymbol{k}\times\boldsymbol{E}_0) = -\frac{c^2}{\omega^2}\left(\boldsymbol{k}(\boldsymbol{k}\cdot\boldsymbol{E}_0) - \boldsymbol{k}^2\boldsymbol{E}_0\right) ,$$

$$\boldsymbol{B}_0 = +\frac{1}{\kappa\omega}\,\boldsymbol{k}\times\boldsymbol{E}_0 = -\frac{c^2}{\omega^2}\,\boldsymbol{k}\times(\boldsymbol{k}\times\boldsymbol{B}_0) = -\frac{c^2}{\omega^2}\left(\boldsymbol{k}(\boldsymbol{k}\cdot\boldsymbol{B}_0) - \boldsymbol{k}^2\boldsymbol{B}_0\right) .$$

Ebene Wellenlösungen der Maxwellschen Gleichungen haben also die Form (6.11) und (6.12) mit $|\boldsymbol{B}| = |\boldsymbol{E}|/\kappa c$, wobei das Dispersionsgesetz (6.15) gilt und wobei $\boldsymbol{k}$, $\boldsymbol{E}$ und $\boldsymbol{B}$ stets ein rechtshändiges Orthogonalsystem bilden.

Physikalische Lösungen der Maxwellschen Gleichungen müssen natürlich reell sein. Wegen der reellen Linearität der Maxwellschen Gleichungen erhält man reelle Lösungen einfach als Realteile von komplexen Lösungen; insbesondere sind also die Gleichungen (6.11)–(6.14) dahingehend zu verstehen, daß die physikalischen ebenen Wellenlösungen durch die Realteile der jeweiligen rechten Seite gegeben sind.

Zur Vereinfachung der weiteren Diskussion legen wir nun $\boldsymbol{k}$ in 3-Richtung. Dann ist gemäß Gl. (6.18)

$$\boldsymbol{k} = k\boldsymbol{e}_3 \quad , \quad \boldsymbol{E}_0 = a\boldsymbol{e}_1 + b\boldsymbol{e}_2 \quad , \quad \boldsymbol{B}_0 = \frac{1}{\kappa c}(a\boldsymbol{e}_2 - b\boldsymbol{e}_1) \, . \tag{6.19}$$

Wenn $a$ und $b$ bis höchstens auf ein Vorzeichen die gleiche Phase haben, also $a = |a|\exp(i\varphi)$ und $b = \pm|b|\exp(i\varphi)$, so ist die Welle *linear polarisiert,* denn es gilt

$$\begin{aligned} E_1(t,\boldsymbol{x}) &= |a| \;\exp(-i(\omega t - kx_3 - \varphi)) \, , \\ E_2(t,\boldsymbol{x}) &= \pm|b| \exp(-i(\omega t - kx_3 - \varphi)) \, , \end{aligned} \tag{6.20}$$

und analog für $\boldsymbol{B}$, d.h. elektrischer und magnetischer Feldvektor schwingen jeweils längs einer Geraden in der 1–2-Ebene, deren Orientierung relativ zur 1-Achse und zur 2-Achse durch den Winkel $\theta = \arctan(\pm|b|/|a|)$ bestimmt ist. Im allgemeinen sind $a$ und $b$ jedoch komplexe Zahlen mit voneinander unabhängigen Phasen; wir schreiben dann $a = |a|\exp(i\alpha)$ und $b = |b|\exp(i\beta)$. In diesem Fall ist die Welle *elliptisch polarisiert,* denn es gilt

$$\begin{aligned}
&|b|^2 (\mathrm{Re}\, E_1)^2 \;-\; 2\mathrm{Re}(a^* b)\, \mathrm{Re}\, E_1\, \mathrm{Re}\, E_2 \;+\; |a|^2 (\mathrm{Re}\, E_2)^2 \\
&\quad = \; |a|^2 |b|^2 \Big\{ \cos^2(\omega t - k x_3 - \alpha) + \cos^2(\omega t - k x_3 - \beta) \\
&\qquad\qquad - 2 \cos(\alpha - \beta) \cos(\omega t - k x_3 - \alpha) \cos(\omega t - k x_3 - \beta)) \Big\} \\
&\quad = \; \frac{1}{2} |a|^2 |b|^2 \Big\{ 2 + \cos(2(\omega t - k x_3 - \alpha)) + \cos(2(\omega t - k x_3 - \beta)) \\
&\qquad\qquad - 2 \cos^2(\alpha - \beta) - 2 \cos(\alpha - \beta) \cos(2(\omega t - k x_3) - \alpha - \beta) \Big\} \\
&\quad = \; |a|^2 |b|^2 \sin^2(\alpha - \beta) \\
&\quad = \; (\mathrm{Im}(a^* b))^2 \;,
\end{aligned}$$

also

$$|b|^2 (\mathrm{Re}\, E_1)^2 \;-\; 2\mathrm{Re}(a^* b)\, \mathrm{Re}\, E_1\, \mathrm{Re}\, E_2 \;+\; |a|^2 (\mathrm{Re}\, E_2)^2 \;=\; (\mathrm{Im}\,(a^* b))^2 \;, \tag{6.21}$$

und analog für $\boldsymbol{B}$, d.h. elektrischer und magnetischer Feldvektor laufen auf einer Ellipse in der 1–2-Ebene um, deren Orientierung relativ zur 1-Achse und zur 2-Achse durch den Winkel

$$\theta \;=\; \frac{1}{2} \arctan \left( \frac{2\,|a|\,|b|}{|a|^2 - |b|^2} \cos(\alpha - \beta) \right) \tag{6.22}$$

bestimmt ist und deren große Halbachse $a_>$ und kleine Halbachse $a_<$ durch

$$\begin{aligned}
a_>^2 \;&=\; \frac{2\,|a|^2 |b|^2 \sin^2(\alpha - \beta)}{|a|^2 + |b|^2 - \sqrt{\left(|a|^2 - |b|^2\right)^2 + 4\,|a|^2 |b|^2 \cos^2(\alpha - \beta)}} \;, \\
a_<^2 \;&=\; \frac{2\,|a|^2 |b|^2 \sin^2(\alpha - \beta)}{|a|^2 + |b|^2 + \sqrt{\left(|a|^2 - |b|^2\right)^2 + 4\,|a|^2 |b|^2 \cos^2(\alpha - \beta)}} \;.
\end{aligned} \tag{6.23}$$

gegeben sind. Ein besonders wichtiger Spezialfall liegt vor, wenn $|b| = |a|$ und $\beta = \alpha \pm \pi/2$, wenn also $b = \pm ia$ ist. In diesem Fall ist die Welle *zirkular polarisiert*, d.h. elektrischer Feldvektor und magnetischer Feldvektor laufen auf einem Kreis in der 1–2-Ebene um. (In der Tat zeigt Gl. (6.23), daß beide Bedingungen zusammen äquivalent sind zu der Bedingung $a_> = a_<$.) Für die Richtung der Rotation gilt dabei die folgende Konvention: Blickt man gegen die Ausbreitungsrichtung $\boldsymbol{k}$ in die Lichtwelle hinein, so spricht man

> bei Rotation von $\boldsymbol{E}$ und $\boldsymbol{B}$ gegen den Uhrzeigersinn von *linkszirkularer Polarisation,* auch von *Rechtshändigkeit* oder von *positiver Helizität;* dies bedeutet für $\boldsymbol{k} = k\boldsymbol{e}_3$
>
> $$\boldsymbol{E}_0 \;=\; a\,(\boldsymbol{e}_1 + i\boldsymbol{e}_2) \quad , \quad \boldsymbol{B}_0 \;=\; \frac{a}{\kappa c}\,(\boldsymbol{e}_2 - i\boldsymbol{e}_1) \;,$$

bei Rotation von $\boldsymbol{E}$ und $\boldsymbol{B}$ im Uhrzeigersinn von *rechtszirkularer Polarisation*, auch von *Linkshändigkeit* oder von *negativer Helizität;* dies bedeutet für $\boldsymbol{k} = k\boldsymbol{e}_3$

$$\boldsymbol{E}_0 = a(\boldsymbol{e}_1 - i\boldsymbol{e}_2) \quad , \quad \boldsymbol{B}_0 = \frac{a}{\kappa c}(\boldsymbol{e}_2 + i\boldsymbol{e}_1) \, .$$

Die hier benutzten Begriffe der Händigkeit, auch *Chiralität* genannt, und der Helizität sind besonders in der relativistischen Quantenmechanik gebräuchlich; dort ist der Helizitätsvektor eines masselosen Teilchens stets entweder parallel zur Flugrichtung (Helizität +1) oder antiparallel zur Flugrichtung (Helizität −1). Speziell gilt dies für Photonen. Für zirkular polarisierte, ebene elektromagnetische Wellen (die man sich ja, im Sinne von Vielteilchenzuständen, aus lauter Photonen im gleichen Einteilchenzustand aufgebaut vorstellen kann) ist die so definierte Orientierung des Helizitätsvektors mit dem Drehsinn der Feldvektoren $\boldsymbol{E}$ und $\boldsymbol{B}$, relativ zur Ausbreitungsrichtung $\boldsymbol{k}$, durch die Rechte-Hand-Regel verknüpft.

Eine beliebig polarisierte ebene elektromagnetische Welle läßt sich stets durch lineare Superposition linear polarisierter Wellen (Basis z.B. $\boldsymbol{e}_1$, $\boldsymbol{e}_2$) oder auch durch lineare Superposition zirkular polarisierter Wellen (Basis z.B. $(\boldsymbol{e}_1 + i\boldsymbol{e}_2)/\sqrt{2}$, $(\boldsymbol{e}_1 - i\boldsymbol{e}_2)/\sqrt{2}$ ) darstellen.

Energiedichte $\rho^E$ und Energiestromdichte $\boldsymbol{j}^E$ (d.h. Poynting-Vektor $\boldsymbol{S}$) einer ebenen elektromagnetischen Welle ergeben sich im zeitlichen (oder räumlichen) Mittel mit Hilfe der nützlichen Identität

$$\Big\langle \mathrm{Re}\,(A_0 \exp(-i\omega t))\ \mathrm{Re}\,(B_0 \exp(-i\omega t)) \Big\rangle = \frac{1}{2}\,\mathrm{Re}\,(A_0^* B_0) \tag{6.24}$$

zu

$$\langle \rho^E \rangle = \frac{\epsilon_0}{2}\big\langle (\mathrm{Re}\boldsymbol{E})^2 \big\rangle + \frac{1}{2\mu_0}\big\langle (\mathrm{Re}\boldsymbol{B})^2 \big\rangle = \frac{\epsilon_0}{4}\,\mathrm{Re}\,(\boldsymbol{E}_0^*\boldsymbol{E}_0) + \frac{1}{4\mu_0}\,\mathrm{Re}\,(\boldsymbol{B}_0^*\boldsymbol{B}_0) \ ,$$

$$\langle \boldsymbol{j}^E \rangle = \frac{1}{\kappa\mu_0}\big\langle \mathrm{Re}\boldsymbol{E} \times \mathrm{Re}\boldsymbol{B} \big\rangle = \frac{1}{2\kappa\mu_0}\,\mathrm{Re}\,(\boldsymbol{E}_0^* \times \boldsymbol{B}_0) \ ,$$

d.h. mit Gl. (6.15) und (6.18)

$$\langle \rho^E \rangle = \frac{\epsilon_0}{2}\,|\boldsymbol{E}_0|^2 = \frac{1}{2\mu_0}\,|\boldsymbol{B}_0|^2 \ , \tag{6.25}$$

$$\langle \boldsymbol{j}^E \rangle = \frac{\epsilon_0 c}{2}\,\frac{\boldsymbol{k}}{k}\,|\boldsymbol{E}_0|^2 = \frac{c}{2\mu_0}\,\frac{\boldsymbol{k}}{k}\,|\boldsymbol{B}_0|^2 \ . \tag{6.26}$$

Insbesondere ist $\boldsymbol{j}^E$ proportional zu $\boldsymbol{k}$ und $|\langle \boldsymbol{j}^E \rangle| = c\,\langle \rho^E \rangle$, d.h. die Energie strömt entlang der Ausbreitungsrichtung der Welle, und zwar mit der Geschwindigkeit $c$.

Zum Abschluß sei noch auf die Invarianz der Vakuum-Maxwell-Gleichungen (6.1) und (6.2) unter der Substitution $\boldsymbol{E} \to \kappa\boldsymbol{B}$, $\boldsymbol{B} \to -\boldsymbol{E}/\kappa c^2$ hingewiesen.

## 6.2 Greensche Funktionen des Wellenoperators

Bereits in Kapitel 3 wurde gezeigt, daß, jedenfalls in der Lorentz-Eichung, die Bestimmung der Potentiale aus den Quellen auf die Lösung der Wellengleichung

$$\Box f = g \tag{6.27}$$

hinausläuft. In Analogie zu der Vorgehensweise in der Elektrostatik suchen wir deshalb wieder Greensche Funktionen $G$ des Wellenoperators, d.h. Lösungen der Differentialgleichung

$$\Box\, G(t-t', \boldsymbol{x}-\boldsymbol{x}') = 4\pi\, \delta(t-t')\, \delta(\boldsymbol{x}-\boldsymbol{x}') , \tag{6.28}$$

denn dann erfüllt

$$f(t, \boldsymbol{x}) = \frac{1}{4\pi} \int dt'\, d^3x'\; G(t-t', \boldsymbol{x}-\boldsymbol{x}')\, g(t', \boldsymbol{x}') \tag{6.29}$$

die Wellengleichung (6.27). Insbesondere suchen wir die *retardierte Greensche Funktion*, d.h. diejenige Greensche Funktion $G_{\mathrm{ret}}(t-t', \boldsymbol{x}-\boldsymbol{x}')$, die für $t<t'$ verschwindet. Bei Verwendung von $G_{\mathrm{ret}}$ in Gl. (6.29) macht sich eine zur Zeit $t'$ einsetzende Störung $g$ nämlich erst zu späteren Zeiten $t \geq t'$ in der Lösung $f$ bemerkbar.

Um Greensche Funktionen $G$ des Wellenoperators $\Box$ zu konstruieren, gehen wir zur Fourier-Transformierten über und schreiben

$$G(t-t', \boldsymbol{x}-\boldsymbol{x}') = \frac{1}{(2\pi)^4} \int d\omega\, d^3k\; \tilde{G}(\omega, \boldsymbol{k})\, \exp\left(-i\, \{\omega(t-t') - \boldsymbol{k}\cdot(\boldsymbol{x}-\boldsymbol{x}')\}\right) ,$$

sowie

$$\delta(t-t')\, \delta(\boldsymbol{x}-\boldsymbol{x}') = \frac{1}{(2\pi)^4} \int d\omega\, d^3k\; \exp\left(-i\, \{\omega(t-t') - \boldsymbol{k}\cdot(\boldsymbol{x}-\boldsymbol{x}')\}\right) .$$

Damit wird Gl. (6.28) äquivalent zu

$$\left(k^2 - \frac{\omega^2}{c^2}\right) \tilde{G}(\omega, \boldsymbol{k}) = 4\pi . \tag{6.30}$$

Durch inverse Fourier-Transformation finden wir dann

$$G(t-t', \boldsymbol{x}-\boldsymbol{x}') = \frac{1}{4\pi^3} \int d\omega\, d^3k\; \frac{\exp\left(-i\, \{\omega(t-t') - \boldsymbol{k}\cdot(\boldsymbol{x}-\boldsymbol{x}')\}\right)}{k^2 - \omega^2/c^2} . \tag{6.31}$$

Dieses Integral ist allerdings nicht eindeutig definiert (ebenso wie die Greensche Funktion $G$ ja auch nur bis auf Lösungen der homogenen Wellengleichung bestimmt ist), denn der Integrand weist Singularitäten auf: Bei festem $\boldsymbol{k}$ hat er als Funktion von $\omega$ zwei einfache Pole bei $\pm ck$. Zur eindeutigen Festlegung des Resultats ist es nützlich, die reelle $\omega$-Achse zur komplexen $\omega$-Ebene zu erweitern und sich die Tatsache zunutze zu machen, daß der Integrand bei festem $\boldsymbol{k}$ eine meromorphe Funktion von $\omega$ ist, so daß man durch Deformation des Integrationsweges für die $\omega$-Integration weg von der reellen Achse ein wohldefiniertes Ergebnis

$$G(t-t', \boldsymbol{x}-\boldsymbol{x}') = \frac{1}{4\pi^3} \int d^3k \int_C d\omega\; \frac{\exp\left(-i\, \{\omega(t-t') - \boldsymbol{k}\cdot(\boldsymbol{x}-\boldsymbol{x}')\}\right)}{k^2 - \omega^2/c^2} \tag{6.32}$$

erhält, das zudem aufgrund des Cauchyschen Integralsatzes nicht vom detaillierten Verlauf des deformierten Integrationsweges $C$ abhängt, sondern nur von seiner Lage relativ zu den Polen im topologischen Sinne.

Zur Definition der retardierten Greenschen Funktion integriert man längs eines Weges, der in der komplexen $\omega$-Ebene oberhalb beider Pole verläuft (vgl. Abb. 6.1): Diese Wahl garantiert, daß $G_{\text{ret}}(t-t',\boldsymbol{x}-\boldsymbol{x}')$ für $t<t'$ verschwindet.

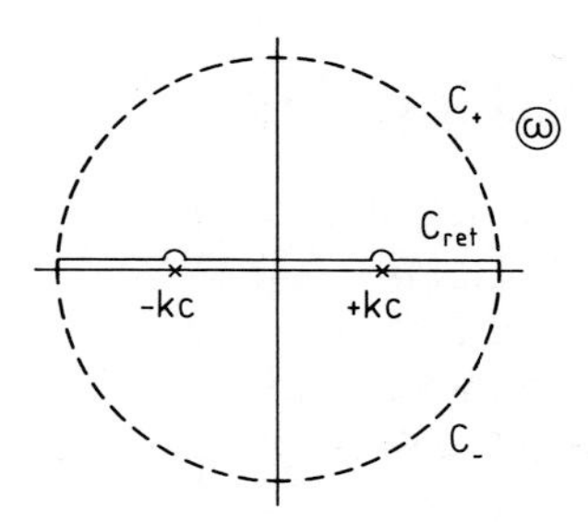


**Abb. 6.1**: Integrationswege $C_{\text{ret}}$, $C_+$ und $C_-$ in der komplexen $\omega$-Ebene zur Definition und Berechnung der retardierten Greenschen Funktion (Pole bei $\omega=\pm ck$)

In der Tat kann man für $t<t'$ den Integrationsweg in der oberen Halbebene schließen, indem man $C_{\text{ret}}$ durch $C_{\text{ret}}\cup C_+$ ersetzt, wobei $C_+$ ein ins Unendliche zu schiebender Halbkreis in der oberen Halbebene ist; dies ist ohne Änderung des Integrals möglich, da der Integrand in der oberen $\omega$-Halbebene exponentiell abfällt. Da $C_{\text{ret}}\cup C_+$ jedoch keine Singularitäten des Integranden einschließt, verschwindet nach dem Cauchyschen Integralsatz das ganze Integral. Für $t>t'$ dagegen muß man den Integrationsweg in der unteren Halbebene schließen, indem man $C_{\text{ret}}$ durch $C_{\text{ret}}\cup C_-$ ersetzt, wobei $C_-$ ein ins Unendliche zu schiebender Halbkreis in der unteren Halbebene ist; wieder ist dies ohne Änderung des Integrals möglich, da der Integrand nun in der unteren $\omega$-Halbebene exponentiell abfällt. Da $C_{\text{ret}}\cup C_-$ beide Pole des Integranden einschließt, finden wir mit dem Residuensatz

$$
\begin{aligned}
&G_{\text{ret}}(t-t',\boldsymbol{x}-\boldsymbol{x}')\\
&= -\frac{c^2}{4\pi^3}\int d^3k\int_{C_{\text{ret}}\cup C_-} d\omega\;\frac{\exp\left(-i\left\{\omega(t-t')-\boldsymbol{k}\cdot(\boldsymbol{x}-\boldsymbol{x}')\right\}\right)}{(\omega-ck)(\omega+ck)}\\
&= -\frac{ic}{4\pi^2}\int d^3k\;\exp\left(i\boldsymbol{k}\cdot(\boldsymbol{x}-\boldsymbol{x}')\right)\;\frac{\exp\left(-ikc(t-t')\right)-\exp\left(ikc(t-t')\right)}{k}\\
&= +\frac{ic}{2\pi}\int_0^\infty dk\,k^2\int_{-1}^{+1} d\cos\vartheta\;\exp\left(ik\,|\boldsymbol{x}-\boldsymbol{x}'|\cos\vartheta\right)\\
&\qquad\qquad\frac{\exp\left(-ikc(t-t')\right)-\exp\left(ikc(t-t')\right)}{k}
\end{aligned}
$$

$$= -\frac{c}{2\pi\,|\boldsymbol{x}-\boldsymbol{x}'|}\int_0^{\infty} dk\;(\exp(ik\,|\boldsymbol{x}-\boldsymbol{x}'|) - \exp(-ik\,|\boldsymbol{x}-\boldsymbol{x}'|))$$
$$(\exp(ikc(t-t')) - \exp(-ikc(t-t')))$$

$$= -\frac{c}{4\pi\,|\boldsymbol{x}-\boldsymbol{x}'|}\int_{-\infty}^{+\infty} dk\;(\exp(ik\,|\boldsymbol{x}-\boldsymbol{x}'|) - \exp(-ik\,|\boldsymbol{x}-\boldsymbol{x}'|))$$
$$(\exp(ikc(t-t')) - \exp(-ikc(t-t')))$$

$$= \frac{c}{|\boldsymbol{x}-\boldsymbol{x}'|}\,\delta\big(c(t-t') - |\boldsymbol{x}-\boldsymbol{x}'|\big)\,,$$

also

$$\begin{aligned} G_{\mathrm{ret}}(t-t',\boldsymbol{x}-\boldsymbol{x}') &= \frac{1}{|\boldsymbol{x}-\boldsymbol{x}'|}\,\delta\big((t-t') - |\boldsymbol{x}-\boldsymbol{x}'|/c\big) \\ &= \frac{c}{|\boldsymbol{x}-\boldsymbol{x}'|}\,\delta\big(c(t-t') - |\boldsymbol{x}-\boldsymbol{x}'|\big) \\ &= 2c\,\theta(t-t')\,\delta\big(c^2(t-t')^2 - |\boldsymbol{x}-\boldsymbol{x}'|^2\big)\,. \end{aligned} \tag{6.33}$$

Es ist bemerkenswert, daß $G_{\mathrm{ret}}$ auf dem Rand

$$V_0^+ = \{(ct,\boldsymbol{x})\ /\ ct = |\boldsymbol{x}| \geq 0\} \tag{6.34}$$

des sog. *Vorwärts-Lichtkegels*

$$\bar{V}^+ = \{(ct,\boldsymbol{x})\ /\ ct \geq |\boldsymbol{x}| \geq 0\} \tag{6.35}$$

konzentriert ist: Dies bedeutet, daß eine Erregung sich nach allen Seiten *genau* mit Lichtgeschwindigkeit ausbreitet.

Diese Feststellung, die manchmal auch als das *Huygenssche Prinzip* bezeichnet wird, gilt nur in einer ungeraden Anzahl $n \geq 3$ von Raumdimensionen. Nur dann nämlich ist in der obigen Rechnung der $k$-Integrand eine gerade Funktion von $k$, so daß man die $k$-Integration statt von 0 bis $+\infty$ auch von $-\infty$ bis $+\infty$ führen kann und so zu einem $\delta$-funktionsartig auf dem Rand des Vorwärts-Lichtkegels konzentrierten $G_{\mathrm{ret}}$ gelangt. (Für $n = 1$ bricht dieses Argument zusammen, weil der Integrand bei $k=0$ zu stark singulär ist.) Für eine gerade Anzahl von Raumdimensionen dagegen erstreckt sich der Träger von $G_{\mathrm{ret}}$ auch in das Innere des Vorwärts-Lichtkegels hinein. Das hat zur Folge, daß eine in Raum und Zeit $\delta$-funktionsartig konzentrierte Erregung sich später in anderen Punkten als zeitlich ausgedehntes, abklingendes Signal bemerkbar machen würde. Man nennt diese Erscheinung *Reverberation* („Nachhall"); $n = 3$ ist also die kleinste Raumdimension ohne Reverberation.

Mit Hilfe von $G_{\mathrm{ret}}$ erhalten wir sofort die Lösung von Gl. (6.27) zu retardierten Randbedingungen; sie lautet gemäß Gl. (6.29)

$$f_{\mathrm{ret}}(t,\boldsymbol{x}) = \frac{1}{4\pi}\int dt' \int d^3x'\;\frac{1}{|\boldsymbol{x}-\boldsymbol{x}'|}\,\delta\big((t-t') - |\boldsymbol{x}-\boldsymbol{x}'|/c\big)\,g(t',\boldsymbol{x}')\,,$$

d.h.

$$f_{\text{ret}}(t,\boldsymbol{x}) = \frac{1}{4\pi}\int d^3x' \, \frac{g(t-|\boldsymbol{x}-\boldsymbol{x}'|/c,\boldsymbol{x}')}{|\boldsymbol{x}-\boldsymbol{x}'|} = \frac{1}{4\pi}\int d^3x' \, \frac{g(t_{\text{ret}},\boldsymbol{x}')}{|\boldsymbol{x}-\boldsymbol{x}'|} \; . \tag{6.36}$$

Wir erkennen eine große formale Ähnlichkeit zur Lösung der Poisson-Gleichung; nur hat man zur Berechnung der Lösung $f$ zur Zeit $t$ die Quelle $g$ nicht zur Zeit $t$, sondern zur *retardierten Zeit*

$$t_{\text{ret}} = t - |\boldsymbol{x}-\boldsymbol{x}'|/c \tag{6.37}$$

zu nehmen, wodurch die endliche Ausbreitungsgeschwindigkeit von Signalen berücksichtigt wird; in der Tat ist ja

$$t - t_{\text{ret}} = |\boldsymbol{x}-\boldsymbol{x}'|/c$$

gerade die Laufzeit eines Signals von $\boldsymbol{x}'$ nach $\boldsymbol{x}$.

## 6.3 Abstrahlung elektromagnetischer Wellen

Zu vorgegebenen Quellen $\rho$ und $\boldsymbol{j}$ in der Lorentz-Eichung lauten die retardierten Potentiale, als Lösungen der inhomogenen Wellengleichungen (3.54), (3.55),

$$\phi(t,\boldsymbol{x}) = \frac{1}{4\pi\epsilon_0}\int d^3x' \, \frac{\rho(t-|\boldsymbol{x}-\boldsymbol{x}'|/c,\boldsymbol{x}')}{|\boldsymbol{x}-\boldsymbol{x}'|} \; , \tag{6.38}$$

$$\boldsymbol{A}(t,\boldsymbol{x}) = \frac{\kappa\mu_0}{4\pi}\int d^3x' \, \frac{\boldsymbol{j}(t-|\boldsymbol{x}-\boldsymbol{x}'|/c,\boldsymbol{x}')}{|\boldsymbol{x}-\boldsymbol{x}'|} \; . \tag{6.39}$$

Für den wichtigen Spezialfall periodischer Zeitabhängigkeit

$$\rho(t,\boldsymbol{x}) = \exp(-i\omega t)\;\rho(\boldsymbol{x}) \; , \tag{6.40}$$

$$\boldsymbol{j}(t,\boldsymbol{x}) = \exp(-i\omega t)\;\boldsymbol{j}(\boldsymbol{x}) \; , \tag{6.41}$$

auf den sich durch Fourier-Zerlegung jede andere Zeitabhängigkeit zurückführen läßt, reduziert sich dies auf

$$\phi(t,\boldsymbol{x}) = \frac{1}{4\pi\epsilon_0}\int d^3x' \, \exp(-i\omega(t-|\boldsymbol{x}-\boldsymbol{x}'|/c))\,\frac{\rho(\boldsymbol{x}')}{|\boldsymbol{x}-\boldsymbol{x}'|} \; , \tag{6.42}$$

$$\boldsymbol{A}(t,\boldsymbol{x}) = \frac{\kappa\mu_0}{4\pi}\int d^3x' \, \exp(-i\omega(t-|\boldsymbol{x}-\boldsymbol{x}'|/c))\,\frac{\boldsymbol{j}(\boldsymbol{x}')}{|\boldsymbol{x}-\boldsymbol{x}'|} \; . \tag{6.43}$$

Ladungserhaltung bedeutet in diesem Falle

$$i\omega\rho = \boldsymbol{\nabla}\cdot\boldsymbol{j} \; . \tag{6.44}$$

Um Abstrahlung zu studieren, wählen wir wieder einen Referenzpunkt $\boldsymbol{x}_0$ – vorzugsweise das „Zentrum“ der Ladungs- und Stromverteilung – und schreiben

$$\begin{aligned} \boldsymbol{r} &= \boldsymbol{x} - \boldsymbol{x}_0 \quad , \quad r = |\boldsymbol{r}| \quad , \quad \boldsymbol{r}_0 = \boldsymbol{r}/r \ , \\ \boldsymbol{r}' &= \boldsymbol{x}' - \boldsymbol{x}_0 \quad , \quad r' = |\boldsymbol{r}'| \quad , \quad \boldsymbol{r}_0' = \boldsymbol{r}'/r' \ . \end{aligned} \tag{6.45}$$

Dann ist das System durch drei Längenparameter charakterisiert:

$d$: Durchmesser der um $\boldsymbol{x}_0$ gelegenen Ladungs- und Stromverteilung,

$r$: Abstand des Beobachters von der Verteilung,

$\lambda$: Wellenlänge der Strahlung: $\lambda = 2\pi/k = 2\pi c/\omega$.

Den Bereich $r \gg d$ bezeichnet man als die *Fernzone* oder *Strahlungszone.*

Die retardierten Potentiale hängen auf zwei Weisen von $\boldsymbol{x}$ ab, die durch unterschiedliches Abfallverhalten für $|\boldsymbol{x}| \to \infty$ gekennzeichnet sind:

1. Direkt über $1/|\boldsymbol{x} - \boldsymbol{x}'|$: Differentiation nach $\boldsymbol{x}$ liefert Beiträge zu den Feldstärken, die für $r \to \infty$ mindestens wie $1/r^2$ abfallen.

2. Indirekt über die Retardierung (diese zusätzliche Abhängigkeit ist nur für $r \ll \lambda$ und $d \ll \lambda$ vernachlässigbar): Differentiation nach $\boldsymbol{x}$ liefert Beiträge zu den Feldstärken, die für $r \to \infty$ mindestens wie $1/r$ abfallen.

Zur Beschreibung der Verhältnisse in der Strahlungszone, also in großer Entfernung von den Quellen, erweist es sich als zweckmäßig, ein Vektorfeld $\boldsymbol{q}$ einzuführen, dessen Divergenz bzw. partielle Zeitableitung dem räumlichen Mittelwert der Ladungsverteilung bzw. der Stromverteilung zu retardierter Zeit entspricht, das also die beiden Bedingungen

$$(\boldsymbol{\nabla} \cdot \boldsymbol{q})(t, \boldsymbol{x}) = -\frac{1}{4\pi\epsilon_0} \int d^3x' \ \rho(t - |\boldsymbol{x} - \boldsymbol{x}'|/c, \boldsymbol{x}') \tag{6.46}$$

und

$$\frac{\partial \boldsymbol{q}}{\partial t}(t, \boldsymbol{x}) = \frac{1}{4\pi\epsilon_0} \int d^3x' \ \boldsymbol{j}(t - |\boldsymbol{x} - \boldsymbol{x}'|/c, \boldsymbol{x}') \tag{6.47}$$

erfüllt; insbesondere ist die $\boldsymbol{x}$-Abhängigkeit von $\boldsymbol{q}$ ausschließlich über die Retardierung gegeben.

Diese Bedingungen sind miteinander konsistent in dem Sinne, daß es tatsächlich ein Vektorfeld $\boldsymbol{q}$ gibt, dessen Divergenz durch Gl. (6.46) und dessen partielle Zeitableitung durch Gl. (6.47) gegeben ist; dieses Vektorfeld ist zudem bis auf Addition der Rotation eines beliebigen zeitunabhängigen Vektorfeldes eindeutig bestimmt. Für die Existenz von $\boldsymbol{q}$ ist es offenbar notwendig und gemäß dem Satz von Frobenius auch hinreichend, daß die partielle Zeitableitung des Ausdrucks in Gl. (6.46), d.h. der Ausdruck

$$\left(\frac{\partial}{\partial t}(\boldsymbol{\nabla} \cdot \boldsymbol{q})\right)(t, \boldsymbol{x}) = -\frac{1}{4\pi\epsilon_0} \int d^3x' \ \frac{\partial \rho}{\partial t}(t_{\mathrm{ret}}, \boldsymbol{x}') \ , \tag{6.48-a}$$

mit der Divergenz des Ausdrucks in Gl. (6.47) übereinstimmt, die in zweierlei Weise geschrieben werden kann: Zum einen liefert direkte Differentiation mit Hilfe der Kettenregel

$$\left(\boldsymbol{\nabla}\cdot\frac{\partial \boldsymbol{q}}{\partial t}\right)(t,\boldsymbol{x}) \;=\; -\,\frac{1}{4\pi\epsilon_0 c}\int d^3x'\;\frac{\partial \boldsymbol{j}}{\partial t}(t_{\mathrm{ret}},\boldsymbol{x}')\cdot\frac{\boldsymbol{x}-\boldsymbol{x}'}{|\boldsymbol{x}-\boldsymbol{x}'|}\,. \qquad (6.48\text{-b})$$

Zum anderen kann man von der Möglichkeit Gebrauch machen, unter dem Integralzeichen die Divergenz bezüglich $\boldsymbol{x}$ in eine Divergenz bezüglich $\boldsymbol{x}'$ umzuformen, wodurch sich zwei Terme ergeben: Der eine läßt sich in ein Oberflächenintegral verwandeln und verschwindet wegen der geforderten Abfallseigenschaften von $\boldsymbol{j}$, der andere dagegen liefert

$$\left(\boldsymbol{\nabla}\cdot\frac{\partial \boldsymbol{q}}{\partial t}\right)(t,\boldsymbol{x}) \;=\; \frac{1}{4\pi\epsilon_0}\int d^3x'\;(\boldsymbol{\nabla}\cdot\boldsymbol{j})(t_{\mathrm{ret}},\boldsymbol{x}')\,. \qquad (6.48\text{-c})$$

Bei Verwendung dieser zweiten Form für die Divergenz von Gl. (6.47) wird die behauptete Übereinstimmung eine offensichtliche Konsequenz des Erhaltungssatzes für die Ladung.

Damit (und mit Gl. (3.27)) findet man in führender Ordnung in $1/r$ für die Potentiale

$$\phi_{\mathrm{St}}(t,\boldsymbol{x}) \;=\; -\,\frac{1}{r}\,(\boldsymbol{\nabla}\cdot\boldsymbol{q})(t,\boldsymbol{x})\,, \qquad (6.49)$$

$$\boldsymbol{A}_{\mathrm{St}}(t,\boldsymbol{x}) \;=\; \frac{1}{\kappa c^2}\,\frac{1}{r}\,\frac{\partial \boldsymbol{q}}{\partial t}(t,\boldsymbol{x})\,, \qquad (6.50)$$

sowie für die Felder

$$\boldsymbol{E}_{\mathrm{St}}(t,\boldsymbol{x}) \;=\; \frac{1}{c^2}\,\frac{1}{r}\left(\frac{\partial^2 \boldsymbol{q}}{\partial t^2}(t,\boldsymbol{x})\times\boldsymbol{r}_0\right)\times\boldsymbol{r}_0\,, \qquad (6.51)$$

$$\boldsymbol{B}_{\mathrm{St}}(t,\boldsymbol{x}) \;=\; \frac{1}{\kappa c^3}\,\frac{1}{r}\left(\frac{\partial^2 \boldsymbol{q}}{\partial t^2}(t,\boldsymbol{x})\times\boldsymbol{r}_0\right), \qquad (6.52)$$

und schließlich für den Poynting-Vektor gemäß Gl. (3.60) durch Bildung des Kreuzproduktes von Gl. (6.51) und Gl. (6.52) bzw. genauer durch Bildung des Kreuzproduktes der entsprechenden Realteile[1]

$$\boldsymbol{S}_{\mathrm{St}}(t,\boldsymbol{x}) \;=\; \frac{\epsilon_0}{c^3}\,\frac{1}{r^2}\left(\mathrm{Re}\,\frac{\partial^2 \boldsymbol{q}}{\partial t^2}(t,\boldsymbol{x})\times\boldsymbol{r}_0\right)^2\boldsymbol{r}_0\,. \qquad (6.53)$$

Elektrischer und magnetischer Feldvektor stehen also aufeinander und auf dem Vektor $\boldsymbol{r}_0$ senkrecht, während der Poynting-Vektor in Richtung von $\boldsymbol{r}_0$ nach außen zeigt und für $r \to \infty$ wie $1/r^2$ abfällt, so daß insgesamt Energie ins Unendliche abgestrahlt wird.

[1] In den Gleichungen (6.49)–(6.52) ist die Vorschrift zur Bildung des Realteiles nur implizit enthalten, da die Potentiale und Felder linear von $\boldsymbol{q}$ abhängen. In Gl. (6.53) dagegen ist sie der Deutlichkeit halber mit angegeben, da der Poynting-Vektor quadratisch von den Feldern und damit von $\boldsymbol{q}$ abhängt: Das korrekte Ergebnis erhält man nur, wenn man das Produkt der Realteile bildet und nicht etwa den Realteil des Produktes.

Zum Beweis der Gleichungen (6.49)–(6.52) ist zu beachten, daß die führenden Terme bei großen Abständen $r \gg d$ alle wie $1/r$ abfallen, und zwar nicht nur bei den Potentialen, sondern – im Gegensatz zu der Situation in der Elektrostatik oder Magnetostatik – auch bei den Feldstärken. Zur Berechnung der Potentiale in führender Ordnung muß man daher in den Gleichungen (6.38) und (6.39) einfach nur $1/|\boldsymbol{x} - \boldsymbol{x}'|$ durch $1/r$ ersetzen. Zur Berechnung der Feldstärken in führender Ordnung dagegen kombiniert man zunächst die Gleichungen (3.42) und (3.40) mit den Gleichungen (6.38) und (6.39) und differenziert, mit Hilfe der Kettenregel, unter dem Integralzeichen jeweils nur den Retardierungsterm, da Differentiation des anderen Faktors $1/|\boldsymbol{x} - \boldsymbol{x}'|$ stets zu Termen führt, die mindestens wie $1/r^2$ abfallen; anschließend kann man wieder $1/|\boldsymbol{x} - \boldsymbol{x}'|$ einfach durch $1/r$ ersetzen. Bei der Berechnung des elektrischen Feldes muß man dann in einem der beiden so entstehenden Summanden den Ausdruck auf der rechten Seite von Gl. (6.48-a) durch den Ausdruck auf der rechten Seite von Gl. (6.48-b) und danach erneut $1/|\boldsymbol{x} - \boldsymbol{x}'|$ durch $1/r$ ersetzen.

Im Fall periodischer Zeitabhängigkeit kann man $\boldsymbol{q}$ direkt angeben:

$$\boldsymbol{q}(t, \boldsymbol{x}) = \frac{i}{4\pi\epsilon_0\omega} \int d^3x'\ \boldsymbol{j}(\boldsymbol{x}')\ \exp\left(-i\omega(t - |\boldsymbol{x} - \boldsymbol{x}'|/c)\right) . \qquad (6.54)$$

Hier bietet es sich an, den Ausdruck

$$\omega\,|\boldsymbol{x} - \boldsymbol{x}'|/c = k\,|\boldsymbol{r} - \boldsymbol{r}'| = k\sqrt{(\boldsymbol{r} - \boldsymbol{r}')^2} = kr\sqrt{1 - \frac{2\boldsymbol{r}\cdot\boldsymbol{r}'}{r^2} + \frac{r'^2}{r^2}}$$

im Exponenten nach Potenzen von $r'/r$ zu entwickeln. Die dabei auftretenden Terme sind von der Größenordnung

$$\frac{r}{\lambda}\ ,\ \frac{r}{\lambda}\left(\frac{d}{r}\right)\ ,\ \frac{r}{\lambda}\left(\frac{d}{r}\right)^2\ ,\ \ldots\ ,\ \frac{r}{\lambda}\left(\frac{d}{r}\right)^n\ ,\ \ldots\ .$$

Wegen $r \gg d$ sind alle Terme zweiter und höherer Ordnung vernachlässigbar, und man erhält anstelle von Gl. (6.54)

$$\boldsymbol{q}(t, \boldsymbol{x}) = \frac{i}{4\pi\epsilon_0\omega} \exp\left(-i\omega(t - r/c)\right) \int d^3x'\ \boldsymbol{j}(\boldsymbol{x}')\ \exp\left(-ik\boldsymbol{r}_0\cdot\boldsymbol{r}'\right) . \qquad (6.55)$$

In vielen Fällen von praktischer Bedeutung (z.B. für strahlende Atome) ist die Wellenlänge der Strahlung groß gegenüber der Ausdehnung der strahlenden Ladungs- und Stromverteilung: Es gilt also $d \ll \lambda$, d.h. $kd \ll 1$. In diesem Fall lassen sich im zur Fernzone komplementären Bereich zwei Gebiete unterscheiden:

a) Die *Nahzone:* $d \ll r \ll \lambda$.

   Die Retardierung ist vernachlässigbar, und Entwicklung von $1/|\boldsymbol{r} - \boldsymbol{r}'|$, wie z.B. in den Gleichungen (6.42) und (6.43), nach Potenzen von $d/r$ führt zu derselben Multipolentwicklung wie im statischen Fall.

b) Die *Zwischenzone:* $d \ll r \simeq \lambda$.

Andererseits ergibt sich in der Fernzone selbst wegen $d \ll \lambda \ll r$ eine weitere Vereinfachung: In dem Ausdruck (6.55) für $\boldsymbol{q}(t, \boldsymbol{x})$ ist nämlich $k\boldsymbol{r}_0 \cdot \boldsymbol{r}'$ von der Ordnung $d/\lambda$, also klein, so daß man die Exponentialfunktion entwickeln darf. Dies führt auf

$$\begin{aligned}
\int d^3x'\ \boldsymbol{j}(\boldsymbol{x}')\ \exp(-ik\boldsymbol{r}_0 \cdot \boldsymbol{r}') \\
&= \int d^3x'\ \boldsymbol{j}(\boldsymbol{x}') - ik \int d^3x'\ \boldsymbol{j}(\boldsymbol{x}')(\boldsymbol{r}_0 \cdot \boldsymbol{r}') + \dots \\
&= \int d^3x'\ \boldsymbol{j}(\boldsymbol{x}') \\
&\quad - \frac{ik}{2} \int d^3x'\ \{\boldsymbol{j}(\boldsymbol{x}')(\boldsymbol{r}_0 \cdot \boldsymbol{r}') - (\boldsymbol{j}(\boldsymbol{x}') \cdot \boldsymbol{r}_0)\boldsymbol{r}'\} \\
&\quad - \frac{ik}{2} \int d^3x'\ \{\boldsymbol{j}(\boldsymbol{x}')(\boldsymbol{r}_0 \cdot \boldsymbol{r}') + (\boldsymbol{j}(\boldsymbol{x}') \cdot \boldsymbol{r}_0)\boldsymbol{r}'\} \\
&\quad + \dots\ .
\end{aligned}$$

Die so entstehenden Ausdrücke lassen sich mit ähnlichen Methoden umformen, wie sie schon in der Magnetostatik benutzt wurden, nämlich mit Hilfe der Identitäten

$$\begin{aligned}
i\omega\, r_i'\, \rho(\boldsymbol{x}') &= r_i' \nabla_p' j_p(\boldsymbol{x}') = \nabla_p' \left(r_i'\, j_p(\boldsymbol{x}')\right) - j_i(\boldsymbol{x}')\ , \\
i\omega\, r_i' r_k'\, \rho(\boldsymbol{x}') &= r_i' r_k' \nabla_p' j_p(\boldsymbol{x}') \\
&= \nabla_p' \left(r_i' r_k'\, j_p(\boldsymbol{x}')\right) - r_k'\, j_i(\boldsymbol{x}') - r_i'\, j_k(\boldsymbol{x}')\ ,
\end{aligned}$$

die sich aus Gl. (6.44) ergeben: Die dabei entstehenden Oberflächenintegrale verschwinden wieder wegen der geforderten Abfallseigenschaften von $\rho$ und $\boldsymbol{j}$, und man erhält

$$\boldsymbol{q}(t, \boldsymbol{x}) = \frac{1}{4\pi\epsilon_0} \left\{ \boldsymbol{p}(t_{\text{ret}}) + \frac{1}{\kappa c} \boldsymbol{m}(t_{\text{ret}}) \times \boldsymbol{r}_0 + \frac{1}{6c} \frac{\partial q}{\partial t}(t_{\text{ret}})\, \boldsymbol{r}_0 + \dots \right\}\ , \tag{6.56}$$

mit dem *elektrischen Dipolterm*

$$\boldsymbol{p}(t) = \int d^3x'\ \rho(t, \boldsymbol{x}')\, \boldsymbol{r}'\ , \tag{6.57}$$

dem *magnetischen Dipolterm*

$$\boldsymbol{m}(t) = -\frac{\kappa}{2} \int d^3x'\ \boldsymbol{j}(t, \boldsymbol{x}') \times \boldsymbol{r}'\ , \tag{6.58}$$

und dem *elektrischen Quadrupolterm*

$$q_{ij}(t) = \int d^3x'\ \rho(t, \boldsymbol{x}') \left(3 r_i' r_j' - r'^2 \delta_{ij}\right)\ . \tag{6.59}$$

wobei der letzte Term in Gl. (6.56) so zu verstehen ist, daß $\partial q/\partial t$ auf $\boldsymbol{r}_0$ im Sinne der Anwendung einer Matrix auf einen Spaltenvektor operiert; außerdem ist

$$t_{\text{ret}} = t - r/c\ . \tag{6.60}$$

Der elektrische Dipolterm liefert den führenden Beitrag, wohingegen magnetischer Dipolterm und elektrischer Quadrupolterm im Vergleich dazu um einen Faktor der Größenordnung $d/\lambda$ unterdrückt sind. Bei der Bestimmung des elektrischen Quadrupoltermes haben wir genaugenommen einen Term in Richtung $\boldsymbol{r}_0$ hinzugefügt, was aber unschädlich ist, da dieser zu den Strahlungsfeldern $\boldsymbol{E}_{\mathrm{St}}$ und $\boldsymbol{B}_{\mathrm{St}}$ nicht beiträgt.

Bei der Herleitung der Gleichungen (6.56)–(6.60) sind wir von der Annahme periodischer Zeitabhängigkeit für die Quellen ausgegangen, haben die Gleichungen selbst aber in einer Form geschrieben, die über diesen Fall hinaus Gültigkeit besitzt. Durch Fourier-Zerlegung nach der Kreisfrequenz $\omega$ kann man nämlich den allgemeinen Fall auf den periodischen Fall reduzieren – vorausgesetzt, daß die zu den in dieser Fourier-Zerlegung vorkommenden Kreisfrequenzen $\omega$ gehörenden Wellenlängen $\lambda = 2\pi c/\omega$ nicht zu groß sind ($\lambda \ll r$) und auch nicht zu klein ($\lambda \gg d$).

Wir betrachten nun für $d \ll \lambda \ll r$ die Strahlung in der elektrischen Dipolnäherung, für welche also

$$\boldsymbol{q}(t, \boldsymbol{x}) = \frac{1}{4\pi\epsilon_0} \boldsymbol{p}(t_{\mathrm{ret}}) \tag{6.61}$$

gilt. Feldstärken und Poynting-Vektor sind dann gegeben durch

$$\boldsymbol{E}_{\mathrm{St}}(t, \boldsymbol{x}) = \frac{1}{4\pi\epsilon_0 c^2} \frac{1}{r} \left( \frac{\partial^2 \boldsymbol{p}}{\partial t^2}(t_{\mathrm{ret}}) \times \boldsymbol{r}_0 \right) \times \boldsymbol{r}_0 \, , \tag{6.62}$$

$$\boldsymbol{B}_{\mathrm{St}}(t, \boldsymbol{x}) = \frac{1}{4\pi\epsilon_0 \kappa c^3} \frac{1}{r} \left( \frac{\partial^2 \boldsymbol{p}}{\partial t^2}(t_{\mathrm{ret}}) \times \boldsymbol{r}_0 \right) , \tag{6.63}$$

$$\boldsymbol{S}_{\mathrm{St}}(t, \boldsymbol{x}) = \frac{1}{16\pi^2\epsilon_0 c^3} \frac{1}{r^2} \left( \mathrm{Re} \, \frac{\partial^2 \boldsymbol{p}}{\partial t^2}(t_{\mathrm{ret}}) \times \boldsymbol{r}_0 \right)^2 \boldsymbol{r}_0 \, . \tag{6.64}$$

Zwei Fälle sind von besonderem Interesse:

a) Der *Hertzsche Dipol:* Er beschreibt die Abstrahlung einer periodisch schwingenden Ladungsverteilung in Dipolnäherung:

$$\boldsymbol{p}(t) = \boldsymbol{p}_0 \exp\left(-i\omega t\right) \, . \tag{6.65}$$

Der zeitliche Mittelwert des Poynting-Vektors ist gemäß Gl. (6.24)

$$\langle \boldsymbol{S}_{\mathrm{St}} \rangle = \frac{\omega^4}{32\pi^2\epsilon_0 c^3 r^2} \left| \boldsymbol{p}_0 \times \boldsymbol{r}_0 \right|^2 \boldsymbol{r}_0 = \frac{\omega^4 \left|\boldsymbol{p}_0\right|^2}{32\pi^2\epsilon_0 c^3 r^2} \sin^2\vartheta \, \boldsymbol{r}_0 \, , \tag{6.66}$$

wobei $\vartheta$ den Winkel zwischen $\boldsymbol{p}_0$ und $\boldsymbol{r}_0$ bezeichnet.
Die mittlere Strahlungsleistung berechnet sich dann zu

$$\overline{W}_{\mathrm{St}} = \frac{\omega^4 \left|\boldsymbol{p}_0\right|^2}{32\pi^2\epsilon_0 c^3} \int_0^{2\pi} d\varphi \int_{-1}^{+1} d\cos\vartheta \, \sin^2\vartheta \, ,$$

d.h.

$$\overline{W}_{\mathrm{St}} = \frac{\omega^4 \left|\boldsymbol{p}_0\right|^2}{12\pi\epsilon_0 c^3} \, . \tag{6.67}$$

Zu beachten sind die $\omega^4$-Abhängigkeit von der Frequenz und die $\sin^2\vartheta$-Abhängigkeit der Intensität von der Strahlungsrichtung relativ zur Orientierung des Dipols.

b) Die (langsam) *bewegte Punktladung:* Eine mit einer Geschwindigkeit $\boldsymbol{v}$ bewegte und einer Beschleunigung $\boldsymbol{a}$ ausgesetzte Punktladung $q$ gibt elektromagnetische Strahlung ab; deren typische Kreisfrequenz sei $\omega$. Ist $v \ll c$, so legt die Punktladung während einer typischen Periode $T = 2\pi/\omega$ nur eine Strecke $d \ll \lambda$ zurück, so daß in der Fernzone die Dipolnäherung anwendbar ist, mit

$$\boldsymbol{p} = q\boldsymbol{r}' \quad , \quad \frac{\partial \boldsymbol{p}}{\partial t} = q\boldsymbol{v} \quad , \quad \frac{\partial^2 \boldsymbol{p}}{\partial t^2} = q\boldsymbol{a} \,. \tag{6.68}$$

Der Poynting-Vektor ist

$$\boldsymbol{S}_{\mathrm{St}}(t,\boldsymbol{x}) = \frac{q^2}{16\pi^2\epsilon_0 c^3 r^2}\left(\boldsymbol{a}(t_{\mathrm{ret}}) \times \boldsymbol{r}_0\right)^2 \boldsymbol{r}_0 = \frac{q^2\boldsymbol{a}(t_{\mathrm{ret}})^2}{16\pi^2\epsilon_0 c^3 r^2}\sin^2\vartheta\,\boldsymbol{r}_0 \,, \tag{6.69}$$

wobei $\vartheta$ den Winkel zwischen $\boldsymbol{a}$ und $\boldsymbol{r}_0$ bezeichnet.
Die Strahlungsleistung berechnet sich dann zu

$$W_{\mathrm{St}}(t) = \frac{q^2\boldsymbol{a}(t_{\mathrm{ret}})^2}{16\pi^2\epsilon_0 c^3}\int_0^{2\pi} d\varphi \int_{-1}^{+1} d\cos\vartheta\,\sin^2\vartheta \,,$$

d.h.

$$W_{\mathrm{St}}(t) = \frac{q^2\boldsymbol{a}(t_{\mathrm{ret}})^2}{6\pi\epsilon_0 c^3} \,. \tag{6.70}$$

Dies ist die sog. *Larmorsche Formel,* derzufolge die Abstrahlung von der Beschleunigung, nicht aber von der Geschwindigkeit abhängt. Das war zu erwarten, da eine geradlinig gleichförmig bewegte Ladung nicht strahlen darf. Man beachte ferner wieder die $\sin^2\vartheta$-Abhängigkeit der Intensität von der Strahlungsrichtung relativ zur Beschleunigung.

Für magnetische Dipolstrahlung ergibt sich ganz analog:

$$\boldsymbol{E}_{\mathrm{St}}(t,\boldsymbol{x}) = -\frac{\kappa\mu_0}{4\pi c}\frac{1}{r}\left(\frac{\partial^2\boldsymbol{m}}{\partial t^2}(t_{\mathrm{ret}}) \times \boldsymbol{r}_0\right) , \tag{6.71}$$

$$\boldsymbol{B}_{\mathrm{St}}(t,\boldsymbol{x}) = \frac{\mu_0}{4\pi c^2}\frac{1}{r}\left(\frac{\partial^2\boldsymbol{m}}{\partial t^2}(t_{\mathrm{ret}}) \times \boldsymbol{r}_0\right) \times \boldsymbol{r}_0 \,, \tag{6.72}$$

$$\boldsymbol{S}_{\mathrm{St}}(t,\boldsymbol{x}) = \frac{\mu_0}{16\pi^2 c^3}\frac{1}{r^2}\left(\mathrm{Re}\,\frac{\partial^2\boldsymbol{m}}{\partial t^2}(t_{\mathrm{ret}}) \times \boldsymbol{r}_0\right)^2 \boldsymbol{r}_0 \,. \tag{6.73}$$

Der Poynting-Vektor und die Abstrahlungscharakteristik sind wie beim elektrischen Dipol, anders sind lediglich die Polarisationsverhältnisse der Strahlung.

Die entsprechenden Formeln für elektrische Quadrupolstrahlung schließlich ergeben sich aus den Gleichungen (6.62)–(6.64) durch die Substitution $\boldsymbol{p} \to (\partial q/\partial t)\,\boldsymbol{r}_0$. Insbesondere erhält man bei periodischer Zeitabhängigkeit für den

Poynting-Vektor sowie für die Strahlungsleistung einen Faktor $\omega^6$ – statt wie zuvor einen Faktor $\omega^4$.

Zur allgemeinen Multipolentwicklung von Strahlungsfeldern verweisen wir auf [Jackson, Kap. 16].

Als weitere Anwendung der elektrischen Dipolstrahlung behandeln wir die Streuung elektromagnetischer Wellen an kleinen Objekten der Ausdehnung $d \ll \lambda$. Dies ist beispielsweise für die Streuung von Sonnenlicht an den Molekülen der Erdatmosphäre der Fall. Wir betrachten also eine auf das Objekt fallende ebene Welle

$$\boldsymbol{E}(t, \boldsymbol{x}) = E_0 \exp(-i(\omega t - \boldsymbol{k} \cdot \boldsymbol{x})) \, \boldsymbol{\varepsilon} , \tag{6.74}$$

wobei $E_0 > 0$ und $\boldsymbol{\varepsilon}$ ein zu $\boldsymbol{k}$ orthogonaler, (möglicherweise) komplexer Einheitsvektor sei. Unter dem Einfluß der Welle erfährt das Objekt eine zeitlich periodische Polarisation, die zur Emission einer Streuwelle führt. Für $d \ll \lambda$ ist nur die elektrische Dipolpolarisation

$$\boldsymbol{p}(t, \boldsymbol{x}) = 4\pi\epsilon_0 \, \chi(\omega) \, E_0 \exp(-i(\omega t - \boldsymbol{k} \cdot \boldsymbol{x})) \, \boldsymbol{\varepsilon} \tag{6.75}$$

am Ort $\boldsymbol{x}_0$ des Objektes maßgebend; der Faktor $\chi(\omega)$ in Gl. (6.75) heißt *dielektrische Suszeptibilität* und hat die Dimension eines Volumens. Die von der Quelle ausgehende Streuwelle ist durch die Gleichungen (6.62)–(6.64) gegeben; dabei steht der Index „St“ jetzt für „Streuwelle“. Insbesondere sehen wir, daß eine linear polarisierte einlaufende Welle auch eine linear polarisierte Streuwelle erzeugt, denn mit $\boldsymbol{\varepsilon}$ ist auch $\boldsymbol{\varepsilon}_\perp = -(\boldsymbol{\varepsilon} \times \boldsymbol{r}_0) \times \boldsymbol{r}_0$ reell, und schwingt $\boldsymbol{E}$ in Richtung von $\boldsymbol{\varepsilon}$, so schwingt $\boldsymbol{E}_{\mathrm{St}}$ in Richtung von $\boldsymbol{\varepsilon}_\perp$.

Unser Hauptinteresse gilt der Bestimmung des *differentiellen Wirkungsquerschnitts* $d\sigma/d\Omega$ für die Streuung einer einlaufenden Welle mit Einlaufrichtung $\boldsymbol{n}$ und Polarisation $\boldsymbol{\varepsilon}$ in einen Raumwinkel $d\Omega$ um die Richtung $\boldsymbol{n}'$ und mit Polarisation $\boldsymbol{\varepsilon}'$. Zu diesem Zweck benötigen wir den Poynting-Vektor $\boldsymbol{S}'$, der aus den Komponenten $\boldsymbol{E}'$ bzw. $\boldsymbol{B}'$ des elektrischen bzw. magnetischen Feldes der Streuwelle entlang $\boldsymbol{\varepsilon}'$ bzw. entlang $\boldsymbol{n}' \times \boldsymbol{\varepsilon}'$ gebildet wird. Gemäß den Gleichungen (6.62),(6.63) ist

$$E' = \boldsymbol{E}_{\mathrm{St}} \cdot \boldsymbol{\varepsilon}'^* = -\frac{1}{4\pi\epsilon_0 c^2} \frac{1}{r} \left( \frac{\partial^2 \boldsymbol{p}_{\mathrm{ret}}}{\partial t^2} \cdot \boldsymbol{\varepsilon}'^* \right) , \tag{6.76}$$

$$B' = \boldsymbol{B}_{\mathrm{St}} \cdot (\boldsymbol{n}' \times \boldsymbol{\varepsilon}'^*) = -\frac{1}{4\pi\epsilon_0 \kappa c^3} \frac{1}{r} \left( \frac{\partial^2 \boldsymbol{p}_{\mathrm{ret}}}{\partial t^2} \cdot \boldsymbol{\varepsilon}'^* \right) , \tag{6.77}$$

und mit

$$\boldsymbol{S}' = \frac{1}{\kappa \mu_0} \operatorname{Re} E' \operatorname{Re} B' \, \boldsymbol{n}'$$

folgt

$$\boldsymbol{S}' = \frac{1}{16\pi^2 \epsilon_0 c^3} \frac{1}{r^2} \left( \operatorname{Re} \left( \frac{\partial^2 \boldsymbol{p}_{\mathrm{ret}}}{\partial t^2} \cdot \boldsymbol{\varepsilon}'^* \right) \right)^2 \boldsymbol{n}' . \tag{6.78}$$

Als zeitlicher Mittelwert des Poynting-Vektors ergibt sich mit Hilfe der Gleichungen (6.24) und (6.75)

$$\langle \boldsymbol{S}' \rangle = \frac{\epsilon_0}{2c^3} \frac{\omega^4 \, |\chi(\omega)|^2 \, E_0^2}{r^2} \, |\boldsymbol{\varepsilon} \cdot \boldsymbol{\varepsilon}'^*|^2 \, \boldsymbol{n}' . \tag{6.79}$$

Den gewünschten Wirkungsquerschnitt erhalten wir nun als den Quotienten aus der im zeitlichen Mittel ausströmenden zu der im zeitlichen Mittel einströmenden Energie, und dieses Verhältnis können wir unmittelbar aus der Kombination von Gl. (6.26) und Gl. (6.79) ablesen:

$$\frac{d\sigma}{d\Omega}(\omega, \boldsymbol{n}, \boldsymbol{\varepsilon}, \boldsymbol{n}', \boldsymbol{\varepsilon}') = \frac{\omega^4 \, |\chi(\omega)|^2}{c^4} \, |\boldsymbol{\varepsilon} \cdot \boldsymbol{\varepsilon}'^*|^2 \; . \tag{6.80}$$

Die Intensität der einlaufenden Welle hebt sich dabei heraus.

Zur Diskussion der Polarisationsverhältnisse ist es zweckmäßig, sich auf linear polarisierte Strahlung zu beschränken (da sich der allgemeine Fall ja durch lineare Superposition ergibt); die Polarisationsvektoren $\boldsymbol{\varepsilon}$ der ursprünglichen Welle und $\boldsymbol{\varepsilon}'$ der Streuwelle werden also als reell angenommen und auf die *Streuebene* bezogen, die durch $\boldsymbol{n}$ und $\boldsymbol{n}'$ aufgespannt wird. Dann definiert $\cos\theta = \boldsymbol{n} \cdot \boldsymbol{n}'$ den *Streuwinkel* $\theta$, mit $0 \leq \theta \leq \pi$, und wir zerlegen die Polarisationsvektoren $\boldsymbol{\varepsilon}$ und $\boldsymbol{\varepsilon}'$ bezüglich der aus den drei Vektoren

$$\boldsymbol{n}'' = \frac{\boldsymbol{n}' - \cos\theta \, \boldsymbol{n}}{\sin\theta} \quad , \quad \boldsymbol{n}_\perp = \frac{\boldsymbol{n} \times \boldsymbol{n}'}{\sin\theta} \tag{6.81}$$

und $\boldsymbol{n}$ bestehenden, positiv orientieren Orthonormalbasis, indem wir

$$\boldsymbol{\varepsilon} = \cos\varphi \, \boldsymbol{n}'' + \sin\varphi \, \boldsymbol{n}_\perp \tag{6.82}$$

schreiben (vgl. Abb. 6.2). Steht $\boldsymbol{\varepsilon}'$ parallel zur Streuebene, so gilt

$$\boldsymbol{\varepsilon}' = \pm(\cos\theta \, \boldsymbol{n}'' - \sin\theta \, \boldsymbol{n}) \qquad \text{und} \qquad \boldsymbol{\varepsilon} \cdot \boldsymbol{\varepsilon}' = \pm \cos\theta \, \cos\varphi \; .$$

Steht $\boldsymbol{\varepsilon}'$ dagegen senkrecht zur Streuebene, so findet man

$$\boldsymbol{\varepsilon}' = \pm \, n_\perp \qquad \text{und} \qquad \boldsymbol{\varepsilon} \cdot \boldsymbol{\varepsilon}' = \pm \sin\varphi \; .$$

Für unpolarisierte einlaufende Strahlung ergibt sich daraus durch Mittelung über $\boldsymbol{\varepsilon}$, d.h. über $\varphi$, der Wirkungsquerschnitt für Streustrahlung mit Polarisation parallel bzw. senkrecht zur Streuebene:

$$\frac{d\sigma_\parallel}{d\Omega} = \frac{\omega^4 \, |\chi(\omega)|^2}{2c^4} \cos^2\theta \qquad \text{bzw.} \qquad \frac{d\sigma_\perp}{d\Omega} = \frac{\omega^4 \, |\chi(\omega)|^2}{2c^4} \tag{6.83}$$

und zusammen

$$\frac{d\sigma}{d\Omega} = \frac{\omega^4 \, |\chi(\omega)|^2}{2c^4} \left(1 + \cos^2\theta\right) \; . \tag{6.84}$$

Der Polarisationsgrad der Streustrahlung ist

$$P = \frac{d\sigma_\perp - d\sigma_\parallel}{d\sigma_\perp + d\sigma_\parallel} = \frac{\sin^2\theta}{1 + \cos^2\theta} \; , \tag{6.85}$$

also gleich 1 (total polarisierte Streuwelle) für $\theta = \pi/2$ (Streuung senkrecht zur Ursprungswelle) und gleich 0 (total unpolarisierte Streuwelle) für $\theta = 0$ oder $\theta = \pi$

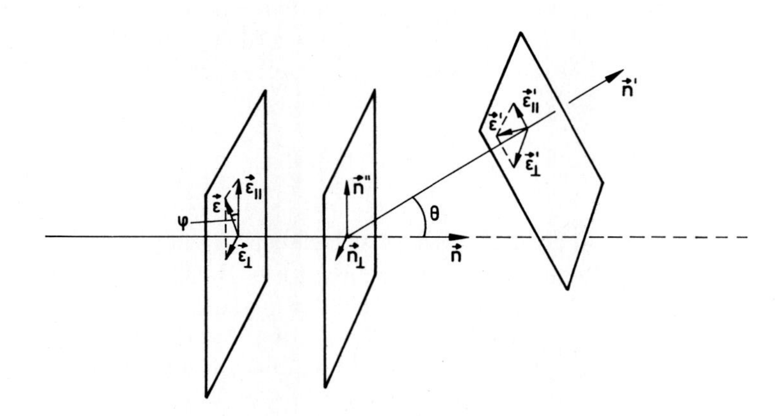

**Abb. 6.2**: Zur Berechnung des Wirkungsquerschnitts für die Streuung einer polarisierten ebenen elektromagnetischen Welle an einem kleinen Hindernis: Näheres siehe Text

(Vorwärtsstreuung oder Rückwärtsstreuung). Den totalen Wirkungsquerschnitt schließlich gewinnt man durch Integration über den Raumwinkel:

$$\sigma_{\mathrm{tot}} = \frac{8\pi\omega^4 \left|\chi(\omega)\right|^2}{3c^4} . \tag{6.86}$$

Als Spezialfälle erwähnen wir:

a) Für eine leitende Kugel vom Radius $R$ (gedacht als primitives Modell für ein Molekül) ist die dielektrische Suszeptibilität $\chi(\omega) = R^3$. Also gilt

$$\sigma_{\mathrm{tot}} = \frac{8\pi\omega^4 R^6}{3c^4} . \tag{6.87}$$

Die Ausdrücke (6.85) und (6.87) erklären Polarisation und Farbe des an der Erdatmosphäre gestreuten Sonnenlichtes: Maximale Polarisation ergibt sich in Blickrichtung senkrecht zur Sonne. Die blaue Farbe des Himmels erklärt sich daraus, daß wegen der $\omega^4$-Abhängigkeit des totalen Wirkungsquerschnitts kurzwelliges Licht stärker gestreut wird als langwelliges.

b) Für ein sich unter dem Einfluß der einfallenden Welle harmonisch um die Ruhelage $\boldsymbol{x}_0$ bewegendes Elektron liefert dessen Bewegungsgleichung, zusammen mit den Gleichungen (6.74) und (6.75),

$$\begin{aligned} 4\pi\epsilon_0\, \chi(\omega)\, E_0 \exp\left(-i(\omega t - \boldsymbol{k}\cdot\boldsymbol{x}_0)\right) \boldsymbol{\varepsilon} &= \boldsymbol{p}(t) = e\boldsymbol{x}(t) = -\frac{e}{\omega^2}\frac{d^2\boldsymbol{x}}{dt^2}(t) \\ &= -\frac{e^2}{m\omega^2} E_0 \exp\left(-i(\omega t - \boldsymbol{k}\cdot\boldsymbol{x}_0)\right) \boldsymbol{\varepsilon} \end{aligned}$$

und damit für die dielektrische Suszeptibilität

$$\chi(\omega) = -\frac{1}{4\pi\epsilon_0}\frac{e^2}{m\omega^2},$$

also

$$\sigma_{\rm tot} = \frac{1}{6\pi\epsilon_0^2}\left(\frac{e^2}{mc^2}\right)^2,$$

oder

$$\sigma_{\rm tot} = \frac{8\pi r_0^2}{3}. \tag{6.88}$$

Die in dieser Gleichung auftretende Länge

$$r_0 = \frac{1}{4\pi\epsilon_0}\frac{e^2}{mc^2} \tag{6.89}$$

heißt *Thomson-Radius* oder *klassischer Elektronenradius;* $r_0$ ist gerade die Länge, die man unter der Annahme findet, daß die elektrostatische Energie $e^2/r$ gleich der Ruheenergie $mc^2$ ist.

# 7 Spezielle Relativitätstheorie

## 7.1 Das Relativitätsprinzip

Am Anfang der speziellen Relativitätstheorie standen die Schwierigkeiten, das von der Maxwellschen Theorie vorhergesagte und experimentell bestätigte Verhalten elektromagnetischer Wellen mit den von der Newtonschen Mechanik geprägten Vorstellungen über Raum und Zeit in Einklang zu bringen. Die Einsteinsche Analyse dieser Situation hat zu einer tiefgreifenden Revision des physikalischen Raum-Zeit-Begriffes geführt und, in der Folge, zur Formulierung einer relativistischen Mechanik, durch welche sich das Problem der Konsistenz von Mechanik und Elektrodynamik in eleganter Form lösen läßt. Ausgangspunkt dieser Analyse, und damit der ganzen speziellen Relativitätstheorie, ist die Ersetzung des in der Newtonschen Mechanik implizit enthaltenen Newtonschen Relativitätsprinzips durch das Einsteinsche Relativitätsprinzip, die durch die Elektrodynamik nahegelegt wurde, insbesondere durch den negativen Ausgang aller Versuche zur Feststellung von Bewegung relativ zum (hypothetischen) Äther (Michelson–Morley-Experiment).

Zwischen dem Newtonschen und dem Einsteinschen Relativitätsprinzip gibt es neben den Unterschieden auch eine Reihe von Gemeinsamkeiten. Wir wollen hier mit der Diskussion der gemeinsamen Aspekte beginnen.

Ein Beobachter in einem gegebenen Bewegungszustand definiert ein *Bezugssystem* $B$. Der Beobachter führt *Koordinaten* ein, d.h. ein System von in Bezug auf $B$ ruhenden Maßstäben und geeignet synchronisierten Uhren, so daß die raumzeitliche Position eines Massenpunktes durch vier Koordinaten gegeben ist. Die Koordinaten sind im Prinzip willkürlich, solange sie zur Identifizierung der raumzeitlichen Positionen geeignet sind; ihre Wahl erfolgt nach dem Gesichtspunkt der Zweckmäßigkeit.

Ein *Inertialsystem* ist ein Bezugssystem, in welchem sich – bei Einführung geeigneter Koordinaten, die auch als *natürliche Koordinaten* bezeichnet werden – jeder kräftefreie Massenpunkt geradlinig-gleichförmig bewegt. Die Existenz von Inertialsystemen ist keineswegs selbstverständlich: Durch geeignete Koordinatenwahl lassen sich nämlich zwar *einzelne* Bahnkurven stets linearisieren; daß aber in einem einzigen Koordinatensystem *alle* kräftefreien Bewegungen geradlinig-gleichförmig sein können, ist eine tiefliegende Erfahrungstatsache. Es zeigt sich, daß ein Bezugssystem $B$, welches relativ zum Fixsternhimmel ruht, in sehr guter Näherung zu einem Inertialsystem wird, wenn man in ihm Ortskoordinaten durch ein in $B$ ruhendes, orientiertes orthonormales Dreibein und eine Zeitkoordinate durch geeignet synchronisierte „normale“ Uhren festlegt; wir wollen uns die natürlichen Koordinaten in einem solchen Inertialsystem stets auf diese Weise eingeführt denken. (Auf die Frage der Synchronisationsvorschrift kommen wir später noch zu sprechen.)

Die dem Newtonschen und dem Einsteinschen Relativitätsprinzip gemeinsamen Aussagen über die Struktur von Raum und Zeit lassen sich nun wie folgt zusammenfassen:

(R1) Raum und Zeit sind homogen und isotrop.

(R2) Alle relativ zu einem Inertialsystem geradlinig-gleichförmig bewegten Bezugssysteme sind ebenfalls Inertialsysteme und sind untereinander physikalisch gleichwertig; es gibt also kein physikalisch bevorzugtes Inertialsystem.

Hinzu kommt eine dritte Bedingung, in der sich die beiden Prinzipien unterscheiden, und die wir weiter unten diskutieren werden.

Zu den Forderungen (R1) und (R2) ist folgendes zu bemerken:

Die Aussage (R1) wird mathematisch darin gefaßt, daß der Raum die Struktur eines Euklidischen dreidimensionalen affinen Raums $E^3$ und die Zeit die Struktur eines eindimensionalen affinen Raums hat; beide lassen sich zur Raum-Zeit zusammenfassen, die also die Struktur eines räumlich Euklidischen, vierdimensionalen affinen Raums $E^4$ besitzt. Der oben erwähnten Einführung natürlicher Koordinaten in einem Inertialsystem entspricht dann die Wahl eines räumlich Euklidischen, affinen Koordinatensystems, bestehend aus einem räumlichen Ursprung, einem orientierten orthonormalen Dreibein, einem Zeitnullpunkt und einem Zeitmaßstab.

Die unter (R2) geforderte physikalische Gleichwertigkeit von Inertialsystemen bedeutet, daß *alle* physikalischen Vorgänge in *allen* Inertialsystemen denselben Naturgesetzen gehorchen. Dabei muß allerdings sichergestellt sein, daß jeder Beobachter die natürlichen Koordinaten in seinem Inertialsystem mit denselben Mitteln, z.B. mit denselben Uhren, Maßstäben und Winkelmessern, und ohne Bezugnahme auf ein anderes Inertialsystem als das eigene bestimmt. Man sagt, das Verfahren zur Festlegung der natürlichen Koordinaten in Inertialsystemen muß *universell* und *intrinsisch,* oder auch *systemimmanent,* sein.

Wir betrachten nun ein einzelnes, aber beliebiges *Ereignis*, das an einem *Punkt* in der Raum-Zeit lokalisiert ist. Dieses läßt sich im Inertialsystem $I$ durch natürliche Koordinaten $(t, \boldsymbol{x}) \in \mathbb{R}^4$ und im Inertialsystem $I'$ durch natürliche Koordinaten $(t', \boldsymbol{x}') \in \mathbb{R}^4$ beschreiben, und diese Koordinaten müssen sich umkehrbar eindeutig ineinander umrechnen lassen. Es muß also eine umkehrbar eindeutige Abbildung $T_{I'I} : \mathbb{R}^4 \longrightarrow \mathbb{R}^4$ derart geben, daß für die Koordinaten eines jeden Ereignisses

$$T_{I'I}(t, \boldsymbol{x}) = (t', \boldsymbol{x}') \tag{7.1}$$

ist. Offenbar gilt für Komposition und Inversion dieser Abbildungen

$$T_{I''I'} \circ T_{I'I} = T_{I''I} \qquad \text{und} \qquad T_{I'I}^{-1} = T_{II'} \,. \tag{7.2}$$

Wegen (R2) kann die Transformation $T_{I'I}$ nur von Relativgrößen zwischen $I$ und $I'$ abhängen, nicht dagegen z.B. vom Bewegungszustand der einzelnen Systeme $I$ und $I'$ (relativ zu einem dritten System $I''$). Genauer folgt aus (R2): Zu beliebigen Inertialsystemen $I$, $I'$ und $J$ gibt es genau ein Inertialsystem $J'$ mit

$$T_{I'I} \;=\; T_{J'J} \; .$$

Daraus folgt, daß die Gesamtheit aller Transformationen zwischen Inertialsystemen eine *Gruppe* bildet, die wir hier (vorläufig) mit $\Gamma$ bezeichnen wollen. Für $T_{I'I} \in \Gamma$ und $T_{J'J} \in \Gamma$ können wir nämlich $T_{J'J} = T_{I''I'}$ schreiben und erhalten

$$T_{J'J} \circ T_{I'I} \;=\; T_{I''I'} \circ T_{I'I} \;=\; T_{I''I} \;\in\; \Gamma \; .$$

Aus (R1) ergeben sich weitere Einschränkungen an die Koordinatentransformationen in $\Gamma$: Zunächst müssen alle Transformationen in $\Gamma$ *affin*, d.h. (inhomogen) linear sein, da sie – ohne Auszeichnung irgendwelcher Punkte – geradlinig-gleichförmige Bewegungen in geradlinig-gleichförmige Bewegungen überführen. Die allgemeinste derartige Transformation ist von der Gestalt

$$\boldsymbol{x}' \;=\; A\boldsymbol{x} + \boldsymbol{v}t + \boldsymbol{x}_0 \; , \tag{7.3}$$

$$t' \;=\; \gamma t + \boldsymbol{w}\cdot\boldsymbol{x} + t_0 \; , \tag{7.4}$$

wobei $A$ eine lineare Transformation im $\mathbb{R}^3$, $\boldsymbol{v}, \boldsymbol{w}, \boldsymbol{x}_0$ Vektoren im $\mathbb{R}^3$ und $\gamma, t_0$ Skalare in $\mathbb{R}$ sind; der Vektor $-A^{-1}\boldsymbol{v}$ ist als Relativgeschwindigkeit zwischen den beteiligten Inertialsystemen $I$ und $I'$ zu deuten. Außerdem muß $\Gamma$ die Gruppe der Drehungen im dreidimensionalen Raum als Untergruppe enthalten, d.h. alle Transformationen der oben angegebenen Form mit $A \in SO(3)$ und $\boldsymbol{v} = 0$, $\boldsymbol{w} = 0$, $\boldsymbol{x}_0 = 0$, $\gamma = 1$, $t_0 = 0$.

Implizit in der Newtonschen Mechanik enthalten ist, wie schon erwähnt, das *Newtonsche Relativitätsprinzip*, das die Bedingungen (R1) und (R2) durch das *Postulat des absoluten Raumes und der absoluten Zeit* ergänzt:

(RN) Raum und Zeit sind absolut, d.h. räumliche Abstände und zeitliche Differenzen sind unabhängig vom Bezugssystem.

Diese Forderung führt unmittelbar zur *Galilei-Invarianz* der Newtonschen Mechanik, denn sie erzwingt $A \in SO(3)$ in Gl. (7.3) sowie $\gamma = 1$ und $\boldsymbol{w} = 0$ in Gl. (7.4). Die allgemeinste *Galilei-Transformation* ist also von der Gestalt

$$\boldsymbol{x}' \;=\; R\boldsymbol{x} + \boldsymbol{v}t + \boldsymbol{x}_0 \; , \tag{7.5}$$

$$t' \;=\; t + t_0 \; , \tag{7.6}$$

mit $R \in SO(3)$, $\boldsymbol{v}, \boldsymbol{x}_0 \in \mathbb{R}^3$ und $t_0 \in \mathbb{R}$.

Zur Konkretisierung betrachten wir die Newtonschen Bewegungsgleichungen für ein System von Massenpunkten unter dem Einfluß innerer Paarkräfte, die entlang der Verbindungslinie zwischen den beteiligten Teilchen gerichtet sind und nur von deren Abstand abhängen; dies umfaßt eine Vielzahl von physikalisch wichtigen Beispielen. In diesem Fall – und bei Abwesenheit äußerer Kräfte – lassen sich sämtliche

Kräfte aus einem gemeinsamen Potential $V = V(|\boldsymbol{x}_1 - \boldsymbol{x}_2|, \ldots, |\boldsymbol{x}_i - \boldsymbol{x}_j|, \ldots)$ ableiten, und die Newtonschen Bewegungsgleichungen lauten

$$m_i \frac{d^2\boldsymbol{x}_i}{dt^2} = -\boldsymbol{\nabla}_i V \; . \tag{7.7}$$

Man rechnet sofort nach, daß die Gleichungen (7.7) invariant sind unter Galilei-Transformationen

$$\boldsymbol{x}_i \mapsto R\boldsymbol{x}_i + \boldsymbol{v}t + \boldsymbol{x}_0 \quad , \quad t \mapsto t + t_0 \; . \tag{7.8}$$

Selbstverständlich beziehen sich die Gleichungen (7.7) auf natürliche Koordinaten eines Inertialsystems, und so ist ihre Invarianz unter den Galilei-Transformationen (7.8) gerade der formale Ausdruck des Relativitätsprinzips der Newtonschen Mechanik. Die Vorstellung von einer absoluten Zeit und von instantan sich ausbreitenden Wechselwirkungen kommt hier bereits durch die Einführung eines nur von den relativen Lagen der Teilchen abhängigen Potentials zum Ausdruck.

Die Vakuum-Elektrodynamik gehorcht dem Relativitätsprinzip der Newtonschen Mechanik *nicht,* d.h. sie ist *nicht* Galilei-invariant. Die Maxwellschen Gleichungen enthalten nämlich eine universelle Geschwindigkeit $c$ und implizieren, daß sich Licht isotrop mit dieser Geschwindigkeit ausbreitet.

Die *Ätherhypothese* deutete diesen Sachverhalt so, daß die Maxwellschen Gleichungen nur in einem ausgezeichneten Inertialsystem, dem Äthersystem, richtig seien: Das Licht breite sich in einem Medium, dem Äther, aus – so wie der Schall im Medium Luft, und das Äthersystem sei das Inertialsystem, in dem der Äther ruht. Diese Vorstellung schien zunächst durch die Phänomene des Doppler-Effektes und der Aberration von Licht bestätigt. Alle Versuche, wie z.B. das Michelson–Morley-Experiment, die Bewegung von Lichtquellen relativ zum Äther – und damit den Äther selbst – nachzuweisen, sind jedoch fehlgeschlagen.

Statt diese Fehlschläge durch Zusatzhypothesen über die Eigenschaften des Äthers zu erklären, zog Einstein aus ihnen den Schluß, daß das Relativitätsprinzip selbst zu modifizieren sei. Von diesem Standpunkt aus ergibt sich fast zwangsläufig das *Einsteinsche Relativitätsprinzip,* das die Bedingungen (R1) und (R2) durch das *Postulat von der Konstanz und Universalität der Lichtgeschwindigkeit* ergänzt:

(RE) Die Vakuum-Lichtgeschwindigkeit $c$ ist endlich und universell: Bezogen auf ein beliebiges Inertialsystem ist die Ausbreitung des Lichtes im Vakuum unabhängig vom Bewegungszustand der Quelle.

Diese Forderung führt, wie wir noch sehen werden, zur *Lorentz-Invarianz* der relativistischen Mechanik und der Elektrodynamik.

Offenbar widersprechen sich das Newtonsche und das Einsteinsche Relativitätsprinzip. Aus der Analyse dieses Umstandes erwuchs die Einsteinsche Kritik an dem Begriff der absoluten Zeit, insbesondere an dem der absoluten Gleichzeitigkeit. Im Rahmen der Newtonschen Mechanik nämlich bereitet die Synchronisation räumlich weit voneinander entfernter und in einem Inertialsystem ruhender Uhren keinerlei Schwierigkeiten, und zwar unabhängig vom Bewegungszustand des Beobachters: Sie läßt sich beispielsweise durch einen Transport der Uhren durchführen, oder aber mittels starrer Stangen oder anderer instantaner Signale. Legt man dagegen das Einsteinsche Relativitätsprinzip zugrunde, so wird die Synchronisation problematisch, und man ist gezwungen, die Synchronisationsvorschrift zu präzisieren. Dies geschieht vorzugsweise durch die

*Einsteinsche Synchronisationsvorschrift:*

> In einem gegebenen Inertialsystem sei im Ursprung eine dort ruhende Uhr $U(0)$ angebracht. In einem anderen Punkt $\boldsymbol{x}$ befinde sich eine dort ruhende gleichartige Uhr $U(\boldsymbol{x})$. In dem Augenblick, da $U(0)$ die Zeit $t_1$ anzeigt, wird durch eine im Ursprung ruhende Quelle ein Lichtsignal ausgesandt, das zum Punkt $\boldsymbol{x}$ läuft, dort reflektiert wird und in dem Augenblick wieder im Ursprung ankommt, da $U(0)$ die Zeit $t_3$ anzeigt. $U(\boldsymbol{x})$ gilt als synchronisiert mit $U(0)$, wenn $U(\boldsymbol{x})$ im Augenblick der Reflexion die Zeit
>
> $$t_2 = t_1 + \tfrac{1}{2}(t_3 - t_1) = t_1 + |\boldsymbol{x}|/c$$
>
> anzeigt; dabei ist $c$ die Vakuum-Lichtgeschwindigkeit.

Diese Synchronisationsvorschrift ist sicher universell, denn sie ist intrinsisch in jedem Inertialsystem durchführbar. Außerdem stellt sie sicher, daß Lichtsignale, die von ruhenden Quellen ausgehen, sich isotrop und mit der universellen Geschwindigkeit $c$ ausbreiten. (Anstelle von Licht könnte man auch eine andere Form der Signalübertragung verwenden, sofern diese isotrop mit einer bekannten, festen Ausbreitungsgeschwindigkeit $v_0$ erfolgt.) Umgekehrt wird die der Einsteinschen Vorschrift zugrundeliegende Definition von $t_2$ als arithmetischer Mittelwert von $t_1$ und $t_3$ durch die Forderung nach Isotropie der Lichtausbreitung nahegelegt, denn setzt man z.B. allgemeiner $\tilde{t}_2 = t_1 + \epsilon(t_3 - t_1)$ mit $0 \le \epsilon \le 1$, so bleiben zwar geradlinig-gleichförmige Bewegungen stets geradlinig-gleichförmig, doch das Ausbreitungsgesetz von Lichtsignalen nimmt für $\epsilon \neq 1/2$ eine kompliziertere Gestalt an: Die Isotropie der Lichtausbreitung wäre durch eine Asymmetrie in der Koordinatenwahl verdeckt.

Wir werden später zeigen, daß die Einsteinsche Synchronisation mit der Synchronisation durch *langsamen* Uhrentransport übereinstimmt.

Zur Festlegung natürlicher Koordinaten in Inertialsystemen bedarf es – abgesehen von der Synchronisationsvorschrift – noch der Wahl räumlicher Koordinaten; dies läßt sich, wie zuvor beschrieben, durch Einführung eines orientierten orthonormalen Dreibeins bewerkstelligen.

Ein Inertialsystem mit Koordinaten, die durch natürliche Maßstäbe und natürliche Einstein-synchronisierte Uhren gegeben sind, wollen wir ein *Lorentz-System* nennen. Insbesondere gelten die Maxwellschen Gleichungen in jedem Lorentz-System.

## 7.2 Lorentz-Transformationen

Die Gestalt der Koordinatentransformation von einem Lorentz-System $K$ in ein anderes Lorentz-System $K'$ ist durch das Einsteinsche Relativitätsprinzip festgelegt.

Zu ihrer Beschreibung ist es zweckmäßig, statt $t$ die neue Zeitkoordinate $x^0 = ct$ zu benutzen und im $\mathbb{R}^4$ die kanonische Basis

$$e_0 = \begin{pmatrix} 1 \\ 0 \\ 0 \\ 0 \end{pmatrix}, \quad e_1 = \begin{pmatrix} 0 \\ 1 \\ 0 \\ 0 \end{pmatrix}, \quad e_2 = \begin{pmatrix} 0 \\ 0 \\ 1 \\ 0 \end{pmatrix}, \quad e_3 = \begin{pmatrix} 0 \\ 0 \\ 0 \\ 1 \end{pmatrix} \tag{7.9}$$

einzuführen. Die Koordinaten eines Ereignisses sind dann durch die Komponenten von Vektoren

$$x = \begin{pmatrix} x^0 \\ x^1 \\ x^2 \\ x^3 \end{pmatrix} = \begin{pmatrix} x^0 \\ \boldsymbol{x} \end{pmatrix} \in \mathbb{R}^4 \tag{7.10}$$

gegeben. Wir wollen die Komponenten von $x$ auch mit $x^\mu$ bezeichnen und vereinbaren, daß griechische Indizes $\mu$, $\nu$, $\kappa$, $\lambda$, ... die Werte 0, 1, 2 und 3, lateinische Indizes $i$, $j$, $k$, $l$, ... hingegen die Werte 1, 2 und 3 durchlaufen. Damit wird

$$x = x^\mu e_\mu = x^0 e_0 + x^1 e_1 + x^2 e_2 + x^3 e_3 \tag{7.11}$$

in Analogie zu

$$\boldsymbol{x} = x^i \boldsymbol{e}_i = x^1 \boldsymbol{e}_1 + x^2 \boldsymbol{e}_2 + x^3 \boldsymbol{e}_3 \tag{7.12}$$

(vgl. Anhang). Mit dieser Schreibweise sind die Koordinatentransformationen zwischen Lorentz-Systemen von der Form

$$x' = \Lambda x + a , \tag{7.13}$$

oder in Komponenten geschrieben

$$x'^\mu = \Lambda^\mu_\nu x^\nu + a^\nu . \tag{7.14}$$

Hierbei repräsentiert der Vierervektor $a \in \mathbb{R}^4$ nur eine triviale Verschiebung des raum-zeitlichen Koordinatenursprungs. Solche Translationen sind sicher stets zulässig; es genügt deshalb, sich auf die Diskussion des homogenen Anteils zu beschränken. Wir wollen also diejenigen linearen Transformationen $\Lambda$ bestimmen, die Anlaß zu Koordinatentransformationen zwischen Lorentz-Systemen geben. Diese müssen offenbar wieder eine Gruppe bilden, die wir hier (vorläufig) mit $\tilde{\Gamma}$ bezeichnen wollen; es ist die Untergruppe derjenigen Koordinatentransformationen in der zuvor eingeführten Gruppe $\Gamma$, die den raum-zeitlichen Koordinatenursprung fest lassen. Wie sich im folgenden herausstellen wird, sind $\tilde{\Gamma}$, und damit auch $\Gamma$, durch das Postulat von der Konstanz und Universalität der Lichtgeschwindigkeit bereits vollständig festgelegt.

Um dies zu zeigen, definieren wir zunächst auf dem $\mathbb{R}^4$ eine nicht-degenerierte symmetrische Bilinearform $\eta$, die in der gesamten Relativitätstheorie eine fundamentale Rolle spielt und durch

$$\eta(x, y) = \eta_{\mu\nu} x^\mu x^\nu \tag{7.15}$$

gegeben ist, wobei

$$\eta_{00} = +1 \;, \quad \eta_{11} = \eta_{22} = \eta_{33} = -1 \;, \quad \eta_{\mu\nu} = 0 \quad \text{für} \quad \mu \neq \nu \,. \tag{7.16}$$

Statt $\eta(x, y)$ schreibt man oft auch $x \cdot y$, so daß

$$x \cdot y = x^0 y^0 - \boldsymbol{x} \cdot \boldsymbol{y} \,. \tag{7.17}$$

In Bezug auf das durch $\eta$ gegebene Skalarprodukt wird der $\mathbb{R}^4$ damit zu einem vierdimensionalen pseudo-Euklidischen Vektorraum, der als *Minkowski-Raum* bezeichnet wird, und die kanonische Basis (7.9) ist darin eine Orthonormalbasis (vgl. Anhang).

Das Skalarprodukt im Minkowski-Raum ist nicht positiv definit (auch nicht negativ definit); es gibt folglich durchaus Vektoren $x \neq 0$ mit $\eta(x, x) = 0$. Solche Vektoren heißen *lichtartig,* und die Menge aller lichtartigen Vektoren bildet einen Doppelkegel im Minkowski-Raum, den *Lichtkegel* (vgl. Abb. 7.1). Die Bezeichnung „lichtartig" liegt in der Tatsache begründet, daß ein zur Zeit $x^0/c$ vom Punkt $\boldsymbol{x}$ in Richtung des Vektors $\boldsymbol{y} - \boldsymbol{x}$ ausgesandtes Lichtsignal genau dann zur Zeit $y^0/c$ am Punkt $\boldsymbol{y}$ eintreffen wird, wenn

$$|\boldsymbol{y} - \boldsymbol{x}| = y^0 - x^0$$

ist, d.h. wenn $y - x \in \mathbb{R}^4$ lichtartig (und $y^0 > x^0$) ist, sowie in dem Umstand, daß diese Feststellung gemäß dem Postulat von der Konstanz und Universalität der Lichtgeschwindigkeit in jedem Inertialsystem $I$ richtig sein muß – unabhängig vom Bewegungszustand der Quelle, die das Lichtsignal aussendet, oder des Detektors, der das Lichtsignal empfängt.

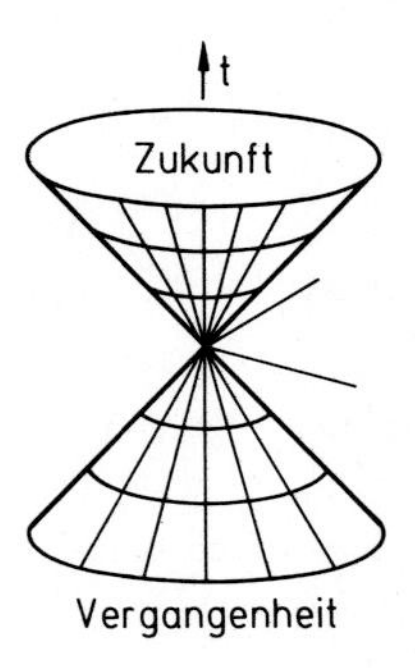


**Abb. 7.1**: Lichtkegel im Minkowskiraum (eine Raumdimension ist unterdrückt)

Für die homogenen Koordinatentransformationen $\Lambda \in \tilde{\Gamma}$ zwischen Lorentz-Systemen ergibt sich aus diesem Postulat die Forderung, daß sie lichtartige Vektoren wieder in lichtartige Vektoren abbilden müssen:

$$\eta(x, x) = 0 \quad \Longrightarrow \quad \eta(\Lambda x, \Lambda x) = 0 \,. \tag{7.18}$$

Hieraus folgt

$$\eta(\Lambda x, \Lambda y) = a(\Lambda)\,\eta(x,y) \tag{7.19}$$

mit einem Faktor $a(\Lambda)$, der von der Transformation $\Lambda$ abhängen kann.

Zum Beweis spalten wir den Minkowski-Raum in zwei bezüglich $\eta$ orthogonale Unterräume $V_+$ und $V_-$ auf, wobei $V_+$ aus allen Vielfachen von $e_0$ und $V_-$ aus allen Linearkombinationen von $e_1$, $e_2$ und $e_3$ besteht; dann ist $\eta$ positiv definit auf $V_+$ und negativ definit auf $V_-$ . Ferner setzen wir

$$a(\Lambda) = \eta(\Lambda e_0, \Lambda e_0)\ .$$

Dann gilt zunächst für $x_+ \in V_+$ mit $x_+ = x^0 e_0$

$$\eta(x_+, x_+) = (x^0)^2 \quad , \quad \eta(\Lambda x_+, \Lambda x_+) = (x^0)^2\,\eta(\Lambda e_0, \Lambda e_0)\ ,$$

also

$$\eta(\Lambda x_+, \Lambda x_+) = a(\Lambda)\,\eta(x_+, x_+)\ . \tag{7.20-a}$$

Andererseits gilt für $x_+ \in V_+$ und $x_- \in V_-$

$$\eta(\Lambda x_+, \Lambda x_-) = 0\ , \tag{7.20-b}$$

$$\eta(\Lambda x_-, \Lambda x_-) = a(\Lambda)\,\eta(x_-, x_-)\ . \tag{7.20-c}$$

Zum Beweis dürfen wir o.B.d.A. $x_+ \neq 0$, $x_- \neq 0$ annehmen und in Gl. (7.20-b) den Vektor $x_+$ durch den dazu proportionalen Vektor

$$y_+ = \sqrt{-\frac{\eta(x_-, x_-)}{\eta(x_+, x_+)}}\;x_+ = \sqrt{-\,\eta(x_-, x_-)}\;e_0$$

ersetzen. Die Normierung von $y_+$ ist gerade so gewählt, daß die Vektoren $x_- + y_+$ und $x_- - y_+$ beide lichtartig sind, d.h.

$$\eta(x_- \pm y_+, x_- \pm y_+) = 0\ .$$

Daraus folgt

$$\eta(\Lambda(x_- \pm y_+), \Lambda(x_- \pm y_+)) = 0\ ,$$

d.h.

$$\eta(\Lambda x_-, \Lambda x_-) + \eta(\Lambda y_+, \Lambda y_+) \pm 2\eta(\Lambda x_-, \Lambda y_+) = 0\ ,$$

also

$$\eta(\Lambda x_-, \Lambda y_+) = 0\ ,$$

und gemäß der schon zuvor bewiesenen Gl. (7.20-a)

$$\eta(\Lambda x_-, \Lambda x_-) = -\,\eta(\Lambda y_+, \Lambda y_+) = -a(\Lambda)\,\eta(y_+, y_+) = a(\Lambda)\,\eta(x_-, x_-)\ .$$

Durch Kombination von Gl. (7.20-a)–(7.20-c) ergibt sich ganz allgemein für $x \in \mathbb{R}^4$

$$\eta(\Lambda x, \Lambda x) = a(\Lambda)\,\eta(x, x)\ .$$

Ersetzt man hierin $x$ zum einen durch $x+y$ und zum anderen durch $x-y$ und bildet man die Differenz der beiden so entstehenden Gleichungen, so erhält man Gl. (7.19).

In Indexschreibweise bzw. in Matrixschreibweise nimmt Gl. (7.19) die Form

$$\eta_{\kappa\lambda}\,\Lambda^{\kappa}_{\mu}\,\Lambda^{\lambda}_{\nu} \;=\; a(\Lambda)\,\eta_{\mu\nu} \tag{7.21}$$

bzw.

$$\Lambda^{\mathrm{T}}\eta\Lambda \;=\; a(\Lambda)\,\eta \tag{7.22}$$

an; der Faktor $a(\Lambda)$ ist dabei stets positiv: $a(\Lambda) > 0$.

Die Möglichkeit $a(\Lambda) = 0$ scheidet aus, da $\eta$ nicht-degeneriert ist und $\Lambda$ ein Inverses besitzt. Wäre dagegen $a(\Lambda) < 0$, so wäre $\eta$ negativ definit auf dem dreidimensionalen Raum $V_-$, aber positiv definit auf dem dreidimensionalen Raum $\Lambda V_-$, d.h. gleichzeitig positiv und negativ definit auf dem Durchschnitt $V_- \cap \Lambda V_-$, was allenfalls dann möglich wäre, wenn der Durchschnitt nur den Ursprung enthielte: $V_- \cap \Lambda V_- \;=\; \{0\}$. Dies aber ist schon aus Dimensionsgründen auszuschließen: Die für zwei beliebige Unterräume $V_1$ und $V_2$ eines beliebigen endlich-dimensionalen Vektorraums $W$ gültige Formel

$$\dim(V_1 + V_2) + \dim(V_1 \cap V_2) \;=\; \dim(V_1) + \dim(V_2)$$

erzwingt im vorliegenden Fall nämlich $\dim(V_- \cap \Lambda V_-) \geq 2$.

Außerdem ist der Faktor $a(\Lambda)$ offenbar multiplikativ bezüglich der Hintereinanderschaltung von Transformationen:

$$a(\Lambda_1\Lambda_2) \;=\; a(\Lambda_1)\,a(\Lambda_2)\,. \tag{7.23}$$

Daher bildet die Untermenge derjenigen linearen Transformationen $\Lambda$ des Minkowski-Raums $\mathbb{R}^4$ in sich, die die Gleichungen (7.19), (7.21) und (7.22) erfüllen, eine Gruppe $\hat{\Gamma}$, die im wesentlichen aus zwei Untergruppen aufgebaut ist:

(a) *Skalentransformationen* sind lineare Abbildungen $D_\lambda : \mathbb{R}^4 \longrightarrow \mathbb{R}^4$ der Form

$$D_\lambda x \;=\; \lambda x \qquad \text{mit} \quad \lambda > 0\,, \tag{7.24}$$

die folglich der Relation $a(D_\lambda) = \lambda^2$ genügen. Sie bilden eine Untergruppe von $\hat{\Gamma}$, die isomorph ist zur Gruppe $\mathbb{R}^+$ der positiven reellen Zahlen, versehen mit der Multiplikation.

(b) *Lorentz-Transformationen* sind lineare Abbildungen $\Lambda : \mathbb{R}^4 \longrightarrow \mathbb{R}^4$ mit der Eigenschaft, daß

$$\eta(\Lambda x, \Lambda y) \;=\; \eta(x, y) \tag{7.25}$$

oder in Indexschreibweise bzw. in Matrixschreibweise

$$\eta_{\kappa\lambda}\,\Lambda^{\kappa}_{\mu}\,\Lambda^{\lambda}_{\nu} \;=\; \eta_{\mu\nu} \tag{7.26}$$

bzw.

$$\Lambda^{\mathrm{T}}\eta\Lambda \;=\; \eta \tag{7.27}$$

gilt, d.h. also daß $a(\Lambda) = 1$ ist. Sie bilden eine Untergruppe von $\hat{\Gamma}$, nämlich die pseudo-orthogonale Gruppe $O(1,3)$; diese Gruppe heißt auch die *Lorentz-Gruppe* und wird oft mit $L$ bezeichnet.

Man sieht sofort, daß jede Transformation in $\hat{\Gamma}$ eindeutig als das Produkt einer Skalentransformation und einer Lorentz-Transformation geschrieben werden kann, wobei die Reihenfolge der Faktoren unerheblich ist, da Skalentransformationen mit Lorentz-Transformationen (sogar mit linearen Transformationen überhaupt) kommutieren. $\hat{\Gamma}$ hat also die Struktur eines direkten Produktes

$$\hat{\Gamma} \simeq \mathbb{R}^+ \times L \, . \tag{7.28}$$

Als nächstes wollen wir uns die Struktur der Lorentz-Gruppe $L$ näher ansehen. Wir beginnen mit der Feststellung, daß $L$ nicht zusammenhängend ist, sondern in insgesamt vier Zusammenhangskomponenten zerfällt:

$$L = L_+^\uparrow \cup L_+^\downarrow \cup L_-^\uparrow \cup L_-^\downarrow \, . \tag{7.29}$$

Um dies einzusehen, betrachten wir erstens die Determinante und zweitens das Vorzeichen der 00-Diagonalelementes: Für $\Lambda \in L$ gilt

$$\det(\eta) = \det(\Lambda^{\mathrm{T}} \, \eta \, \Lambda) = \det(\Lambda^{\mathrm{T}}) \det(\eta) \det(\Lambda)$$

und daher

$$\det(\Lambda) = \pm 1 \, , \tag{7.30}$$

sowie

$$1 = \eta_{00} = \eta_{\kappa\lambda} \, \Lambda^\kappa_0 \, \Lambda^\lambda_0 = (\Lambda^0_0)^2 - (\Lambda^1_0)^2 - (\Lambda^2_0)^2 - (\Lambda^3_0)^2$$

und daher

$$|\Lambda^0_0| \geq 1 \, . \tag{7.31}$$

Dann ist definitionsgemäß

$$\begin{aligned} L_+^\uparrow &= \{ \Lambda \in L \, / \, \det(\Lambda) = +1 \, , \, \Lambda^0_0 \geq +1 \} \, , \\ L_+^\downarrow &= \{ \Lambda \in L \, / \, \det(\Lambda) = +1 \, , \, \Lambda^0_0 \leq -1 \} \, , \\ L_-^\uparrow &= \{ \Lambda \in L \, / \, \det(\Lambda) = -1 \, , \, \Lambda^0_0 \geq +1 \} \, , \\ L_-^\downarrow &= \{ \Lambda \in L \, / \, \det(\Lambda) = -1 \, , \, \Lambda^0_0 \leq -1 \} \, . \end{aligned} \tag{7.32}$$

Untergruppen von $L$ sind die Gruppe $L_+$ der *eigentlichen Lorentz-Transformationen,*

$$L_+ = L_+^\uparrow \cup L_+^\downarrow = \{ \Lambda \in L \, / \, \det(\Lambda) = 1 \} \, , \tag{7.33}$$

die Gruppe $L^\uparrow$ der *orthochronen Lorentz-Transformationen,*

$$L^\uparrow = L_+^\uparrow \cup L_-^\uparrow = \{ \Lambda \in L \, / \, \Lambda^0_0 \geq 1 \} \, , \tag{7.34}$$

und deren Durchschnitt, die in Gl. (7.32) angegebene Gruppe $L_+^\uparrow$ der *eigentlichen orthochronen Lorentz-Transformationen.*

Ausgezeichnete Elemente von $L_-^\uparrow$ bzw. $L_-^\downarrow$ bzw. $L_+^\downarrow$ sind die *Raumspiegelung* oder *Parität* $P$ bzw. die *Zeitumkehr* $T$ bzw. die *totale Inversion* $PT$, die durch

$$
\begin{aligned}
P\begin{pmatrix} x^0 \\ \boldsymbol{x} \end{pmatrix} &= \begin{pmatrix} x^0 \\ -\boldsymbol{x} \end{pmatrix}, \quad \text{d.h.} \quad P = \begin{pmatrix} +1 & 0 & 0 & 0 \\ 0 & -1 & 0 & 0 \\ 0 & 0 & -1 & 0 \\ 0 & 0 & 0 & -1 \end{pmatrix}, \\
T\begin{pmatrix} x^0 \\ \boldsymbol{x} \end{pmatrix} &= \begin{pmatrix} -x^0 \\ \boldsymbol{x} \end{pmatrix}, \quad \text{d.h.} \quad T = \begin{pmatrix} -1 & 0 & 0 & 0 \\ 0 & +1 & 0 & 0 \\ 0 & 0 & +1 & 0 \\ 0 & 0 & 0 & +1 \end{pmatrix}, \\
PT(x) &= -x, \quad \text{d.h.} \quad PT = \begin{pmatrix} -1 & 0 & 0 & 0 \\ 0 & -1 & 0 & 0 \\ 0 & 0 & -1 & 0 \\ 0 & 0 & 0 & -1 \end{pmatrix},
\end{aligned}
\tag{7.35}
$$

definiert sind. Man überzeugt sich sofort davon, daß jede Lorentz-Transformation $\Lambda \in L$ eindeutig in der Form

$$\Lambda = P^n T^m \Lambda_0 \qquad \text{mit} \quad n, m \in \{0, 1\}, \ \Lambda_0 \in L_+^\uparrow \tag{7.36}$$

geschrieben werden kann.

Damit ist das Problem auf die Aufgabe reduziert, den Aufbau der eigentlichen orthochronen Lorentzgruppe zu klären; insbesondere haben wir noch zu zeigen, daß $L_+^\uparrow$ tatsächlich zusammenhängend ist.

Zu diesem Zweck bemerken wir zunächst, daß $L_+^\uparrow$ in natürlicher Weise die Drehgruppe $SO(3)$ enthält:

$$\tilde{R} = \begin{pmatrix} 1 & 0 \quad 0 \quad 0 \\ 0 & \\ 0 & R \\ 0 & \end{pmatrix} \in L_+^\uparrow \qquad \text{für} \quad R \in SO(3). \tag{7.37}$$

Offenbar ist nämlich

$$\tilde{R}\begin{pmatrix} x^0 \\ \boldsymbol{x} \end{pmatrix} = \begin{pmatrix} x^0 \\ R\boldsymbol{x} \end{pmatrix} \tag{7.38}$$

und demzufolge

$$\eta(\tilde{R}x, \tilde{R}y) = x^0 y^0 - (R\boldsymbol{x}) \cdot (R\boldsymbol{y}) = x^0 y^0 - \boldsymbol{x} \cdot \boldsymbol{y} = \eta(x, y)$$

sowie $\det(\tilde{R}) = 1$ und $\tilde{R}^0_0 = 1$. Üblicherweise identifiziert man die $\tilde{R}$ mit den $R$ und bezeichnet deshalb auch die $\tilde{R}$ als *Rotationen* im Minkowski-Raum; diese bilden also eine Untergruppe der (eigentlichen orthochronen) Lorentz-Gruppe, die isomorph ist zur Drehgruppe $SO(3)$. Ferner sieht man, daß eine (eigentliche orthochrone) Lorentz-Transformation $\Lambda \in L_+^\uparrow$ genau dann eine Rotation ist, wenn

$$\Lambda e_0 = e_0 . \tag{7.39}$$

Als nächstes bestimmen wir diejenigen (eigentlichen orthochronen) Lorentz-Transformationen $\Lambda \in L_+^\uparrow$, die (beispielsweise) die Koordinaten $x^2$ und $x^3$ fest lassen, also von der Form

$$\Lambda = \begin{pmatrix} \Lambda^0_0 & \Lambda^0_1 & 0 & 0 \\ \Lambda^1_0 & \Lambda^1_1 & 0 & 0 \\ 0 & 0 & 1 & 0 \\ 0 & 0 & 0 & 1 \end{pmatrix}$$

sind. Für sie muß

$$\begin{aligned} (\Lambda^0_0)^2 - (\Lambda^1_0)^2 &= \eta(\Lambda e_0, \Lambda e_0) = \eta(e_0, e_0) = +1 \,, \\ (\Lambda^0_1)^2 - (\Lambda^1_1)^2 &= \eta(\Lambda e_1, \Lambda e_1) = \eta(e_1, e_1) = -1 \,, \\ \Lambda^0_0 \Lambda^0_1 - \Lambda^1_0 \Lambda^1_1 &= \eta(\Lambda e_0, \Lambda e_1) = \eta(e_0, e_1) = 0 \,, \end{aligned}$$

sowie

$$\Lambda^0_0 \geq 1$$

und

$$\det(\Lambda) = \Lambda^0_0 \Lambda^1_1 - \Lambda^1_0 \Lambda^0_1 = 1$$

gelten. Die allgemeinste Lösung dieser Bedingungsgleichungen lautet

$$\Lambda^0_0 = \Lambda^1_1 = \cosh\theta \quad , \quad \Lambda^1_0 = \Lambda^0_1 = -\sinh\theta$$

mit beliebigem $\theta \in \mathbb{R}$; wir wollen diese Transformation mit $\Lambda_1(\theta)$ bezeichnen:

$$\Lambda_1(\theta) = \begin{pmatrix} \cosh\theta & -\sinh\theta & 0 & 0 \\ -\sinh\theta & \cosh\theta & 0 & 0 \\ 0 & 0 & 1 & 0 \\ 0 & 0 & 0 & 1 \end{pmatrix} . \tag{7.40}$$

Lorentz-Transformationen der Form $\Lambda_1(\theta)$ heißen *Boosts* in 1-Richtung, und der Parameter $\theta$ heißt *Rapidität.* Zu seiner anschaulichen Deutung betrachten wir die Wirkung von $\Lambda_1(\theta)$ auf Vektoren $x \in \mathbb{R}^4$:

$$\begin{aligned} x'^0 &= x^0 \cosh\theta - x^1 \sinh\theta \,, \\ x'^1 &= x^1 \cosh\theta - x^0 \sinh\theta \,, \\ x'^2 &= x^2 \quad , \quad x'^3 = x^3 \,. \end{aligned} \tag{7.41}$$

Insbesondere ist $x'^1 = 0$ genau dann, wenn $x^1 = ct \tanh\theta = vt$. Somit beschreibt $\Lambda_1(\theta)$ eine Koordinatentransformation, bei der sich der Ursprung von $I'$, vom System $I$ aus gesehen, mit der Geschwindigkeit

$$v = c \tanh\theta \tag{7.42}$$

in 1-Richtung bewegt. Wenn wir die Rapidität $\theta$ durch die Geschwindigkeit $v$ ausdrücken, erhalten die Transformationen (7.41) die Form

$$\begin{aligned} x'^0 &= \gamma\,(x^0 - \beta x^1) \,, \\ x'^1 &= \gamma\,(x^1 - \beta x^0) \,, \\ x'^2 &= x^2 \quad , \quad x'^3 = x^3 \,, \end{aligned} \tag{7.43}$$

mit

$$\beta = \frac{v}{c} \qquad \text{und} \qquad \gamma = \frac{1}{\sqrt{1-\beta^2}} = \frac{1}{\sqrt{1-v^2/c^2}} \tag{7.44}$$

oder, noch expliziter,

$$\begin{aligned} t' &= \frac{t - vx^1/c^2}{\sqrt{1-v^2/c^2}} \,, \\ x'^1 &= \frac{x^1 - vt}{\sqrt{1-v^2/c^2}} \,, \\ x'^2 &= x^2 \;, \quad x'^3 = x^3 \,. \end{aligned} \tag{7.45}$$

Ganz analog definiert man Boosts $\Lambda_2(\theta)$ bzw. $\Lambda_3(\theta)$ in 2-Richtung bzw. 3-Richtung, und allgemein Boosts $\Lambda(\boldsymbol{n},\theta)$ in Richtung eines beliebigen Einheitsvektors $\boldsymbol{n}$ im dreidimensionalen Raum. So ist z.B., in Ergänzung zu Gl. (7.40),

$$\begin{aligned} \Lambda_1(\theta) &= \begin{pmatrix} \cosh\theta & -\sinh\theta & 0 & 0 \\ -\sinh\theta & \cosh\theta & 0 & 0 \\ 0 & 0 & 1 & 0 \\ 0 & 0 & 0 & 1 \end{pmatrix}, \\ \Lambda_2(\theta) &= \begin{pmatrix} \cosh\theta & 0 & -\sinh\theta & 0 \\ 0 & 1 & 0 & 0 \\ -\sinh\theta & 0 & \cosh\theta & 0 \\ 0 & 0 & 0 & 1 \end{pmatrix}, \\ \Lambda_3(\theta) &= \begin{pmatrix} \cosh\theta & 0 & 0 & -\sinh\theta \\ 0 & 1 & 0 & 0 \\ 0 & 0 & 1 & 0 \\ -\sinh\theta & 0 & 0 & \cosh\theta \end{pmatrix}, \end{aligned} \tag{7.46}$$

und die Wirkung von $\Lambda(\boldsymbol{n},\theta)$ auf Vektoren im Minkowski-Raum ist, in Verallgemeinerung von Gl. (7.43), durch

$$\begin{aligned} x'^0 &= \gamma\,(x^0 - \beta\,\boldsymbol{n}\cdot\boldsymbol{x}) \,, \\ \boldsymbol{x}'_{\parallel} &= \gamma\,(\boldsymbol{x}_{\parallel} - \beta\boldsymbol{n}x^0) \,, \\ \boldsymbol{x}'_{\perp} &= \boldsymbol{x}_{\perp} \,, \end{aligned} \tag{7.47}$$

gegeben, mit

$$\beta = \frac{v}{c} \qquad \text{und} \qquad \gamma = \frac{1}{\sqrt{1-\beta^2}} = \frac{1}{\sqrt{1-v^2/c^2}} \tag{7.48}$$

wie zuvor, und

$$\boldsymbol{v} = c\tanh\theta\,\boldsymbol{n} \,, \tag{7.49}$$

wobei $\boldsymbol{x}_{\parallel}$ ($\boldsymbol{x}'_{\parallel}$) bzw. $\boldsymbol{x}_{\perp}$ ($\boldsymbol{x}'_{\perp}$) die Komponenten von $\boldsymbol{x}$ ($\boldsymbol{x}'$) parallel bzw. senkrecht zu $\boldsymbol{n}$ bezeichnet.

$\Lambda(\boldsymbol{n},\theta)$ ist also eine Koordinatentransformation, die zwischen zwei relativ zueinander mit der Geschwindigkeit $\boldsymbol{v}$ bewegten Lorentz-Systemen vermittelt, wobei $\boldsymbol{n}$, $\theta$ und $\boldsymbol{v}$ durch Gl. (7.49) verknüpft sind; wir schreiben deshalb gelegentlich auch $B(\boldsymbol{v})$ anstelle von $\Lambda(\boldsymbol{n},\theta)$. Der Vorteil bei der Verwendung der Rapidität $\theta$ anstelle der Geschwindigkeit $v$ (oder der dimensionslos gemachten Geschwindigkeit $\beta = v/c$) liegt in dem einfachen Kompositionsgesetz: Hintereinanderausführung zweier Boosts in der gleichen Richtung liefert wieder einen Boost in der gleichen Richtung, wobei sich die Rapiditäten einfach addieren:

$$\Lambda(\boldsymbol{n},\theta_1)\,\Lambda(\boldsymbol{n},\theta_2) \;=\; \Lambda(\boldsymbol{n},\theta_1+\theta_2)\;. \tag{7.50}$$

Übersetzt man diese Regel von den Rapiditäten in die Geschwindigkeiten, so ergibt sich

$$B(\boldsymbol{v}_1)\,B(\boldsymbol{v}_2) \;=\; B(\boldsymbol{v}) \tag{7.51}$$

mit

$$\boldsymbol{v}_1 \;=\; v_1\boldsymbol{n} \quad,\quad \boldsymbol{v}_2 \;=\; v_2\boldsymbol{n} \quad,\quad \boldsymbol{v} \;=\; v\boldsymbol{n} \tag{7.52}$$

und

$$v \;=\; \frac{v_1+v_2}{1+v_1v_2/c^2}\;. \tag{7.53}$$

Die letzte Gleichung ist als das relativistische *Additionstheorem der Geschwindigkeiten* bekannt. Weiter ersehen wir aus den Gleichungen (7.47)–(7.49), daß die Lichtgeschwindigkeit $c$ eine obere Grenze für die mögliche Relativgeschwindigkeit zweier Inertialsysteme darstellt, da die Größe $\gamma$ für $v=c$ unendlich und für $v>c$ imaginär wird; Gl. (7.50) oder Gl. (7.53) zeigt, daß diese obere Grenze auch durch den Trick der Kombination mehrerer sukzessiver Boosts in gleicher Richtung nicht umgangen werden kann. Übrigens liefert Hintereinanderausführung zweier Boosts in verschiedener Richtung i.a. keinen Boost mehr, d.h. die Menge aller Boosts bildet *keine* Untergruppe der (eigentlichen orthochronen) Lorentz-Gruppe. Dafür aber verhalten sich Boosts natürlich gegenüber Rotationen:

$$\begin{aligned} \tilde{R}\,\Lambda(\boldsymbol{n},\theta)\,\tilde{R}^{-1} \;&=\; \Lambda(R\boldsymbol{n},\theta) \\ &\text{oder} \\ \tilde{R}\,B(\boldsymbol{v})\,\tilde{R}^{-1} \;&=\; B(R\boldsymbol{v})\;. \end{aligned} \tag{7.54}$$

Schließlich läßt sich jede (eigentliche orthochrone) Lorentz-Transformation $\Lambda$ eindeutig als Produkt eines Boosts $B(\Lambda)$ und einer Rotation $\tilde{R}(\Lambda)$ schreiben:

$$\Lambda \;=\; B(\Lambda)\,\tilde{R}(\Lambda)\;. \tag{7.55}$$

In der Mathematik wird eine solche Zerlegung als *Cartan-Zerlegung* (in diesem Fall der Lorentz-Gruppe) bezeichnet.

Zum Beweis sei $\Lambda \in L_+^\uparrow$ beliebig vorgegeben. Wir schreiben

$$\Lambda e_0 \;=\; x_\Lambda \;=\; \begin{pmatrix} x_\Lambda^0 \\ \boldsymbol{x}_\Lambda \end{pmatrix}\;,$$

und wegen

$$(x_\Lambda^0)^2 - (\boldsymbol{x}_\Lambda)^2 = \eta(e_0, e_0) = 1 \quad , \quad x_\Lambda^0 \geq 1$$

dürfen wir

$$x_\Lambda^0 = \cosh\theta \quad , \quad |\boldsymbol{x}_\Lambda| = \sinh\theta \quad , \quad \boldsymbol{n} = \boldsymbol{x}_\Lambda / |\boldsymbol{x}_\Lambda|$$

setzen. Damit wird

$$\Lambda(\boldsymbol{n}, -\theta)\,\Lambda\, e_0 = e_0 \; ,$$

d.h. $\Lambda(\boldsymbol{n}, -\theta)\,\Lambda$ ist eine Rotation, und Gl. (7.55) ist mit $B(\Lambda) = \Lambda(\boldsymbol{n}, \theta)$ und $\tilde{R}(\Lambda) = \Lambda(\boldsymbol{n}, -\theta)\,\Lambda$ bewiesen.

Die Eindeutigkeit der Zerlegung beruht einfach auf der Tatsache, daß eine (eigentliche orthochrone) Lorentz-Transformation, die zugleich Boost und Rotation ist, notwendigerweise die Identität sein muß.

Unter Ausnutzung von Gl. (7.54) kann man sogar zeigen, daß sich jede orthochrone eigentliche Lorentz-Transformation $\Lambda \in L_+^\uparrow$ in der Form

$$\Lambda = \tilde{R}\, B_1\, \tilde{R}' \tag{7.56}$$

schreiben läßt, wobei $\tilde{R}$ und $\tilde{R}'$ Rotationen und $B_1$ ein Boost in 1-Richtung ist; allerdings ist eine solche Zerlegung nicht mehr eindeutig. Aus der Darstellung (7.55) folgt auch, daß die eigentliche orthochrone Lorentz-Gruppe zusammenhängend sein muß, weil die Drehgruppe $SO(3)$ zusammenhängend ist, d.h. jedes Element $\Lambda \in L_+^\uparrow$ läßt sich durch eine stetige Kurve mit dem Einheitselement verbinden, weil dies für jedes Element $R \in SO(3)$ möglich ist (was wir hier als bekannt voraussetzen). Damit ist auch gezeigt, daß die Lorentz-Gruppe insgesamt genau vier Zusammenhangskomponenten besitzt.

Zum Abschluß können wir nunmehr beweisen, daß die homogenen Koordinatentransformationen zwischen Lorentz-Systemen genau die eigentlichen orthochronen Lorentz-Transformationen sind:

$$\tilde{\Gamma} = L_+^\uparrow \; . \tag{7.57}$$

Einen ersten Hinweis in dieser Richtung liefert die Beobachtung, daß $\tilde{\Gamma}$ in der Untergruppe $L$ von $\hat{\Gamma}$ enthalten sein muß: Man kann nämlich argumentieren, daß der Faktor $a(\Lambda)$ in den Gleichungen (7.19), (7.21) und (7.22) aufgrund des Relativitätsprinzips und der Isotropie des Raumes nur vom Betrag der Relativgeschwindigkeit der beteiligten Inertialsysteme abhängen kann:

$$a(\Lambda) = a(|\boldsymbol{v}|) \; .$$

Also ist auch

$$a(\Lambda^{-1}) = a(|\boldsymbol{v}|) \; .$$

Durch Anwendung der Produkteigenschaft (7.23) folgt

$$a(|\boldsymbol{v}|)^2 = a(0) = 1 \; ,$$

also $a(|\boldsymbol{v}|) = 1$. Wir werden im folgenden aber ein anderes Verfahren benutzen, das auch die diskreten Anteile zu erfassen erlaubt.

Zu diesem Zweck gehen wir davon aus, daß (wegen der Isotropie des Raumes und aus Stetigkeitsgründen) folgende Transformationen in $\tilde{\Gamma}$ enthalten sein sollten:

(a) beliebige Raumdrehungen $\tilde{R}$,

(b) zu jeder Geschwindigkeit $\boldsymbol{v}$, die der Bedingung $v < c$ genügt, genau ein Boost $\tilde{B}(\boldsymbol{v})$, welcher den Übergang von einem gegebenen Lorentz-System zu einem neuen beschreibt, dessen Ursprung sich relativ zum ursprünglichen mit der Geschwindigkeit $\boldsymbol{v}$ bewegt.

Nicht in $\tilde{\Gamma}$ enthalten sein sollten dagegen:

(c) die Skalentransformationen $D_\lambda$,

(d) die Spiegelungen $P$ und $T$,

(e) Kombinationen dieser Transformationen.

Derartige Transformationen würden nämlich das Relativitätsprinzip, genauer das Prinzip der Universalität des Verfahrens der Koordinatenfestlegung, verletzen: Sie entsprechen Transformationen zwischen Koordinatensystemen ohne Relativbewegung mit parallelen Koordinatenachsen. Natürliche Koordinaten in solchen Systemen müssen aber identisch sein.

Nun ist gemäß den Gleichungen (7.19), (7.21) und (7.22) $\tilde{\Gamma}$ eine Untergruppe von $\hat{\Gamma}$, und aufgrund von Gl. (7.28) und Gl. (7.36) wissen wir, daß jede lineare Transformation $\Lambda \in \hat{\Gamma}$ eindeutig in der Form

$$\Lambda = D_\lambda P^n T^m \Lambda_0 \qquad \text{mit} \quad \lambda > 0 \,,\ n, m \in \{0, 1\} \,,\ \Lambda_0 \in L_+^\uparrow \tag{7.58}$$

geschrieben werden kann. Insbesondere sind alle $\tilde{\Lambda} \in \tilde{\Gamma}$ von der Form

$$\tilde{\Lambda} = D_\lambda P^n T^m \Lambda \qquad \text{mit} \quad \lambda > 0 \,,\ n, m \in \{0, 1\} \,,\ \Lambda \in L_+^\uparrow \,, \tag{7.59}$$

wobei wegen (a) und (b) wirklich alle $\Lambda \in L_+^\uparrow$ auftreten müssen. Zu jedem $\Lambda \in L_+^\uparrow$ darf aber auch nur *ein* Wert für $\lambda$, für $n$ und für $m$ gehören, da sonst wegen der Gruppeneigenschaft von $\tilde{\Gamma}$ auch mindestens eine der in (c)–(e) verbotenen Transformationen in $\tilde{\Gamma}$ enthalten sein müßte; also sind in Gl. (7.59) $\lambda$, $n$ und $m$ Funktionen von $\Lambda$, wobei

$$\lambda(\Lambda_1 \Lambda_2) = \lambda(\Lambda_1)\, \lambda(\Lambda_2) \tag{7.60}$$

und

$$\begin{aligned} n(\Lambda_1 \Lambda_2) &= n(\Lambda_1) + n(\Lambda_2) && \mod 2 \\ m(\Lambda_1 \Lambda_2) &= m(\Lambda_1) + m(\Lambda_2) && \mod 2 \end{aligned} \tag{7.61}$$

gelten muß. Weiter ist $n(1) = m(1) = 0$, und da $n(\Lambda)$ und $m(\Lambda)$ stetig von $\Lambda$ abhängen müssen und $L_+^\uparrow$ zusammenhängend ist, gilt

$$n(\Lambda) = m(\Lambda) = 0$$

für alle $\Lambda \in L_+^\uparrow$. Damit bleibt nur noch zu zeigen, daß auch

$$\lambda(\Lambda) = 1$$

für alle $\Lambda \in L_+^\uparrow$ ist; dies beruht auf der Multiplikativität nach Gl. (7.60).

Zum Beweis benutzen wir die Zerlegung (7.55): $\Lambda = B\tilde{R}$ impliziert $\lambda(\Lambda) = \lambda(B)\,\lambda(\tilde{R})$; es genügt also, $\lambda(\tilde{R}) = 1$ und $\lambda(B) = 1$ zu zeigen. Nun ist jede Drehung $\tilde{R}$ bzw. jeder Boost $B$ von der Form

$$\tilde{R} = \tilde{S}\,\tilde{R}_3(\varphi)\,\tilde{S}^{-1} \qquad \text{bzw.} \qquad B = \tilde{S}\,\Lambda_3(\theta)\,\tilde{S}^{-1} ,$$

wobei $\tilde{S}$ eine geeignete Drehung und $\tilde{R}_3(\varphi)$ eine Drehung um die 3-Achse um den Winkel $\varphi$ sowie $\Lambda_3(\theta)$ ein Boost in 3-Richtung mit der Geschwindigkeit $v = c \tanh\theta$ ist. Wegen der Multiplikativitätseigenschaft (7.60) gilt daher

$$\lambda(\tilde{R}) = \lambda(\tilde{S})\,\lambda(\tilde{R}_3(\varphi))\,\lambda(\tilde{S}^{-1}) = \lambda(\tilde{R}_3(\varphi))$$

bzw.

$$\lambda(B) = \lambda(\tilde{S})\,\lambda(\Lambda_3(\theta))\,\lambda(\tilde{S}^{-1}) = \lambda(\Lambda_3(\theta))$$

und weiter

$$\tilde{R}_3(\varphi_1 + \varphi_2) = \tilde{R}_3(\varphi_1)\,\tilde{R}_3(\varphi_2)$$

bzw.

$$\Lambda_3(\theta_1 + \theta_2) = \Lambda_3(\theta_1)\,\Lambda_3(\theta_2) ,$$

so daß

$$\lambda(\tilde{R}) = \lambda(\tilde{R}_3(\varphi)) = \exp(\text{const.}\,\varphi)$$

bzw.

$$\lambda(B) = \lambda(\Lambda_3(\theta)) = \exp(\text{const.}\,\theta) .$$

Da sich jedoch bei Drehungen um verschiedene Achsen die Drehwinkel bzw. bei Boosts in verschiedene Richtungen die Rapiditäten nicht einfach addieren, bleibt nur const. $\equiv 0$, d.h. $\lambda \equiv 1$, und der Beweis von Gl. (7.57) ist vollständig.

Damit haben wir endgültig, und allein aufgrund des Einsteinschen Relativitätsprinzips, die Gruppe aller linear homogenen Koordinatentransformationen zwischen Lorentz-Systemen als die eigentliche orthochrone Lorentzgruppe identifiziert.

Hinzu kommen noch die Translationen: Man definiert die *Poincaré-Gruppe* $P$, die *eigentliche Poincaré-Gruppe* $P_+$, die *orthochrone Poincaré-Gruppe* $P^\uparrow$ und die *eigentliche orthochrone Poincaré-Gruppe* $P_+^\uparrow$ als diejenigen Gruppen von affinen Transformationen im Minkowski-Raum, deren homogene Anteile in den entsprechenden Versionen der Lorentz-Gruppe liegen:

$$P = \{ (a,\Lambda) \,/\, a \in \mathbb{R}^4 ,\ \Lambda \in L \} , \tag{7.62}$$

$$P_+ = \{ (a,\Lambda) \,/\, a \in \mathbb{R}^4 ,\ \Lambda \in L_+ \} , \tag{7.63}$$

$$P^\uparrow = \{ (a,\Lambda) \,/\, a \in \mathbb{R}^4 ,\ \Lambda \in L^\uparrow \} , \tag{7.64}$$

$$P_+^\uparrow = \{ (a,\Lambda) \,/\, a \in \mathbb{R}^4 ,\ \Lambda \in L_+^\uparrow \} . \tag{7.65}$$

Das Multiplikationsgesetz ergibt sich aus der Interpretation des Paares $(a, \Lambda)$ als eine Lorentz-Transformation $\Lambda$, gefolgt von einer Translation um $a$:

$$(a_1, \Lambda_1)(a_2, \Lambda_2) = (a_1 + \Lambda_1 a_2, \Lambda_1 \Lambda_2) . \tag{7.66}$$

Wir haben also vollständig bewiesen, und zwar allein aufgrund des Einsteinschen Relativitätsprinzips, daß die *Invarianzgruppe der speziellen Relativitätstheorie,* d.h. die Gruppe aller Koordinatentransformationen zwischen Lorentz-Systemen, die eigentliche orthochrone Poincaré-Gruppe ist.

## 7.3 Zur Geometrie des Minkowski-Raums

Wir untersuchen in diesem Abschnitt die Frage, welche Vektoren $x \in \mathbb{R}^4$ durch eigentliche orthochrone Lorentz-Transformationen ineinander überführt werden können. Zwei Vektoren $x$ und $x'$ im Minkowski-Raum wollen wir *äquivalent* nennen, wenn es ein $\Lambda \in L_+^\uparrow$ mit $x' = \Lambda x$ gibt; wir schreiben in diesem Falle $x \approx x'$. Offenbar erfüllt „$\approx$" wirklich die definierenden Bedingungen einer Äquivalenzrelation, nämlich

| | |
|---|---|
| Reflexivität: | $x \approx x$ , |
| Symmetrie: | $x \approx x' \implies x' \approx x$ , |
| Transitivität: | $x \approx x'$ und $x' \approx x'' \implies x \approx x''$ . |

Für die Drehgruppe und Vektoren im dreidimensionalen Euklidischen Raum $\mathbb{R}^3$ ist uns die Lösung des entsprechenden Äquivalenzproblems bekannt: Vektoren können genau dann, und nur dann, durch eine Drehung ineinander überführt werden, wenn sie die gleiche Länge haben.

Für die Lorentz-Gruppe und Vektoren im vierdimensionalen Minkowski-Raum $\mathbb{R}^4$ bleibt der zweite Teil dieser Aussage richtig: Zwei Vierervektoren $x$ und $x'$ sind sicher nur dann durch eine Lorentz-Transformation ineinander überführbar, wenn ihre invariante Länge bezüglich der Lorentz-Metrik $\eta$ die gleiche ist:

$$x^2 = x'^2 .$$

*Definition:* Ein Vektor $x$ im Minkowski-Raum heißt

| | | |
|---|---|---|
| *zeitartig,* | falls | $x^2 > 0$ , |
| *lichtartig,* | falls | $x^2 = 0$ , $x \neq 0$ , |
| *raumartig,* | falls | $x^2 < 0$ , |
| *Null,* | falls | $x = 0$ . |

Dies sind vier verschiedene Klassen von Vierervektoren; dabei ist die vierte Klasse trivial, denn sie besteht nur aus einem Element. Vektoren aus verschiedenen Klassen sind offenbar inäquivalent. Darüber hinaus zerfallen die Klasse der zeitartigen Vierervektoren und die der lichtartigen Vierervektoren noch in jeweils zwei Unterklassen, je nach dem Vorzeichen der zeitlichen Komponente $x^0$ (beachte, daß für zeitartige oder lichtartige Vierervektoren notwendigerweise $x^0 \neq 0$ gilt).

Um dies zu zeigen, betrachten wir einen beliebigen Vierervektor

$$x = \begin{pmatrix} x^0 \\ \boldsymbol{x} \end{pmatrix} \in \mathbb{R}^4$$

sowie sein Bild

$$\Lambda x = x' = \begin{pmatrix} x'^0 \\ \boldsymbol{x}' \end{pmatrix} \in \mathbb{R}^4$$

unter einer eigentlichen orthochronen Lorentz-Transformation $\Lambda \in L_+^\uparrow$.

Ist $x$ zeitartig bzw. lichtartig, d.h. gilt $|x^0| > |\boldsymbol{x}| > 0$ bzw. $|x^0| = |\boldsymbol{x}| > 0$, so ist auch $x'$ wieder zeitartig bzw. lichtartig, d.h. es gilt $|x'^0| > |\boldsymbol{x}'| > 0$ bzw. $|x'^0| = |\boldsymbol{x}'| > 0$. In diesem Fall haben $x'^0$ und $x^0$ wegen $\Lambda^0_0 \geq 1$ das gleiche Vorzeichen:

$$\begin{aligned} x^0 \geq 0 \quad \Longrightarrow \quad x'^0 &= \Lambda^0_0 x^0 + \Lambda^0_1 x^1 + \Lambda^0_2 x^2 + \Lambda^0_3 x^3 \\ &\geq \Lambda^0_0 x^0 - \sqrt{(\Lambda^0_1)^2 + (\Lambda^0_2)^2 + (\Lambda^0_3)^2}\, |\boldsymbol{x}| \\ &\geq \Lambda^0_0 (x^0 - |\boldsymbol{x}|) \geq 0 , \\ x^0 \leq 0 \quad \Longrightarrow \quad x'^0 &= \Lambda^0_0 x^0 + \Lambda^0_1 x^1 + \Lambda^0_2 x^2 + \Lambda^0_3 x^3 \\ &\leq \Lambda^0_0 x^0 + \sqrt{(\Lambda^0_1)^2 + (\Lambda^0_2)^2 + (\Lambda^0_3)^2}\, |\boldsymbol{x}| \\ &\leq \Lambda^0_0 (x^0 + |\boldsymbol{x}|) \leq 0 . \end{aligned}$$

Ferner gilt mit einem fest gewählten Einheitsvektor $\boldsymbol{e} \in \mathbb{R}^3$:

Ist $x$ zeitartig und $x^0 > 0$ bzw. $x^0 < 0$, so läßt sich $x$ durch Anwendung eines Boosts $\Lambda = B(\boldsymbol{v})$ zur Geschwindigkeit $\boldsymbol{v} = c\boldsymbol{x}/x^0$ auf die Normalform $x_{\mathrm{N}}$ bringen, mit $x^0_{\mathrm{N}} = +\sqrt{x^2}$ bzw. $x^0_{\mathrm{N}} = -\sqrt{x^2}$ und $\boldsymbol{x}_{\mathrm{N}} = 0$.

Ist $x$ lichtartig und $x^0 > 0$ bzw. $x^0 < 0$, so läßt sich $x$ durch Anwendung eines Boosts $\Lambda = B(\boldsymbol{v})$ zur Geschwindigkeit

$$\boldsymbol{v} = -c \, \frac{1 - |\boldsymbol{x}|^2}{1 + |\boldsymbol{x}|^2} \, \frac{\boldsymbol{x}}{|\boldsymbol{x}|} \qquad \text{bzw.} \qquad \boldsymbol{v} = +c \, \frac{1 - |\boldsymbol{x}|^2}{1 + |\boldsymbol{x}|^2} \, \frac{\boldsymbol{x}}{|\boldsymbol{x}|}$$

auf die Form $x'$ bringen, mit $x'^0 = +1$ bzw. $x'^0 = -1$ und $\boldsymbol{x}' = \boldsymbol{x}/|\boldsymbol{x}|$. Durch eine anschließende Rotation läßt sich dann $\boldsymbol{x}'$ in $\boldsymbol{e}$ transformieren.

Ist $x$ raumartig, so läßt sich $x$ durch Anwendung eines Boosts $\Lambda = B(\boldsymbol{v})$ zur Geschwindigkeit $\boldsymbol{v} = c x^0 \boldsymbol{x}/|\boldsymbol{x}|^2$ auf die Form $x'$ bringen, mit $x'^0 = 0$ und $\boldsymbol{x}' = \sqrt{-x^2}\, \boldsymbol{x}/|\boldsymbol{x}|$. Durch eine anschließende Rotation läßt sich dann $\boldsymbol{x}'$ in $\sqrt{-x^2}\, \boldsymbol{e}$ transformieren.

Damit gelangen wir zu folgender Einteilung des Minkowski-Raums in $L_+^\uparrow$-invariante Teilmengen (vgl. Abb. 7.2):

$$\mathbb{R}^4 = V^+ \cup V^- \cup V_0^+ \cup V_0^- \cup R \cup \{0\} . \tag{7.67}$$

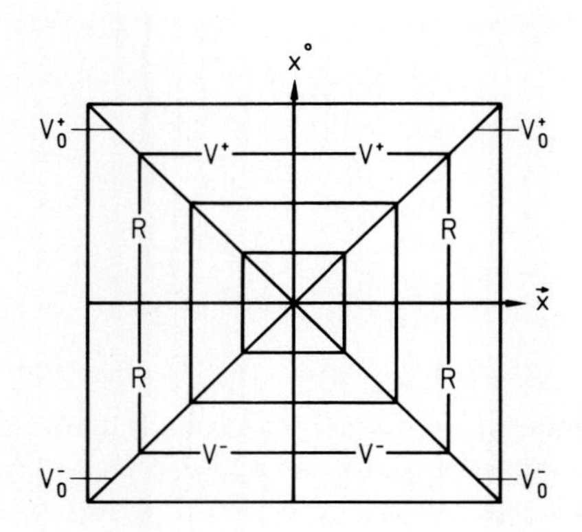


**Abb. 7.2**: Unterteilung des Minkowski-Raums in $L_+^\uparrow$-invariante Teilmengen (zwei Raumdimensionen sind unterdrückt)

Für diese Teilmengen ist folgende Terminologie gebräuchlich:

1. Elemente von

$$V^+ \;=\; \{\, x \in \mathbb{R}^4 \,/\, x^2 > 0 \;,\; x^0 > 0 \,\} \tag{7.68}$$

bzw.

$$V^- \;=\; \{\, x \in \mathbb{R}^4 \,/\, x^2 > 0 \;,\; x^0 < 0 \,\} \tag{7.69}$$

heißen *positiv* oder *in die Zukunft orientierte* bzw. *negativ* oder *in die Vergangenheit orientierte, zeitartige Vektoren.* Durch eigentliche orthochrone Lorentz-Transformationen lassen sich solche Vektoren auf folgende *Normalform* bringen:

$$\begin{pmatrix} +\sqrt{x^2} \\ 0 \end{pmatrix} \quad \text{bzw.} \quad \begin{pmatrix} -\sqrt{x^2} \\ 0 \end{pmatrix} . \tag{7.70}$$

2. Elemente von

$$V_0^+ \;=\; \{\, x \in \mathbb{R}^4 \,/\, x^2 = 0 \;,\; x^0 > 0 \,\} \tag{7.71}$$

bzw.

$$V_0^- \;=\; \{\, x \in \mathbb{R}^4 \,/\, x^2 = 0 \;,\; x^0 < 0 \,\} \tag{7.72}$$

heißen *positiv* oder *in die Zukunft orientierte* bzw. *negativ* oder *in die Vergangenheit orientierte, lichtartige Vektoren.* Durch eigentliche orthochrone Lorentz-Transformationen lassen sich solche Vektoren auf folgende *Normalform* bringen:

$$\begin{pmatrix} +1 \\ \boldsymbol{e} \end{pmatrix} \quad \text{bzw.} \quad \begin{pmatrix} -1 \\ \boldsymbol{e} \end{pmatrix} , \tag{7.73}$$

wobei $\boldsymbol{e}$ einen fest vorgegebenen Einheitsvektor im $\mathbb{R}^3$ bezeichnet.

3. Elemente von

$$R = \{ x \in \mathbb{R}^4 \, / \, x^2 < 0 \} \tag{7.74}$$

heißen *raumartige Vektoren*. Durch eigentliche orthochrone Lorentz-Transformationen lassen sich solche Vektoren auf folgende *Normalform* bringen:

$$\begin{pmatrix} 0 \\ \sqrt{-x^2}\,\boldsymbol{e} \end{pmatrix} . \tag{7.75}$$

wobei $\boldsymbol{e}$ einen fest vorgegebenen Einheitsvektor im $\mathbb{R}^3$ bezeichnet. Demzufolge läßt sich durch eigentliche, orthochrone Lorentz-Transformationen für raumartige Vektoren $x$ jeder beliebige Wert der Nullkomponente $x'^0$, insbesondere auch beliebiges Vorzeichen von $x'^0$, erreichen.

Die Mengen

$$\bar{V}^+ = V^+ \cup V_0^+ \cup \{0\} \tag{7.76}$$

bzw.

$$\bar{V}^- = V^- \cup V_0^- \cup \{0\} \tag{7.77}$$

heißen auch *Vorwärts-Lichtkegel* bzw. *Rückwärts-Lichtkegel;* dann ist $V^+$ bzw. $V^-$ das Innere und $V_0^+ \cup \{0\}$ bzw. $V_0^- \cup \{0\}$ der Rand des Vorwärts-Lichtkegels bzw. des Rückwärts-Lichtkegels.

Schließlich vereinbart man noch, zwei beliebige Ereignisse $x$ und $y$ im $\mathbb{R}^4$ (mit $x \neq y$) *relativ zeitartig* bzw. *relativ lichtartig* bzw. *relativ raumartig* zu nennen, wenn $(y-x)^2 > 0$ bzw. $(y-x)^2 = 0$ bzw. $(y-x)^2 < 0$ ist; entsprechend definiert man (im zeitartigen oder lichtartigen Fall) die relative zeitliche Orientierung: Ist $(y-x)^2 \geq 0$, so heißt $y$ *positiv* relativ zu $x$, oder *nach* $x$, und entsprechend $x$ *negativ* relativ zu $y$, oder *vor* $y$, wenn $y^0 > x^0$ ist.

Diese Einteilung hat tiefgreifende physikalische Bedeutung:

Nehmen wir zunächst an, $x$ und $y$ seien relativ zueinander zeitartig oder lichtartig, also

$$\left| y^0 - x^0 \right| \geq |\boldsymbol{y} - \boldsymbol{x}| \; .$$

Solche Ereignisse können offenbar, wenigstens im Prinzip, durch ein Signal oder eine kausale Einwirkung miteinander verbunden sein, ohne daß die Ausbreitungsgeschwindigkeit des Signals die Lichtgeschwindigkeit überschreitet. Sind $x$ und $y$ dagegen relativ zueinander raumartig, d.h. ist

$$\left| y^0 - x^0 \right| < |\boldsymbol{y} - \boldsymbol{x}| \; ,$$

so müßte ein Signal, das zwischen zwei solchen Ereignissen ausgetauscht werden könnte, eine mittlere Geschwindigkeit

$$v = c \, \frac{|\boldsymbol{y} - \boldsymbol{x}|}{|y^0 - x^0|} > c$$

haben. Wenn es solche Signale gäbe, dann ließe sich durch Übergang zu einem anderen Inertialsystem die zeitliche Reihenfolge von Aussendung und Empfang des Signals, d.h. im Endeffekt die Reihenfolge von Ursache und Wirkung, umkehren. Die

Konsequenzen einer solchen Möglichkeit sind absurd. Aus diesem Grunde erweist sich die Lichtgeschwindigkeit auch als die maximale Ausbreitungsgeschwindigkeit für Signale und kausale Einwirkungen. So ist beispielsweise die Geschwindigkeit punktförmiger Teilchen durch die Lichtgeschwindigkeit begrenzt – jedenfalls soweit sich diese Teilchen zur Übermittlung von Informationen oder von sonstigen Einwirkungen eignen. Will man zur Übermittlung von Informationen dagegen Wellenerscheinungen verwenden, so ist zu beachten, daß die Phasengeschwindigkeit

$$v_{\text{ph}} = \omega(\boldsymbol{k})/k$$

einer ebenen Welle durchaus die Lichtgeschwindigkeit überschreiten darf, da eine solche Welle zur Signalübertragung ungeeignet ist. Hierzu werden vielmehr Impulse, also Wellenberge, benutzt, die sich mit der Gruppengeschwindigkeit

$$v_{\text{gr}} = |\boldsymbol{\nabla}_{\boldsymbol{k}}\, \omega(\boldsymbol{k})|$$

ausbreiten. Für einen Wellenleiter ist z.B.

$$\omega(\boldsymbol{k}) = \sqrt{\omega_0^2 + k^2c^2}\,,$$

also

$$v_{\text{ph}} = \frac{\sqrt{\omega_0^2 + k^2c^2}}{k} > c \quad , \quad v_{\text{gr}} = \frac{kc^2}{\sqrt{\omega_0^2 + k^2c^2}} < c\,.$$

Eine genauere Analyse zeigt, daß die eigentlich kritische Größe die Frontgeschwindigkeit

$$v_{\text{fr}} = \lim_{k\to\infty} \frac{\omega(k)}{k}$$

ist; es ist dies die Geschwindigkeit, mit der sich das erste Signal einer plötzlich eingeschalteten Welle im Raum ausbreitet.

Ganz allgemein und prinzipiell läßt sich also feststellen: Nur relativ zeitartige oder lichtartige Ereignisse können in kausaler Beziehung zueinander stehen, und die zeitliche Reihenfolge derartiger Ereignisse ist unabhängig vom gewählten Inertialsystem. Für zwei relativ raumartige Ereignisse dagegen läßt sich stets ein Inertialsystem $I$ finden, in denen sie gleichzeitig sind; sie werden in einem relativ zu $I$ bewegten Inertialsystem $I'$ dann jedoch nicht mehr gleichzeitig sein: Dies ist die *Relativität der Gleichzeitigkeit.*

Zum Abschluß dieses Abschnitts wollen wir noch zwei weitere interessante Ergebnisse zur Charakterisierung der Lorentz-Transformationen als der Transformationen zwischen Inertialsystemen nachtragen.

1. Schon im Jahre 1911 haben P. Frank und H. Rothe untersucht, inwieweit die allgemeinen Teile (R1) und (R2) des Relativitätsprinzips (Homogenität und Isotropie von Raum und Zeit sowie physikalische Gleichwertigkeit aller Inertialsysteme) die Transformationen zwischen Inertialsystemem festlegen. Wir haben bereits gesehen, daß diese Transformationen affin sein und eine Gruppe bilden müssen. Es zeigt sich, daß für die homogenen Transformationen nur drei Möglichkeiten bleiben:

a) homogene Galileitransformationen,

b) Lorentz-Transformationen mit einer Grenzgeschwindigkeit $c_\infty$,

c) vierdimensionale Drehungen.

Hierbei ist die Möglichkeit c) sofort zu verwerfen, da man durch geeignete Drehungen das Vorzeichen jeder Koordinate umkehren könnte, die zeitliche Reihenfolge von je zwei Ereignissen also stets vom Bezugssystem abhinge. Die homogenen Galilei-Transformationen ergeben sich aus den Lorentz-Transformationen im Grenzfall $c_\infty \to \infty$. Welche der beiden Möglichkeiten a) oder b) realisiert ist, hängt also davon ab, ob es eine endliche Grenzgeschwindigkeit $c_\infty$ für Signale gibt oder nicht; $c_\infty$ ist zugleich die Grenze für die Relativgeschwindigkeit zwischen Inertialsystemen.

2. Die orthochronen Lorentz-Transformationen lassen sich allein dadurch charakterisieren, daß sie die Reihenfolge zeitartiger Ereignisse festlassen. Genauer hat E.C. Zeeman im Jahre 1964 folgenden Satz bewiesen:

   Es sei $f : \mathbb{R}^4 \longrightarrow \mathbb{R}^4$ eine umkehrbar eindeutige *kausale* Abbildung, d.h. für je zwei Ereignisse $x, y \in \mathbb{R}^4$ sei $f(y)$ genau dann positiv zeitartig relativ zu $f(x)$, wenn $y$ positiv zeitartig relativ zu $x$ ist. Dann ist $f$ von der Form

$$f(x) = \lambda \Lambda x + a \; ,$$

   wobei $\lambda > 0$, $\Lambda \in L^\uparrow$ und $a \in \mathbb{R}^4$ ist. Man beachte, daß nicht einmal die Stetigkeit von $f$ vorausgesetzt zu werden braucht: auch sie folgt bereits aus der Hypothese der Kausalität.

## 7.4 Verhalten unter Lorentz-Transformationen

### 7.4.1 Zeitdehnung

Wir betrachten eine Uhr, die in in einem Inertialsystem $I$ ruht. Zwei aufeinanderfolgenden Taktschlägen der Uhr entsprechen die Ereignisse $x$ und $y$, mit zeitartigem Differenzvektor $\Delta x = y - x$. In $I$ ist $x = (ct, \boldsymbol{x})$, $y = (c(t + \Delta t), \boldsymbol{x})$ und $\Delta x = (c\Delta t, 0)$ mit $c\Delta t = \sqrt{(\Delta x)^2}$. Durch Anwendung eines Boosts mit der Geschwindigkeit $-\boldsymbol{v}$ gehen wir zu einem Inertialsystem $I'$ über, in dem sich die Uhr mit der Geschwindigkeit $\boldsymbol{v} = c\beta\boldsymbol{n}$ bewegt, und finden

$$\Delta t' = \Delta t \, \frac{1}{\sqrt{1 - v^2/c^2}} \; . \tag{7.78}$$

Bewegte Uhren gehen also langsamer: $\Delta t \leq \Delta t'$. Dieser Effekt ist z.B. durch die Beobachtung einer verlängerten Lebensdauer schnell bewegter Pionen und Myonen aus der kosmischen Strahlung nachgewiesen. Die im Ruhesystem gemessene kleinstmögliche Zeitdifferenz $\Delta t$ heißt *Eigenzeitdifferenz.*

Die relativistische Zeitdehnung ist auch der Grund dafür, daß man bei der Synchronisation von Uhren durch Uhrentransport vorsichtig vorgehen muß: Wenn man in einem Inertialsystem eine Uhr mit der Geschwindigkeit $v$ um eine Strecke $L$ bewegt, so wird dazu die Zeit $T = L/v$ benötigt. Auf der Uhr ist dabei aber nur die Zeit

$$T_0 = (L/v)\sqrt{1 - v^2/c^2}$$

vergangen. Die Differenz

$$\Delta T = T - T_0 = (L/v)\,(1 - \sqrt{1 - v^2/c^2})$$

ist für $v \ll c$ annähernd durch

$$\Delta T = \frac{Lv}{c^2}$$

gegeben. Durch genügend langsamen Transport kann also der Gangunterschied, wie bereits früher angekündigt, beliebig klein gehalten werden.

### 7.4.2 Maßstabverkürzung, Relativität der Gleichzeitigkeit

Wir betrachten einen Maßstab, der in einem Inertialsystem $I$ ruht und in Richtung eines Einheitsvektors $\boldsymbol{e}$ liegt. Zu einer festen Zeit $t$ entsprechen den beiden Enden des Maßstabes die Ereignisse $x$ und $y$, mit raumartigem Differenzvektor $\Delta x = y - x$. In $I$ ist $x = (ct, \boldsymbol{x})$, $y = (ct, \boldsymbol{y})$ und $\Delta x = (0, \Delta l \boldsymbol{e})$ mit $\Delta l = \sqrt{-(\Delta x)^2}$. Durch Anwendung eines Boosts mit der Geschwindigkeit $-\boldsymbol{v}$ gehen wir zu einem Inertialsystem $I'$ über, in dem sich der Maßstab mit der Geschwindigkeit $\boldsymbol{v} = c\beta\boldsymbol{n}$ bewegt, und finden

$$\Delta t' = \frac{\beta\,\boldsymbol{n}\cdot\boldsymbol{e}}{c}\,\frac{\Delta l}{\sqrt{1 - v^2/c^2}}\ . \tag{7.79}$$

Speziell ist $\Delta t' \neq 0$, aber $\Delta t = 0$ (Relativität der Gleichzeitigkeit). Außerdem wird

$$\Delta \boldsymbol{x}'_{\|} = \frac{\Delta l}{\sqrt{1 - v^2/c^2}}\,\boldsymbol{e}_{\|} \quad , \quad \Delta \boldsymbol{x}'_{\perp} = \Delta l\, \boldsymbol{e}_{\perp}\ .$$

Wegen $\Delta t' \neq 0$ liefert dies jedoch *nicht* die Länge des Maßstabes in $I$; diese ergibt sich vielmehr als räumlicher Abstand der Weltpunkte von Stabanfang und Stabende, wenn diese in $I'$ gleichzeitig sind:

$$\Delta l' = |\boldsymbol{y}' - \boldsymbol{x}'| \qquad \text{wenn} \qquad y'^0 = x'^0\ .$$

Nun gilt

$$\begin{aligned} x'^0 &= \gamma\,(x^0 + \beta\,\boldsymbol{n}\cdot\boldsymbol{x}) &,\quad y'^0 &= \gamma\,(y^0 + \beta\,\boldsymbol{n}\cdot\boldsymbol{y}) \\ \boldsymbol{x}'_{\|} &= \gamma\,(\boldsymbol{x}_{\|} + \beta\boldsymbol{n}x^0) &,\quad \boldsymbol{y}'_{\|} &= \gamma\,(\boldsymbol{y}_{\|} + \beta\boldsymbol{n}y^0) \\ \boldsymbol{x}'_{\perp} &= \boldsymbol{x}_{\perp} &,\quad \boldsymbol{y}'_{\perp} &= \boldsymbol{y}_{\perp} \end{aligned}$$

und daher

$$\begin{aligned} y'^0 = x'^0 \quad &\Longrightarrow \quad y^0 - x^0 = -\beta\,\boldsymbol{n}\cdot(\boldsymbol{y} - \boldsymbol{x}) = -\beta\,\boldsymbol{n}\cdot\boldsymbol{e}\,\Delta l\ , \\ &\Longrightarrow \quad \boldsymbol{y}'_{\|} - \boldsymbol{x}'_{\|} = \gamma\,\Big((\boldsymbol{y}_{\|} - \boldsymbol{x}_{\|}) + \beta\boldsymbol{n}\,(y^0 - x^0)\Big) \\ &\qquad\qquad\qquad\; = \gamma\,(1 - \beta^2)\,\Delta l\,(\boldsymbol{n}\cdot\boldsymbol{e})\,\boldsymbol{n}\ , \end{aligned}$$

d.h.

$$\Delta l' = \Delta l \sqrt{1 - v^2/c^2} \quad \text{falls } \boldsymbol{n} \,||\, \boldsymbol{e} \quad , \quad \Delta l' = \Delta l \quad \text{falls } \boldsymbol{n} \perp \boldsymbol{e} \,. \tag{7.80}$$

Es ergibt sich eine Verkürzung bewegter Stäbe in Bewegungsrichtung. Quer zur Bewegung gibt es keine Verkürzung; also gilt für Volumina

$$V' = V \sqrt{1 - v^2/c^2} \,. \tag{7.81}$$

Ein Maßstab hat demnach die größte Länge in seinem Ruhesystem. Es ist übrigens nicht so, daß man diese sog. *Lorentz-Kontraktion* eines rasch vorbeifliegenden Maßstabes direkt sehen könnte. Das Bild des Gegenstandes auf der Netzhaut ist nämlich durch die von ihm ausgehenden und gleichzeitig auf der Netzhaut auftreffenden Photonen bestimmt. Man kann zeigen, daß sich kein kontrahiertes, sondern ein um den Winkel $\varphi = \arctan(v/c)$ gedrehtes Bild ergibt.

### 7.4.3 Additionstheorem der Geschwindigkeiten

Wir betrachten einen Körper, der sich in einem Inertialsystem $I$ mit der Geschwindigkeit $\boldsymbol{v}$ geradlinig-gleichförmig bewegt. Für seine Geschwindigkeit $\boldsymbol{v}'$ in einem relativ zu $I$ mit der Geschwindigkeit $-\boldsymbol{w}$ bewegten Inertialsystem $I'$ erhält man dann nach Division der räumlichen Komponenten von Gl. (7.47) durch die zeitliche

$$\boldsymbol{v}'_{||} = \frac{\boldsymbol{v}_{||} + \boldsymbol{w}}{1 + \boldsymbol{v}\cdot\boldsymbol{w}/c^2} \quad , \quad \boldsymbol{v}'_{\perp} = \boldsymbol{v}_{\perp}/\gamma \,. \tag{7.82}$$

Insbesondere ergibt sich für $\boldsymbol{v} \,||\, \boldsymbol{w}$ das schon zuvor hergeleitete Additionstheorem der Geschwindigkeiten, Gl. (7.53). Erneut erweist sich $c$ als Grenzgeschwindigkeit.

### 7.4.4 Doppler-Effekt und Aberration von Licht

Wir betrachten eine ebene Welle

$$u(t, \boldsymbol{x}) = u_0 \exp\left(-i(\omega t - \boldsymbol{k}\cdot\boldsymbol{x})\right) = u_0 \exp\left(-i\varphi(t, \boldsymbol{x})\right) \,.$$

Mit

$$k = \begin{pmatrix} \omega/c \\ \boldsymbol{k} \end{pmatrix} \in \mathbb{R}^4 \tag{7.83}$$

schreibt sich die Phase der Welle als $\varphi(t, \boldsymbol{x}) = k \cdot x$. Diese Phase muß unabhängig vom Bezugssystem sein, was nur möglich ist, wenn sich $k$ unter Lorentz-Transformationen ebenso transformiert wie $x$, wenn also $k$ ein Vierervektor ist. Insbesondere transformiert sich $k$ demnach unter einem Boost $\Lambda(\boldsymbol{n}, \theta) = B(\boldsymbol{v})$ gemäß

$$\begin{aligned} k'^0 &= \gamma\,(k^0 - \beta\,\boldsymbol{n}\cdot\boldsymbol{k}) \,, \\ \boldsymbol{k}'_{||} &= \gamma\,(\boldsymbol{k}_{||} - \beta \boldsymbol{n} k^0) \,, \\ \boldsymbol{k}'_{\perp} &= \boldsymbol{k}_{\perp} \,, \end{aligned} \tag{7.84}$$

mit $k^0 = \omega/c$, $k'^0 = \omega'/c$ (vgl. Gl. (7.47)). Für Lichtwellen ist speziell $\omega^2/c^2 = \boldsymbol{k}^2$, also $k^2 = 0$: $k$ ist lichtartig. In diesem Falle wird die erste Gleichung in (7.84) zu

$$\omega' = \gamma\,\omega\,(1 - \beta\cos\theta) \ , \tag{7.85}$$

wobei $\theta$ den Winkel zwischen $\boldsymbol{n}$ und $\boldsymbol{k}$ bezeichnet. Für $\beta \ll 1$ findet man den klassischen *Doppler-Effekt,* wie er sich auch aus der Äthervorstellung ergäbe. Es gibt aber sogar für $\theta = \pi/2$ einen transversalen Doppler-Effekt; er ist allerdings von der Ordnung $\beta^2$. Weiter ist wegen $\boldsymbol{k}'_\perp = \boldsymbol{k}_\perp$ und $|\boldsymbol{k}_\perp| = |\boldsymbol{k}|\sin\theta$, $|\boldsymbol{k}'_\perp| = |\boldsymbol{k}'|\sin\theta'$

$$\sin\theta' = \frac{|\boldsymbol{k}|}{|\boldsymbol{k}'|}\sin\theta = \frac{\omega}{\omega'}\sin\theta \ ,$$

also

$$\sin\theta' = \sqrt{1-\beta^2}\,\frac{\sin\theta}{1-\beta\cos\theta} \ . \tag{7.86}$$

Die scheinbare Richtung eines Lichtstrahls hängt also vom Bezugssystem ab. Ein solcher *Aberrationseffekt* ist auch in der Äthertheorie zu erwarten und wegen der Bahnbewegung der Erde an Fixsternen zu beobachten. Die Relativitätstheorie reproduziert das klassische Resultat in erster Ordnung von $\beta$.

## 7.5 Relativistische Kinematik eines Punktteilchens

In der nichtrelativistischen Mechanik beschreibt man die Bewegung eines Punktteilchens durch eine Bahnkurve $t \mapsto \boldsymbol{x}(t)$. In einer relativistischen Theorie ist eine gleichwertige, aber in $t$ und $\boldsymbol{x}$ symmetrischere Behandlung angemessen. Dazu führt man einen neuen Parameter $\sigma$ ein und beschreibt die Bewegung durch eine *Weltlinie*

$$x(\sigma) = \begin{pmatrix} x^0(\sigma) \\ \boldsymbol{x}(\sigma) \end{pmatrix} \ . \tag{7.87}$$

Der Parameter $\sigma$ ist beliebig und hat keine physikalische Bedeutung; man wird aber fordern, daß $\sigma$ monoton mit $t$ wächst:

$$\frac{dx^0}{d\sigma} > 0 \ . \tag{7.88}$$

Für realisierbare Bewegungen muß außerdem

$$\left|\frac{d\boldsymbol{x}}{d\sigma}\right| \Big/ \frac{dx^0}{d\sigma} = \frac{1}{c}\left|\frac{d\boldsymbol{x}}{dt}\right| \le 1$$

sein, d.h. es muß gelten

$$\left(\frac{dx}{d\sigma}\right)^2 \ge 0 \ . \tag{7.89}$$

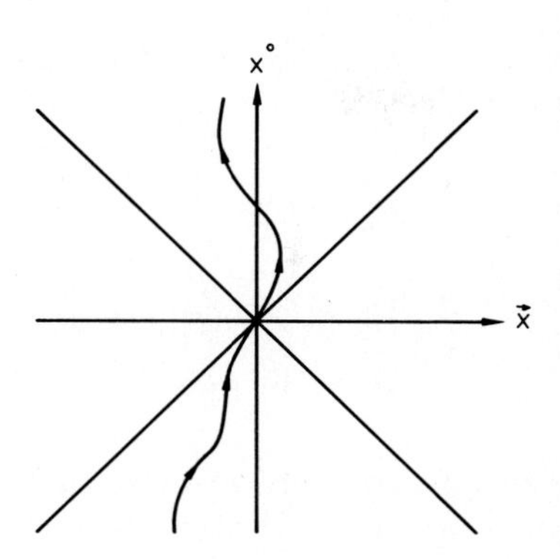


**Abb. 7.3**: Raum-Zeit-Diagramm mit Weltlinie eines Punktteilchens (zwei Raumdimensionen sind unterdrückt)

Diese Bedingung ist Lorentz-invariant und unabhängig von der gewählten Parametrisierung. In einem Raum-Zeit-Diagramm wird die Weltlinie immer schlicht über der Zeitachse liegen, und ihre Steigung ist nie kleiner als Eins (vgl. Abb. 7.3). Die Lorentz-invariante Größe

$$\tau_{12} = \frac{1}{c}\int_{\sigma_1}^{\sigma_2} d\sigma \sqrt{\left(\frac{dx}{d\sigma}\right)^2} = \int_{t_1}^{t_2} dt \sqrt{1-\frac{v^2(t)}{c^2}} \tag{7.90}$$

ist unabhängig von der Parametrisierung und ist die *Eigenzeit,* die mitbewegte Beobachter mit einem Satz von geradlinig-gleichförmig bewegten Uhren messen, die jeweils gerade dieselbe Momentangeschwindigkeit wie der Massenpunkt haben. Man kann diesen Satz von Uhren als Idealkonstruktion einer beschleunigungsunempfindlichen Uhr ansehen. Eine solche Uhr ist in beliebiger Näherung auch durch geeignet konstruierte mitgeführte Uhren zu realisieren, beispielweise dadurch, daß man die (vom Inertialsystem unabhängige) Beschleunigung mißt und das Meßergebnis benutzt, um die Ganggeschwindigkeit der Uhr zu korrigieren. Eine Quarzuhr ist in guter Näherung beschleunigungsunempfindlich, nicht aber eine Pendeluhr. Insbesondere ist auch die „biologische Uhr" eines mitbeschleunigten Beobachters für nicht zu große Beschleunigungen beschleunigungsunempfindlich. Daher ist $\tau_{12}$ auch die von einem mitbewegten Beobachter gemessene und erlebte Zeitspanne.

Die Eigenzeit $\tau$ ist ein besonders natürlicher und bevorzugter Lorentz-invarianter Parameter für *zeitartige Weltlinien,* d.h. Weltlinien $x(\sigma)$ mit

$$\left(\frac{dx}{d\sigma}\right)^2 > 0\,, \tag{7.91}$$

für die also die Lichtgeschwindigkeit nie erreicht wird. Offenbar ist

$$\frac{d\tau}{d\sigma} = \frac{1}{c}\sqrt{\left(\frac{dx}{d\sigma}\right)^2} = \sqrt{1-\frac{v^2(t)}{c^2}} \,. \tag{7.92}$$

Außerdem ergibt sich aus Gl. (7.90) die Ungleichung

$$\tau_{12} \leq t_2 - t_1 \,, \tag{7.93}$$

d.h. die Eigenzeit ist nie größer als die in irgendeinem Inertialsystem gemessene Zeit.

Ein klassisches Gedankenexperiment möge dieses Ergebnis verdeutlichen: Wenn von zwei Zwillingen der eine in einem Inertialsystem verbleibt und der andere eine Rundreise mit einem Raumschiff unternimmt, in deren Verlauf er hohe Geschwindigkeiten erreicht, so wird bei der Rückkehr der weit gereiste Zwilling weniger gealtert sein als sein daheimgebliebener Bruder. Zur Verdeutlichung gibt Abb. 7.4 die Weltlinien beider Brüder im Inertialsystem des daheimgebliebenen Bruders wieder.

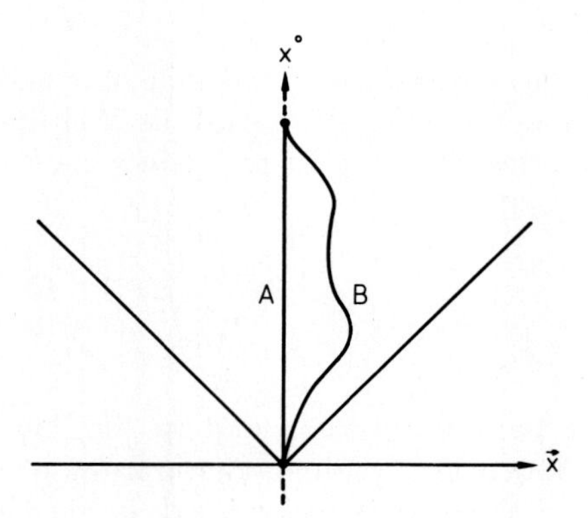


**Abb. 7.4**: Zwillingsexperiment: Weltlinie des daheimbleibenden Zwillings A und allgemeine Weltlinie des reisenden Zwillings B im Inertialsystem von A (zwei Raumdimensionen sind unterdrückt)

Gegen diese klare Vorhersage der speziellen Relativitätstheorie werden häufig Einwände im Namen des gesunden Menschenverstandes erhoben. Die Situation wird oft *Zwillingsparadoxon* genannt, wobei das Ergebnis aufgrund der folgenden Überlegung als paradox bezeichnet wird:

Die spezielle Relativitätstheorie sagt aus, daß der Gang einer Uhr in ihrem Ruhesystem am langsamsten ist. Es bewegt sich nun, so wird argumentiert, nicht nur der Zwilling B in Bezug auf den Zwilling A, sondern ebenso auch der Zwilling A in Bezug auf den Zwilling B. Somit sollte einerseits für den Zwilling B sein Bruder A rascher altern, andererseits sollte aber auch der Zwilling A an seinem Bruder B einen schnelleren Alterungsprozeß beobachten. Das sei, so heißt es, paradox; der einzige Ausweg bestehe darin, daß beide Zwillinge gleich schnell gealtert seien.

Gegen diese Argumentation ist einzuwenden, daß die Situation für A und B keineswegs so symmetrisch ist, wie in dieser Überlegung stillschweigend angenommen wird. Die Weltlinie von A ist nämlich gerade, die Weltlinie von B dagegen muß irgendwo gekrümmt sein, wenn B zu A zurückkehren will. Dieser Unterschied besteht in *jedem* Inertialsystem. Er macht sich u.a. darin bemerkbar, daß B im Gegensatz zu A eine Beschleunigung erfährt. Man könnte deshalb auf die Idee kommen, diese Beschleunigung als die eigentliche Ursache des unterschiedlichen Alterns von A und B anzusehen und den Effekt damit in den Bereich der allgemeinen Relativitätstheorie zu verweisen.

Auch diese Ansicht ist jedoch, wie wir sehen werden, irrig. In der Tat läßt sich ja die Weltlinie von B so einrichten, daß sich auch B fast immer geradlinig-gleichförmig, d.h. beschleunigungsfrei bewegt. In Abb. 7.5 ist eine solche Situation dargestellt, in der die Weltlinie von B stückweise gerade ist; nur in sehr kleinen (im Prinzip beliebig kurzen) Intervallen treten Beschleunigungen auf, um die Richtung der Geschwindigkeit zu ändern. Es wäre sehr seltsam, wenn der gesamte Altersunterschied in diesen (im Prinzip beliebig kurzen) Beschleunigungsphasen aufgesammelt würde. Eine derartige stückweise gerade Weltlinie wird von Skeptikern auch herangezogen, um zu argumentieren, daß die Situation zwischen A und B eben doch symmetrisch sei, da die kurze Beschleunigungsphase keinen Einfluß haben könne.

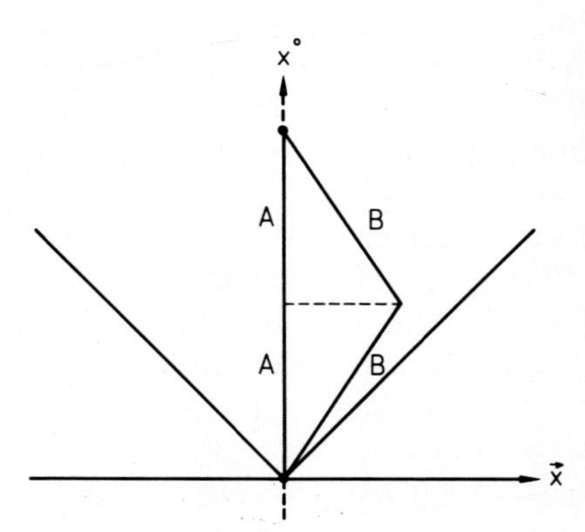


**Abb. 7.5**: Zwillingsexperiment: Weltlinie des daheimbleibenden Zwillings A und stückweise gerade Weltlinie des reisenden Zwillings B im Inertialsystem von A (zwei Raumdimensionen sind unterdrückt)

Die spezielle Relativitätstheorie sagt natürlich auch für stückweise gerade Weltlinien unterschiedliches Altern von A und B voraus. Der Effekt ist dann sogar besonders leicht zu berechnen. Wenn die Geschwindigkeiten auf den beiden geraden Stücken der Weltlinie von B in Abb. 7.5 durch $\pm v$ gegeben ist, so ist

$$\tau_{12} \;=\; \sqrt{1 - v^2/c^2}\,(t_2 - t_1) \;<\; t_2 - t_1 \;.$$

Die Weltlinien von A und B sind aber grundsätzlich verschieden, nämlich einerseits gerade und andererseits nur stückweise gerade. *Der Zwillingseffekt ist nicht dynamischer, sondern rein geometrischer Natur.*

In einem Dreieck mit drei positiv zeitartigen Seiten $x$, $y$ und $z = x + y$ ist, gemessen in der Lorentz-Metrik $\eta$, die Seite $z$ *länger* als die Seiten $x$ und $y$ zusammengenommen: Es gilt nämlich

$$z^2 = x^2 + 2x \cdot y + y^2 .$$

Die Größe $2x \cdot y$ wertet man am besten im Ruhesystem von $x$ aus:

$$2x \cdot y = 2x^0 y^0 = 2\sqrt{x^2}\sqrt{y^2 + \boldsymbol{y}^2} \geq 2\sqrt{x^2}\sqrt{y^2} .$$

Also ist wirklich

$$z^2 \geq x^2 + 2\sqrt{x^2}\sqrt{y^2} + y^2 = \left(\sqrt{x^2} + \sqrt{y^2}\right)^2 ,$$

d.h.

$$\sqrt{z^2} \geq \sqrt{x^2} + \sqrt{y^2} . \tag{7.94}$$

Dem Zwillingseffekt liegt die Dreiecksgeometrie in der Lorentz-Metrik zugrunde: Er ist geometrisch in dem Sinne, daß ein „Umweg" in der Raum-Zeit in der Lorentz-Metrik zu einer kürzeren Eigenzeit führt. Die Lorentz-Metrik verhält sich hier anders als die Euklidische Metrik, in der bekanntlich je zwei Seiten eines Dreiecks zusammen länger als die dritte sind. Zwar ist es richtig, daß die Weltlinie von B ohne jede Beschleunigung nicht verwirklicht werden kann, aber es wäre abwegig, diese Beschleunigung als Wirkursache für den Altersunterschied von A und B anzusehen, so wie es verfehlt wäre, die Knicke in den Ecken eines Dreiecks als wirkende Ursache dafür anzunehmen, daß das Dreieck geschlossen ist und daß je zwei Seiten zusammen länger sind als die dritte.

Wir wollen uns das Zustandekommen des Altersunterschiedes klarmachen, indem wir ein einfaches Beispiel genauer durchrechnen (vgl. Abb. 7.6). A möge in einem Inertialsystem $I$ ruhen, während sich B, von $I$ aus gesehen, zunächst im Zeitintervall $0 \leq t \leq T/2$ mit der Geschwindigkeit $v$ von A entfernt und dann im Zeitintervall $T/2 \leq t \leq T$ mit der Geschwindigkeit $-v$ zu A zurückkehrt, um zur Zeit $t = T$ wieder mit A zusammenzutreffen. Beide, A und B, verabreden, einander $\nu_0$ mal pro Sekunde Eigenzeit Lichtsignale zuzusenden, um so ihren Partner über ihren Alterungsprozeß auf dem laufenden zu halten. Wir wollen berechnen, wann die Lichtsignale des Partners bei A bzw. B eintreffen. Hierzu geben wir zunächst die Weltlinien an, wobei wir als Bahnparameter die jeweilige Eigenzeit verwenden. (Die Eigenzeit für A ist einfach $t$, also die Zeitkoordinate in $I$, die Eigenzeit für B ist dagegen $\tau = t/\gamma + \text{const.}$):

Weltlinie von A: $x_\mathrm{A}(t) = (ct, 0)$

Weltlinie von B: $x_\mathrm{B}(\tau) = \begin{cases} \gamma\tau(c, v) & \text{für} \quad 0 \leq \tau \leq T/2\gamma \\ T(0, v) + \gamma\tau(c, -v) & \text{für} \quad T/2\gamma \leq \tau \leq T/\gamma \end{cases}$

Weltlinien der Signale von A: $\xi_n(\sigma_1) = x_\mathrm{A}(t_n) + \sigma_1(c, +c) \; ; \quad t_n = n/\nu_0$

Weltlinien der Signale von B: $\eta_n(\sigma_2) = x_\mathrm{B}(\tau_n) + \sigma_2(c, -c) \; ; \quad \tau_n = n/\nu_0$

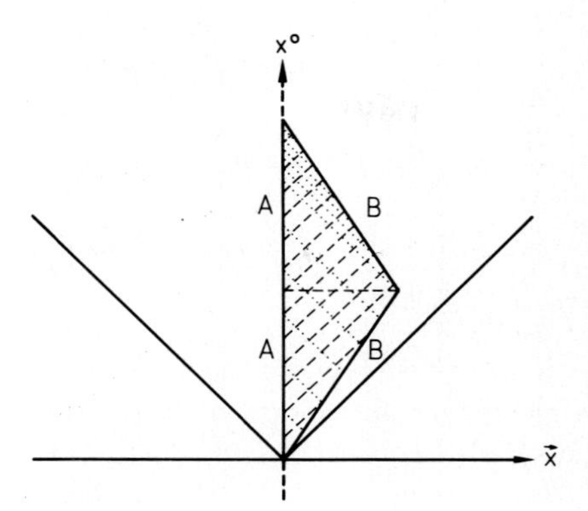


**Abb. 7.6**: Zwillingsexperiment: Zum Zustandekommen des Altersunterschiedes; Näheres siehe Text (zwei Raumdimensionen sind unterdrückt)

Die Ankunftzeiten der ausgesandten Signale berechnet man ganz einfach aus den Schnittpunkten der Weltlinien. Mit $\beta = v/c$ findet man:

Ankunft der Signale von A bei B:

$$\tilde{\tau}_n = \begin{cases} \dfrac{n}{\nu_0}\sqrt{\dfrac{1+\beta}{1-\beta}} & \text{für} \quad 0 \leq \tilde{\tau}_n \leq T/2\gamma \\ \left(\dfrac{n}{\nu_0} + T\beta\right)\sqrt{\dfrac{1-\beta}{1+\beta}} & \text{für} \quad T/2\gamma \leq \tilde{\tau}_n \leq T/\gamma \end{cases}$$

Ankunft der Signale von B bei A:

$$\tilde{t}_n = \begin{cases} \dfrac{n}{\nu_0}\sqrt{\dfrac{1+\beta}{1-\beta}} & \text{für} \quad 0 \leq n/\nu_0 \leq T/2\gamma \\ & \text{d.h.} \quad 0 \leq \tilde{t}_n \leq (T/2)(1+\beta) \\ \dfrac{n}{\nu_0}\sqrt{\dfrac{1-\beta}{1+\beta}} + T\beta & \text{für} \quad T/2\gamma \leq n/\nu_0 \leq T/\gamma \\ & \text{d.h.} \quad (T/2)(1+\beta) \leq \tilde{t}_n \leq T \end{cases}$$

Man entnimmt diesem Ergebnis:

a) Sowohl A als auch B unterscheiden zwei Phasen: In der ersten Phase kommen Signale von dem sich entfernenden Partner, in der zweiten Phase kommen Signale von dem sich nähernden Partner.

b) Für A wie für B ist in der ersten Phase die Eintreffhäufigkeit

$$\nu_1 = \nu_0 \sqrt{\frac{1-\beta}{1+\beta}}$$

im Vergleich zu $\nu_0$ erniedrigt, in der zweiten Phase die Eintreffhäufigkeit

$$\nu_2 = \nu_0 \sqrt{\frac{1+\beta}{1-\beta}}$$

im Vergleich zu $\nu_0$ erhöht; die Faktoren

$$\sqrt{\frac{1-\beta}{1+\beta}} \quad \text{bzw.} \quad \sqrt{\frac{1+\beta}{1-\beta}}$$

sind dabei genau die relativen Frequenzänderungen des Doppler-Effektes. Sie sind für A und B gleich; insofern herrscht also wirklich Symmetrie zwischen A und B. Wenn die Weltlinie von B gerade wäre, dann gäbe es nur die erste Phase, und die Symmetrie zwischen A und B wäre vollständig.

c) Eine Asymmetrie geometrischer Art kommt dadurch hinein, daß für B beide Phasen genau die Hälfte seiner Eigenzeit dauern, während für A die erste Phase im Intervall $0 \leq t \leq (T/2)(1+\beta)$ und die zweite im Intervall $(T/2)(1+\beta) \leq t \leq T$ herrscht: Für A dauert Phase 1 länger als Phase 2.

d) Die Gesamtzahl der ankommenden Signale ist

für B:

$$\begin{aligned} N_\mathrm{B} &= \frac{T\nu_0}{2\gamma}\sqrt{\frac{1-\beta}{1+\beta}} + \frac{T\nu_0}{2\gamma}\sqrt{\frac{1+\beta}{1-\beta}} \\ &= \frac{T\nu_0}{2}(1-\beta+1+\beta) = T\nu_0 \ . \end{aligned}$$

für A:

$$\begin{aligned} N_\mathrm{A} &= \frac{T\nu_0}{2}(1+\beta)\sqrt{\frac{1-\beta}{1+\beta}} + \frac{T\nu_0}{2}(1-\beta)\sqrt{\frac{1+\beta}{1-\beta}} \\ &= T\nu_0\sqrt{1-\beta^2} \ . \end{aligned}$$

Also ist

$$N_\mathrm{A} = \sqrt{1-\beta^2}\, N_\mathrm{B} < N_\mathrm{B} \ ,$$

d.h. A empfängt weniger Signale als B: B ist weniger gealtert als A. Die Asymmetrie kommt dadurch zustande, daß für A die Phase erhöhter Signalhäufigkeit kürzer ist als die Phase erniedrigter Signalhäufigkeit. Der Altersunterschied wird demnach in der Zeitspanne angehäuft, in der sich A und B in verschiedenen Phasen finden, nicht etwa in der (beliebig kurzen) Beschleunigungszeitspanne.

Die letzten Zweifel an der Realität des Zwillingsphänomens sollten von experimenteller Seite mit der erfolgreichen Chronometerreise von Hafele und Keating ausgeräumt sein, bei der eine Präzisionsuhr in einem Linienflugzeug um die Welt transportiert und der Gangunterschied zu einer ruhenden Uhr gleicher Bauart bestimmt wurde.

Kehren wir nach diesem Exkurs zur relativistischen Kinematik zurück. Der Vierervektor

$$u = \frac{dx}{d\tau} \tag{7.95}$$

heißt *Vierergeschwindigkeit;* offenbar gilt

$$u = \frac{dx}{dt}\frac{dt}{d\tau} = \gamma \begin{pmatrix} c \\ \boldsymbol{v} \end{pmatrix} , \tag{7.96}$$

wobei wie zuvor $\boldsymbol{v} = d\boldsymbol{x}/dt$ die gewöhnliche Geschwindigkeit ist. Man sieht, daß

$$u^2 = \left(\frac{dx}{d\tau}\right)^2 = c^2 \,. \tag{7.97}$$

Weiter definiert man die *Viererbeschleunigung*

$$a = \frac{du}{d\tau} = \frac{d^2x}{d\tau^2} \tag{7.98}$$

und bekommt

$$a = \frac{du}{dt}\frac{dt}{d\tau} = \gamma^2 \begin{pmatrix} 0 \\ \boldsymbol{a} \end{pmatrix} + \frac{\gamma^4\,\boldsymbol{v}\cdot\boldsymbol{a}}{c^2} \begin{pmatrix} c \\ \boldsymbol{v} \end{pmatrix} , \tag{7.99}$$

wobei $\boldsymbol{a} = d\boldsymbol{v}/dt = d^2\boldsymbol{x}/dt^2$ die gewöhnliche Beschleunigung ist[1]. Wegen Gl. (7.97) gilt

$$2u \cdot \frac{du}{d\tau} = \frac{d}{d\tau}(u^2) = 0 \,,$$

d.h.

$$u \cdot a = 0 \,. \tag{7.100}$$

Hieraus folgt, daß $a$ ein raumartiger Vierervektor ist, denn $u$ ist ja ein zeitartiger Vierervektor. Im momentanen Ruhesystem des Massenpunktes gilt

$$u = \begin{pmatrix} c \\ 0 \end{pmatrix} , \quad a = \begin{pmatrix} 0 \\ \boldsymbol{a} \end{pmatrix} . \tag{7.101}$$

Als einfaches Beispiel für ein Problem der relativistischen Kinematik diskutieren wir die gleichmäßig beschleunigte Bewegung, wobei wir uns der Einfachheit halber auf die lineare Bewegung in einer Raumdimension beschränken. (Im folgenden steht also $x(\tau)$ bzw. $v(\tau)$ für die nichttriviale räumliche Komponente des Vierervektors, der zuvor als $x(\tau)$ bzw. $u(\tau)$ bezeichnet worden war.) Eine solche gleichmäßig beschleunigte Bewegung ist auf Lorentz-invariante, d.h. vom Inertialsystem unabhängige Weise durch die Bedingung

$$\left(\frac{du}{d\tau}\right)^2 = -a^2 = \text{const.} \tag{7.102}$$

[1] Im Fall der Viererbeschleunigung weichen wir also von unserer sonstigen Konvention ab: Der aus den räumlichen Komponenten der Viererbeschleunigung $a$ gebildete dreidimensionale Vektor ist nicht in jedem Inertialsystem gleich der gewöhnlichen Beschleunigung $\boldsymbol{a}$; vielmehr ist dies gemäß Gl. (7.99) und Gl. (7.101) nur im Ruhesystem des Teilchens der Fall.

gekennzeichnet, und es wird sich als günstig erweisen, mit der Rapidität $\theta$ des momentanen Ruhesystems des Massenpunktes relativ zum Ruhesystem des Massenpunktes zu Beginn der Bewegung, als Funktion der Eigenzeit $\tau$, zu arbeiten. Wegen

$$\beta = \tanh\theta \quad , \quad \gamma = \cosh\theta \quad , \quad \beta\gamma = \sinh\theta$$

(vgl. Gl. (7.42) und Gl. (7.44) ist nämlich

$$u = c\begin{pmatrix}\cosh\theta \\ \sinh\theta\end{pmatrix} \quad , \quad a = c\,\frac{d\theta}{d\tau}\begin{pmatrix}\sinh\theta \\ \cosh\theta\end{pmatrix}$$

und somit

$$a^2 = -c^2\left(\frac{d\theta}{d\tau}\right)^2 ,$$

was durch Vergleich mit Gl. (7.102)

$$\frac{d\theta}{d\tau} = \frac{a}{c}$$

ergibt, mit der Lösung

$$\theta(\tau) = a\tau/c \tag{7.103}$$

zur Anfangsbedingung $\theta(0) = 0$. Damit wird

$$\beta(\tau) = \tanh(a\tau/c) , \tag{7.104}$$

$$\frac{dt}{d\tau} = \gamma(\tau) = \cosh(a\tau/c) , \tag{7.105}$$

$$\frac{1}{c}\frac{dx}{d\tau} = \beta(\tau)\,\gamma(\tau) = \sinh(a\tau/c) , \tag{7.106}$$

sowie durch Integration nach $\tau$ mit den Anfangsbedingungen $t(0) = 0$, $x(0) = x_0$

$$t(\tau) = \frac{c}{a}\sinh(a\tau/c) , \tag{7.107}$$

$$x(\tau) = \frac{c^2}{a}\cosh(a\tau/c) + x_0 . \tag{7.108}$$

Indem wir $\tau$ durch $t$ ausdrücken, erhalten wir schließlich

$$x(t) = \frac{c^2}{a}\sqrt{1+(at/c)^2} + x_0 , \tag{7.109}$$

$$v(t) = \frac{at}{\sqrt{1+(at/c)^2}} . \tag{7.110}$$

Speziell sehen wir, daß $t \to \infty$ äquivalent ist zu $\tau \to \infty$, und daß für große Zeiten

$$x(t) \sim ct \quad , \quad v(t) \sim c \qquad \text{für} \quad t \to \infty , \tag{7.111}$$

während wir für kleine Zeiten die Newtonsche Näherung wiederfinden:

$$x(t) \sim \tfrac{1}{2}at^2 + x_0 \quad , \quad v(t) \sim at \qquad \text{für} \quad at \ll c . \tag{7.112}$$

## 7.6 Kovarianter Formalismus

Im Verlauf der bisherigen Diskussion der speziellen Relativitätstheorie haben wir zunächst die eigentlichen orthochronen Poincaré-Transformationen als Koordinatentransformationen zwischen Lorentz-Systemen (d.h. Inertialsystemen mit natürlichen Koordinaten) identifiziert und dann die Struktur dieser Transformationen analysiert sowie einige der sich daraus ergebenden physikalischen Konsequenzen behandelt. Wir wenden uns nun dem Einsteinschen Relativitätsprinzip im eigentlichen Sinne zu: In seiner vollen Allgemeinheit besagt es, daß alle physikalischen Gesetze in allen Lorentz-Systemen die gleiche Gestalt haben müssen oder, anders ausgedrückt, forminvariant sein müssen unter eigentlichen orthochronen Poincaré-Transformationen. Mathematisch bedeutet dies, daß alle physikalischen Gesetze *relativistisch kovariant* geschrieben werden können, d.h. als Gleichungen zwischen Größen, die sich in natürlicher Weise unter der eigentlichen orthochronen Poincaré-Gruppe transformieren. Zur Überprüfung einer gegebenen Theorie auf ihre Verträglichkeit mit dem Einsteinschen Relativitätsprinzip ist es also zunächst erforderlich, die darin vorkommenden physikalischen Größen zu Skalaren, Vektoren oder allgemeiner Tensoren über dem Minkowski-Raum $\mathbb{R}^4$ zusammenzufassen; man spricht auch von Welt- oder Viererskalaren, Welt- oder Vierervektoren bzw. Welt- oder Vierertensoren. Beispiele für diese Vorgehensweise haben wir bereits im Rahmen der im letzten Abschnitt diskutierten relativistischen Kinematik von Punktteilchen kennengelernt, z.B. die Eigenzeit $\tau$ als Weltskalar oder den Vierervektor $x$, die Vierergeschwindigkeit $u$ und die Viererbeschleunigung $a$ als Weltvektoren. Weitere Beispiele sind der (ebenfalls schon benutzte) gewöhnliche Differentialoperator $d/d\tau$ als Weltskalar, der partielle Differentialoperator

$$\partial \;=\; (\partial_0\,,\boldsymbol{\nabla}) \;=\; \left(\frac{1}{c}\frac{\partial}{\partial t}\,,\boldsymbol{\nabla}\right) \tag{7.113}$$

als Weltkovektoroperator und sein Quadrat, der Wellenoperator oder d'Alembert-Operator

$$\Box \;\equiv\; \partial^2 \;=\; \frac{1}{c^2}\frac{\partial^2}{\partial t^2} - \Delta \tag{7.114}$$

als Weltskalaroperator.

Der natürliche Formalismus zur Behandlung relativistisch kovarianter Theorien ist also die im Anhang behandelte Tensoralgebra und Tensoranalysis, und zwar über dem Minkowski-Raum $\mathbb{R}^4$. Dessen Geometrie ist durch das indefinite Skalarprodukt $\eta$ festgelegt, und die Lorentz-Transformationen sind gerade die Isometrien dieses vierdimensionalen pseudo-Euklidischen Vektorraums. Im Gegensatz zur Tensorrechnung im dreidimensionalen Euklidischen Raum sind aber Vektoren und Kovektoren, sowie allgemeiner kontravariante und kovariante Tensoren, hier wohl zu unterscheiden. Im Indexkalkül, den wir im folgenden verwenden wollen, wird die Beziehung zwischen kontravarianten und kovarianten Komponenten durch Heraufziehen und Herunterziehen von Indizes mit dem Skalarprodukt $\eta$ hergestellt; dabei bleiben die zeitlichen Komponenten numerisch invariant, während die räumlichen Komponenten ihr Vorzeichen wechseln. Andererseits wollen wir auch weiterhin der Konvention folgen, daß obere und untere Indizes für Komponenten von dreidimensionalen Vektoren nicht unterschieden werden müssen, und verabreden deshalb, Komponenten von Dreiervektoren mit entsprechenden Komponenten von Vierervektoren (Indizes oben) und nicht von Viererkovektoren (Indizes unten) zu identifizieren; die (vorläufig) einzige Ausnahme von dieser Regel bildet der oben eingeführte Differentialoperator $\partial$. Schließlich vereinbaren wir noch, für Vierervektoren wie auch für Viererkovektoren von nun an die Zeilenschreibweise zu verwenden. Es gilt also beispielsweise:

$$\begin{aligned} x^\mu &= (ct, +\boldsymbol{x}) \, , \\ x_\mu &= (ct, -\boldsymbol{x}) \, , \end{aligned} \tag{7.115}$$

$$\begin{aligned} u^\mu &= \gamma\,(c, +\boldsymbol{v}) \, , \\ u_\mu &= \gamma\,(c, -\boldsymbol{v}) \, , \end{aligned} \tag{7.116}$$

$$\begin{aligned} a^\mu &= \gamma^2 \left( \frac{\gamma^2\, \boldsymbol{v}\cdot\boldsymbol{a}}{c} \, , + \boldsymbol{a} + \frac{\gamma^2\, \boldsymbol{v}\cdot\boldsymbol{a}}{c^2} \boldsymbol{v} \right) , \\ a_\mu &= \gamma^2 \left( \frac{\gamma^2\, \boldsymbol{v}\cdot\boldsymbol{a}}{c} \, , - \boldsymbol{a} - \frac{\gamma^2\, \boldsymbol{v}\cdot\boldsymbol{a}}{c^2} \boldsymbol{v} \right) , \end{aligned} \tag{7.117}$$

aber

$$\begin{aligned} \partial^\mu &= \left( \frac{1}{c}\frac{\partial}{\partial t} \, , -\boldsymbol{\nabla} \right) , \\ \partial_\mu &= \left( \frac{1}{c}\frac{\partial}{\partial t} \, , +\boldsymbol{\nabla} \right) . \end{aligned} \tag{7.118}$$

## 7.7 Relativistische Dynamik eines Punktteilchens

Gemäß dem im letzten Abschnitt aufgestellten Postulat der relativistischen Kovarianz führen wir zur Formulierung der relativistischen Mechanik eines Punktteilchens zunächst zwei weitere Vierervektoren ein: Der *Viererimpuls* $p$ ist einfach proportional zur Vierergeschwindigkeit $u$, die *Viererkraft* $F$ dagegen zur Viererbeschleunigung $a$:

$$p^\mu = m u^\mu \, . \tag{7.119}$$

$$F^\mu = m a^\mu \, . \tag{7.120}$$

Aus Gl. (7.97) bzw. Gl. (7.100) ergibt sich dann

$$p_\mu p^\mu \equiv p^\mu p_\mu \equiv p^2 = (mc)^2 \, , \tag{7.121}$$

bzw.

$$p_\mu F^\mu \equiv p^\mu F_\mu \equiv p \cdot F = 0 \, . \tag{7.122}$$

Dabei ist $m$ eine positive reelle Konstante (also ein Viererskalar), die als die *Ruhemasse* des Teilchens bezeichnet wird.

Zur Interpretation der Gleichungen (7.119)–(7.122) schreiben wir zunächst mit Hilfe der Gleichungen (7.116) und (7.117):

$$p^\mu = m\gamma\,(c, \boldsymbol{v}) \;, \tag{7.123}$$

$$F^\mu = m\gamma^2 \left( \frac{\gamma^2\, \boldsymbol{v}\cdot\boldsymbol{a}}{c} \,,\, \boldsymbol{a} + \frac{\gamma^2\, \boldsymbol{v}\cdot\boldsymbol{a}}{c^2}\, \boldsymbol{v} \right) . \tag{7.124}$$

Durch Entwicklung nach Potenzen von $\beta = v/c$ erhalten wir in niedrigster Ordnung

$$E = cp^0 = \frac{mc^2}{\sqrt{1 - v^2/c^2}} = mc^2 + \tfrac{1}{2} mv^2 + \ldots \;, \tag{7.125}$$

$$\boldsymbol{p} = \frac{m\boldsymbol{v}}{\sqrt{1 - v^2/c^2}} = m\boldsymbol{v} + \ldots \;, \tag{7.126}$$

$$cF^0 = \frac{\boldsymbol{v}\cdot m\boldsymbol{a}}{(1 - v^2/c^2)^2} = \boldsymbol{v}\cdot m\boldsymbol{a} + \ldots \;, \tag{7.127}$$

$$\boldsymbol{F} = \frac{m\boldsymbol{a}}{1 - v^2/c^2} + \frac{m\,(\boldsymbol{v}\cdot\boldsymbol{a})\,\boldsymbol{v}}{(1 - v^2/c^2)^2} = m\boldsymbol{a} + \ldots \;. \tag{7.128}$$

Vergleich mit der Newtonschen Mechanik liefert unmittelbar die physikalische Interpretation von Viererimpuls bzw. Viererkraft: Ihre räumlichen Komponenten sind die relativistischen Verallgemeinerungen des gewöhnlichen Impulses $\boldsymbol{p}_N = m\boldsymbol{v}$ bzw. der gewöhnlichen Kraft $\boldsymbol{F}_N = m\boldsymbol{a}$, ihre zeitlichen Komponenten dagegen (nach Multiplikation mit $c$) die relativistischen Verallgemeinerungen der kinetischen Energie $E_N = \frac{1}{2}mv^2$ bzw. der Leistung $L_N = \boldsymbol{v}\cdot\boldsymbol{F}_N$. (Der Index $N$ soll andeuten, daß es sich um die aus der Newtonschen Mechanik wohlbekannten, nichtrelativistischen Ausdrücke handelt.) Demnach ist Gl. (7.120) als die *relativistische Bewegungsgleichung eines Punktteilchens* anzusehen; diese erweitert und vereinigt in relativistisch kovarianter Weise die Newtonsche Bewegungsgleichung und die sich daraus ergebende Energiebilanz. Aus Gl. (7.128) ersehen wir ferner, daß die Konstante $m$ wirklich die Ruhemasse des Punktteilchens ist, also der Koeffizient, der seine Trägheit im momentanen Ruhesystem beschreibt. In der Tat: Für kleine Geschwindigkeiten gilt näherungsweise $\boldsymbol{p} = m\boldsymbol{v}$. Die exakte Beziehung zwischen Impuls und Geschwindigkeit jedoch lautet $\boldsymbol{p} = m\gamma\boldsymbol{v}$. Das bedeutet, daß in bewegten Bezugssystemen die träge Masse – als Koeffizient zwischen der wirkenden Kraft und der durch sie erzielten Beschleunigung – gegenüber der Ruhemasse um den Faktor $\gamma$ erhöht erscheint; man bezeichnet dieses experimentell mit hoher Genauigkeit bestätigte Phänomen daher auch als *relativistische Massenzunahme.* (Der Effekt macht sich insbesondere bei Teilchenbeschleunigern bemerkbar und muß bei deren Konstruktion natürlich berücksichtigt werden.) Dennoch ist es aus theoretischer Sicht ungünstig, den Faktor $m\gamma$ als Masse zu bezeichnen, denn er ist zwar ein Skalar, aber kein Weltskalar: Lorentz-invariante Bedeutung hat nur die Ruhemasse.

Wie bereits erwähnt und auch durch die in Gl. (7.125) verwendete Notation angedeutet, ist die zeitliche Komponente des Viererimpulses in der relativistischen Mechanik als Gesamtenergie zu deuten:

$$E = cp^0 \;. \tag{7.129}$$

Insbesondere enthält also die Gesamtenergie den konstanten Beitrag

$$E_0 = mc^2 , \tag{7.130}$$

der der Ruhemasse proportional ist und als *Ruheenergie* bezeichnet wird: Diese Proportionalität von Ruhemasse und Ruheenergie ist wohl die berühmteste Vorhersage der speziellen Relativitätstheorie. Sie ergibt sich in natürlicher Weise aus der Notwendigkeit, die Grundgesetze der Mechanik mit dem Einsteinschen Relativitätsprinzip in Einklang zu bringen. Die hier angegebene Herleitung allerdings ist zwar plausibel, aber noch keineswegs zwingend, denn es wäre durchaus denkbar, daß sich die Gesamtenergie $E$ von der (mit $c$ multiplizierten) zeitlichen Komponente des Viererimpulses um eine additive Konstante unterscheidet: Beispielsweise könnte anstelle von Gl. (7.125)

$$E = cp^0 - mc^2 = mc^2 \left( \frac{1}{\sqrt{1 - v^2/c^2}} - 1 \right) = \tfrac{1}{2} mv^2 + \ldots \tag{7.131}$$

gelten, denn im Limes kleiner Geschwindigkeiten wäre auch dies mit der Newtonschen Mechanik verträglich, da dort die Gesamtenergie ohnehin nur bis auf eine additive Konstante bestimmt ist. Um diese Möglichkeit auszuschließen und die Konstante auf den durch Gl. (7.125) gegebenen Wert festzulegen, betrachte man die Erhaltungssätze für die Gesamtenergie und für den gesamten räumlichen Impuls für Systeme von Punktteilchen bei Abwesenheit äußerer Kräfte, z.B. bei Streuprozessen: Diese Erhaltungssätze können dann und nur dann zu einem einzigen Erhaltungssatz für den Viererimpuls zusammengefaßt werden, wenn die Gesamtenergie durch Gl. (7.129), also

$$E = \sqrt{m^2c^4 + c^2|\boldsymbol{p}|^2} \tag{7.132}$$

gegeben ist – ohne additive Konstante.

Es ist hervorzuheben, daß der Erhaltungssatz für den Viererimpuls in abgeschlossenen Systemen für *alle* – elastische wie inelastische – Streuprozesse gilt. Insbesondere äußert sich bei gebundenen Zuständen die *Bindungsenergie* als *Massendefekt:* Die Masse eines gebundenen Zustandes ist kleiner als die Summe der Massen seiner Bestandteile. Auf dieser Tatsache beruht z.B. die Energiefreisetzung in Sternen durch Kernfusion, so daß schon der Schein unserer Sonne, und damit unsere bloße Existenz, Beweis genug ist für die Richtigkeit der Einsteinschen Formel (7.130).

Eine besondere Situation, die aber sehr wichtig ist, tritt für den Fall ein, daß die Ruhemasse $m$ verschwindet. Die Weltlinien solcher masseloser Teilchen sind lichtartig, und die zwischen zwei Ereignissen auf einer lichtartigen Kurve verstreichende Eigenzeit ist gemäß Gl. (7.90) stets gleich Null. Die Eigenzeit ist also zur Parametrisierung der Weltlinien masseloser Teilchen ungeeignet, und es gibt auch keinen anderen irgendwie ausgezeichneten Lorentz-invarianten Bahnparameter. Insbesondere sind also Vierergeschwindigkeit und Viererbeschleunigung masseloser Teilchen nicht definiert, und einzig der Viererimpuls $p^\mu$ hat, wie sich herausstellt, noch physikalische Bedeutung. Auch die Viererkraft nämlich ist, als Ableitung des Viererimpulses nach der Eigenzeit, nicht definiert, und der Versuch, durch Übergang zu einem anderen Lorentz-invarianten Bahnparameter eine alternative Definition der Viererkraft zu geben, scheitert an der Tatsache, daß es eben keinen physikalisch ausgezeichneten derartigen Parameter gibt, so daß die bloße Auswahl eines geeigneten Bahnparameters der Bewegungsgleichung einen physikalisch unakzeptablen Aspekt der Beliebigkeit verleihen würde. Bei Beteiligung masseloser Teilchen verwendet man daher anstelle einer Bewegungsgleichung die Bilanzgleichung für den Viererimpuls.

Als Anwendung betrachten wir die Compton-Streuung, also die elastische Streuung zwischen Photonen ($\gamma$) und Elektronen ($e^-$).

$$\begin{array}{lccccccc} \text{Teilchen:} & \gamma & + & e^- & \longrightarrow & \gamma & + & e^- \\ \text{Viererimpulse:} & q & + & p & = & q' & + & p' \end{array}$$

Es ist $q^2 = q'^2 = 0$ und $p^2 = p'^2 = (mc)^2$, wobei $m$ die Ruhemasse des Elektrons bezeichnet. Ferner sei $\theta$ der Streuwinkel des Photons, gemessen im Ruhesystem des einlaufenden Elektrons; dann gilt in diesem System

$$p = (mc, 0) \qquad \text{und} \qquad \boldsymbol{q} \cdot \boldsymbol{q}' = |\boldsymbol{q}|\,|\boldsymbol{q}'| \cos\theta = q^0 q'^0 \cos\theta \; ,$$

also

$$\begin{aligned} q - q' + p = p' \quad & \Longrightarrow \quad ((q - q') + p)^2 = p'^2 \quad \Longrightarrow \quad (q - q') \cdot p = q \cdot q' \\ & \Longrightarrow \quad mc\,(q^0 - q'^0) = q^0 q'^0\,(1 - \cos\theta) \\ & \Longrightarrow \quad mc\left(\frac{1}{q^0} - \frac{1}{q'^0}\right) = 1 - \cos\theta \; . \end{aligned}$$

Benutzt man noch die der Quantenmechanik entlehnte Beziehung $E = \hbar\omega$ zwischen der Energie $E$ eines Photons und der Kreisfrequenz $\omega$ der entsprechenden elektromagnetischen Welle, so ergibt sich die für die Compton-Streuung charakteristische Beziehung zwischen Frequenzverlust und Streuwinkel

$$\frac{mc^2}{\hbar}\left(\frac{1}{\omega'} - \frac{1}{\omega}\right) = 1 - \cos\theta \; . \tag{7.133}$$

Als weiteres schönes Anwendungsbeispiel für den Satz von der Erhaltung des Viererimpulses wollen wir noch die Rakete im Rahmen der speziellen Relativitätstheorie diskutieren; dabei werden wir uns der Einfachheit halber wieder auf die lineare Bewegung in einer Raumdimension beschränken und diese durch die in der Rakete verstreichende Eigenzeit $\tau$ parametrisieren. Der Antrieb einer Rakete erfolgt durch Ausstoß von Gasen, bestehend aus Teilchen der Ruhemasse $m_0$, die mit der Geschwindigkeit $v_a = c\beta_a$ ausströmen sollen; dabei wollen wir den Fall $m_0 = 0$, $v_a = c$, $\beta_a = 1$ (Photonenrakete) in unsere Betrachtung mit einbeziehen. Dazu definieren wir zunächst

$$\begin{aligned} M(\tau) &= \text{verbliebene Ruhemasse der Rakete zur Eigenzeit } \tau \; , \\ u(\tau) &= \text{Vierergeschwindigkeit der Rakete zur Eigenzeit } \tau \; , \\ p(\tau) &= \text{Viererimpuls der Rakete zur Eigenzeit } \tau \; , \end{aligned}$$

sowie

$$q_a(\tau) \quad = \quad \text{Viererimpuls eines einzelnen vom Antrieb zur Eigenzeit } \tau \text{ ausgestoßenen Teilchens,}$$

$$dn(\tau) \;=\; \nu(\tau)\,d\tau \quad = \quad \text{Anzahl der zur Eigenzeit } \tau \text{ im Eigenzeitintervall } d\tau \text{ ausgestoßenen Teilchen,}$$

und schreiben außerdem

$$\begin{aligned} u(\tau) \;=\; c\,(\gamma(\tau)\,,\,\beta(\tau)\,\gamma(\tau)) \;&=\; c\,(\cosh\theta(\tau)\,,\,\sinh\theta(\tau))\;, \\ p(\tau) \;&=\; M(\tau)\,u(\tau)\;. \end{aligned} \tag{7.134}$$

Damit lautet der Erhaltungssatz für den Viererimpuls des Gesamtsystems aus Rakete und Gas

$$dp(\tau) + dn(\tau)\,q_a(\tau) \;=\; 0\;,$$

d.h.

$$\frac{dM}{d\tau}\,u + M\,\frac{du}{d\tau} \;=\; \frac{dp}{d\tau} \;=\; -\,\nu q_a\;. \tag{7.135}$$

Aus dieser Beziehung ergibt sich, unter Benutzung von Gl. (7.97) und Gl. (7.100), durch skalare Multiplikation mit $u$ einerseits

$$c^2\,\frac{dM}{d\tau} \;=\; u\cdot\left(\frac{dM}{d\tau}\,u + M\,\frac{du}{d\tau}\right) \;=\; -\,\nu\,u\cdot q_a\;, \tag{7.136}$$

und durch Quadrieren andererseits

$$c^2\left(\frac{dM}{d\tau}\right)^2 + M^2\left(\frac{du}{d\tau}\right)^2 \;=\; \nu^2 q_a^2\;. \tag{7.137}$$

Da $u$ zeitartig ist und $q_a$ zeitartig oder lichtartig, gilt $u\cdot q_a \neq 0$, und wir können mit Hilfe von Gl. (7.136) die Teilchenstromrate $\nu$ aus Gl. (7.137) eliminieren. Dann wird

$$c^2\left(\frac{dM}{d\tau}\right)^2 + M^2\left(\frac{du}{d\tau}\right)^2 \;=\; \frac{q_a^2 c^4}{(u\cdot q_a)^2}\left(\frac{dM}{d\tau}\right)^2\;,$$

d.h.

$$-\,\frac{1}{c^2}\left(\frac{du}{d\tau}\right)^2 \;=\; \left(1 - \frac{q_a^2 c^2}{(u\cdot q_a)^2}\right)\frac{1}{M^2}\left(\frac{dM}{d\tau}\right)^2\;. \tag{7.138}$$

Im Fall $m_0 = 0$ ist $q_a^2 = 0$ und der Vorfaktor in Gl. (7.138) gleich 1. Im Fall $m_0 > 0$ läßt sich der Vorfaktor in Gl. (7.138) am einfachsten im momentanen Ruhesystem der Rakete auswerten; dort gilt

$$\begin{aligned} u \;=\; (c,0)\;,\;\; q_a \;=\; m_0 c\,(\gamma_a, \beta_a\gamma_a) \;&\Longrightarrow\; u\cdot q_a \;=\; m_0 c^2\gamma_a\;,\;\; q_a^2 \;=\; m_0^2 c^2 \\ &\Longrightarrow\; 1 - \frac{q_a^2 c^2}{(u\cdot q_a)^2} \;=\; 1 - \gamma_a^{-2} \;=\; \beta_a^2\;. \end{aligned}$$

Wir erhalten also in jedem Fall

$$\left(\frac{d\theta}{d\tau}\right)^2 = -\frac{1}{c^2}\left(\frac{du}{d\tau}\right)^2 = \frac{\beta_a^2}{M^2}\left(\frac{dM}{d\tau}\right)^2 , \tag{7.139}$$

(die erste dieser beiden Gleichungen folgt aus Gl. (7.134)). Nehmen wir noch an, daß $\theta$ mit $\tau$ monoton zunimmt (was ggf. durch die Substitution $\theta \longrightarrow -\theta$ zu erreichen ist), so läßt sich hieraus eindeutig die Wurzel ziehen:

$$\frac{d\theta}{d\tau} = -\frac{\beta_a}{M}\frac{dM}{d\tau} . \tag{7.140}$$

Bei konstanter Ausströmgeschwindigkeit $v_a = c\beta_a$ kann diese Differentialgleichung elementar integriert werden, und die Lösung zur Anfangsbedingung $\theta(\tau_0) = 0$ mit $M(\tau_0) = M_0$ lautet

$$\begin{aligned} \theta(\tau) &= -\beta_a \ln\frac{M(\tau)}{M_0} , \\ \beta(\tau) &= \tanh\left(-\beta_a \ln\frac{M(\tau)}{M_0}\right) , \\ \gamma(\tau) &= \cosh\left(-\beta_a \ln\frac{M(\tau)}{M_0}\right) , \end{aligned} \tag{7.141}$$

oder

$$\begin{aligned} \beta(\tau) &= \frac{1-\left(\dfrac{M(\tau)}{M_0}\right)^{2\beta_a}}{1+\left(\dfrac{M(\tau)}{M_0}\right)^{2\beta_a}} , \\ \gamma(\tau) &= \frac{1}{2}\left(\left(\frac{M(\tau)}{M_0}\right)^{\beta_a} + \left(\frac{M(\tau)}{M_0}\right)^{-\beta_a}\right) , \end{aligned} \tag{7.142}$$

Im nichtrelativistischen Grenzfall ist dies die bekannte *Raketengleichung*

$$v(t) = -v_a \ln\frac{M(\tau)}{M_0} . \tag{7.143}$$

Die erreichte Endgeschwindigkeit hängt jedenfalls nur von der Ausströmgeschwindigkeit $v_a$ und vom Verhältnis zwischen Anfangs- und Endmasse der Rakete ab. Zur Maximierung der Endgeschwindigkeit erscheint es daher vorteilhaft, $v_a$ möglichst groß zu wählen; am günstigsten wäre dabei eine Photonenrakete mit $v_a = c$. Eine Photonenrakete hat jedoch ihre eigenen Probleme, die sich besonders deutlich zeigen, wenn man die erreichbare Beschleunigung $a$ mit der im Raketenmotor zur Verfügung stehenden Leistung $L$ vergleicht. Durch Auswertung von Gl. (7.139) bzw. (7.140) im momentanen Ruhesystem der Rakete erhält man nämlich gemäß Gl. (7.101)

$$a = -\frac{v_a}{M}\frac{dM}{d\tau} , \tag{7.144}$$

während die Leistung $L$ des Raketenmotors durch

$$L = -\frac{dM}{d\tau}c^2 - m_0\nu c^2 \tag{7.145}$$

gegeben ist: Vom momentanen Ruhesystem der Rakete aus betrachtet, setzt sich nämlich der zur Eigenzeit $\tau$ im Eigenzeitintervall $d\tau$ eintretende Verlust $dM$ an Ruhemasse der Rakete ($dM < 0$) aus der Umsetzung von Masse in Energie im Raketenmotor ($-L\,d\tau/c^2$) und dem Verlust durch den Ausstoß der Gasteilchen ($-m_0\nu d\tau$) zusammen. Im Fall $m_0 > 0$ läßt sich der zweite Term in Gl. (7.145) unter Benutzung von Gl. (7.136) umformen:

$$L = -\frac{dM}{d\tau}c^2 - m_0\nu c^2 = -\frac{dM}{d\tau}c^2\left(1 - \frac{m_0c^2}{u\cdot q_a}\right).$$

Nun gilt im momentanen Ruhesystem der Rakete

$$u = (c,0)\;,\quad q_a = m_0c(\gamma_a, \beta_a\gamma_a) \quad\Longrightarrow\quad u\cdot q_a = m_0c^2\gamma_a$$

$$\Longrightarrow\quad \frac{m_0c^2}{u\cdot q_a} = \gamma_a^{-1} = \sqrt{1-\beta_a^2}\,.$$

Wir erhalten also in jedem Fall

$$L = -\frac{dM}{d\tau}c^2\left(1 - \sqrt{1-\beta_a^2}\right), \tag{7.146}$$

und durch Kombination mit Gl. (7.144) ergibt sich folgende Relation zwischen der spezifischen Leistung $L/M$ des Raketenmotors und der erzielten Beschleunigung $a$:

$$\frac{L}{M} = c\,\frac{1-\sqrt{1-\beta_a^2}}{\beta_a}\,a\,. \tag{7.147}$$

Im nichtrelativistischen Grenzfall ($\beta_a \ll 1$) reduziert sich dies auf

$$\frac{L}{M} = \tfrac{1}{2}v_a a\,, \tag{7.148}$$

im ultrarelativistischen Grenzfall ($\beta_a = 1$) dagegen auf

$$\frac{L}{M} = ca\,. \tag{7.149}$$

Um mit einer Photonenrakete eine Beschleunigung von ca. 10 Meter pro Sekunde$^2$ zu erzielen, benötigt man demnach eine spezifische Leistung von ca. 3 Gigawatt pro Kilogramm – was utopisch erscheint.

Zum Abschluß berechnen wir noch den Wirkungsgrad $\eta$ der Rakete, also das Verhältnis der kinetischen Energie $T$ der Rakete bei Brennschluß $\tau_1$ zur Arbeit $A$, die vom Raketenmotor insgesamt geleistet wurde, unter der Voraussetzung konstanter Ausströmgeschwindigkeit $v_a = c\beta_a$. Ist $M_0 = M(\tau_0)$ die Anfangsmasse und $M_1 = M(\tau_1)$ die Endmasse der Rakete sowie $x = M_1/M_0$ $(x < 1)$ deren Verhältnis, so gilt einerseits

$$T = M_1 c^2 (\gamma_1 - 1) ,$$

und andererseits nach Integration von Gl. (7.146)

$$A = (M_0 - M_1) c^2 \left(1 - \sqrt{1 - \beta_a^2}\right) ,$$

also wegen Gl. (7.141)

$$\eta = \frac{T}{A} = \frac{x}{1-x} \frac{\cosh(\beta_a \ln x) - 1}{1 - \sqrt{1 - \beta_a^2}} = \frac{x}{1-x} \frac{x^{\beta_a} + x^{-\beta_a} - 2}{2(1 - \sqrt{1 - \beta_a^2})} . \qquad (7.150)$$

Im nichtrelativistischen Grenzfall ($\beta_a \ll 1$) reduziert sich dies auf

$$\eta = \frac{x}{1-x} \ln^2 x , \qquad (7.151)$$

mit einem Maximum bei $1/x = 4,93$, $\eta = 0,647$, im ultrarelativistischen Grenzfall ($\beta_a \gg 1$) dagegen auf

$$\eta = \tfrac{1}{2}(1 - x) , \qquad (7.152)$$

d.h. der Wirkungsgrad einer Photonenrakete ist stets $< 50\%$.

## 7.8 Kovariante Formulierung der Elektrodynamik

Wie schon zu Beginn dieses Kapitels erwähnt wurde, ist die zum Postulat erhobene Beobachtung der Konstanz der Lichtgeschwindigkeit Ausgangspunkt der speziellen Relativitätstheorie. Da Licht eine elektromagnetische Erscheinung darstellt, ist zu erwarten, daß die Elektrodynamik relativistisch kovariant ist. Zunächst müssen wir also angeben, wie Größen wie Ladungsdichte und Stromdichte, skalares Potential und Vektorpotential oder elektrisches und magnetisches Feld zu Vierervektoren bzw. Vierertensoren zusammenzufassen sind.

Ausgangspunkt dieser Analyse ist die durch vielfältige experimentelle Erfahrung belegte Tatsache, daß die elektrische Ladung eine absolut erhaltene Größe darstellt, die zudem nur in ganzzahligen Vielfachen der sogenannten Elementarladung auftritt und keinerlei Geschwindigkeitsabhängigkeit aufweist: Die elektrische Ladung eines Punktteilchens ist demnach eine Lorentz-invariante reelle Konstante, also ein Viererskalar.

Betrachten wir nun eine in einem gegebenen Lorentz-System ruhende Ladungsdichte $\rho_0$; die zugehörige Stromdichte ist also $\boldsymbol{j}_0 = 0$. Von einem mit der Geschwindigkeit $\boldsymbol{v}$ bewegten Lorentz-System aus gesehen, erhalten wir wegen der Invarianz der Gesamtladung und der Lorentz-Kontraktion des Volumenelementes (vgl. Gl. (7.81)) die Ladungsdichte $\rho = \gamma\rho_0$; ferner liegt aufgrund von Konvektion die Stromdichte $\boldsymbol{j} = \rho\boldsymbol{v} = \gamma\rho_0\boldsymbol{v}$ vor. Dies legt nahe, daß Ladungsdichte $\rho$ und Stromdichte $\boldsymbol{j}$ gemäß

$$j^\mu = (c\rho, \boldsymbol{j}) \quad , \quad j_\mu = (c\rho, -\boldsymbol{j}) \tag{7.153}$$

zu einem Vierervektorfeld zusammengefaßt werden können, das als *Viererstromdichte* bezeichnet wird. Damit läßt sich nämlich der Erhaltungssatz für die elektrische Ladung (vgl. Gl. (3.1)) in kovarianter Form schreiben:

$$\partial^\mu j_\mu = 0 \, . \tag{7.154}$$

Ganz analog können skalares Potential $\phi$ und Vektorpotential $\boldsymbol{A}$ gemäß

$$A^\mu = (\phi/\kappa c, \boldsymbol{A}) \quad , \quad A_\mu = (\phi/\kappa c, -\boldsymbol{A}) \tag{7.155}$$

zu einem Vierervektorfeld zusammengefaßt werden, das als *Viererpotential* bezeichnet wird. Damit lassen sich nunmehr sowohl die Lorentz-Eichung (3.46) als auch die Maxwellschen Gleichungen (3.54) und (3.55) für die Potentiale in der Lorentz-Eichung in kovarianter Form schreiben:

$$\partial^\mu A_\mu = 0 \, . \tag{7.156}$$

$$\Box A^\mu \equiv \partial^2 A^\mu = \kappa\mu_0 \, j^\mu \, . \tag{7.157}$$

Die Felder erhält man aus den Potentialen durch Differentiation: Elektrisches Feld $\boldsymbol{E}$ und magnetisches Feld $\boldsymbol{B}$ können gemäß

$$\begin{aligned} -F^{0i} &= F_{0i} = E_i/\kappa c \, , \\ F^{ij} &= F_{ij} = -\,\epsilon_{ijk}\, B_k \, , \end{aligned} \tag{7.158}$$

zu einem antisymmetrischen Vierertensorfeld zweiter Stufe zusammengefaßt werden, das als *Feldstärketensor* bezeichnet wird. (Wir erinnern an unsere Konvention, obere und untere Indizes von dreidimensionalen Vektoren nicht zu unterscheiden: Speziell sind die $E_i$ bzw. $B_i$ die Komponenten von $\boldsymbol{E}$ bzw. $\boldsymbol{B}$.) In Matrixschreibweise ist

$$\begin{aligned} F^{\mu\nu} &= \begin{pmatrix} 0 & -E_1/\kappa c & -E_2/\kappa c & -E_3/\kappa c \\ +E_1/\kappa c & 0 & -B_3 & +B_2 \\ +E_2/\kappa c & +B_3 & 0 & -B_1 \\ +E_3/\kappa c & -B_2 & +B_1 & 0 \end{pmatrix}, \\ F_{\mu\nu} &= \begin{pmatrix} 0 & +E_1/\kappa c & +E_2/\kappa c & +E_3/\kappa c \\ -E_1/\kappa c & 0 & -B_3 & +B_2 \\ -E_2/\kappa c & +B_3 & 0 & -B_1 \\ -E_3/\kappa c & -B_2 & +B_1 & 0 \end{pmatrix}, \end{aligned} \tag{7.159}$$

Damit läßt sich die Definition der Felder durch die Potentiale in den Gleichungen (3.40) und (3.42) in kovarianter Form schreiben:

$$F_{\mu\nu} = \partial_\mu A_\nu - \partial_\nu A_\mu \; . \tag{7.160}$$

Ferner nehmen die homogenen Maxwellschen Gleichungen (3.5-b) und (3.5-c) die kovariante Form

$$\partial_\kappa F_{\mu\nu} + \partial_\mu F_{\nu\kappa} + \partial_\nu F_{\kappa\mu} = 0 \tag{7.161}$$

und die inhomogenen Maxwellschen Gleichungen (3.5-a) und (3.5-d) die kovariante Form

$$\partial_\mu F^{\mu\nu} = \kappa\mu_0 \, j^\nu \tag{7.162}$$

an.

Das Transformationsverhalten elektromagnetischer Felder unter einem Boost $B(\boldsymbol{v}) = \Lambda(\boldsymbol{n}, \theta)$ läßt sich aus der Tatsache ablesen, daß $F$ ein Vierertensor ist. Nach kurzer Rechnung unter Verwendung der Gleichungen (7.47)–(7.49) findet man:

$$\begin{aligned} \boldsymbol{E}'_\parallel &= \boldsymbol{E}_\parallel \quad , \quad \boldsymbol{E}'_\perp = \gamma\big(\boldsymbol{E}_\perp + \kappa c\beta\, \boldsymbol{n} \times \boldsymbol{B}\big) \; , \\ \boldsymbol{B}'_\parallel &= \boldsymbol{B}_\parallel \quad , \quad \boldsymbol{B}'_\perp = \gamma\Big(\boldsymbol{B}_\perp - \frac{\beta}{\kappa c}\, \boldsymbol{n} \times \boldsymbol{E}\Big) \; . \end{aligned} \tag{7.163}$$

Die Differentialformenschreibweise ist in ihrer relativistisch kovarianten Form ebenfalls wesentlich durchsichtiger und einprägsamer als in der früher benutzten Formulierung gemäß den Gleichungen (3.20)–(3.24): Um dies zu sehen, führen wir mit Hilfe der in Gl. (7.9) definierten Basis $\{e_0, e_1, e_2, e_3\}$ und der dazu dualen Basis $\{e^0, e^1, e^2, e^3\}$ zwei 1-Formen

$$j = j_\mu \, e^\mu \quad , \quad A = A_\mu \, e^\mu \tag{7.164}$$

und eine 2-Form

$$F = \tfrac{1}{2} F_{\mu\nu} \, e^\mu \wedge e^\nu \tag{7.165}$$

auf dem Minkowski-Raum ein. Dann lassen sich die wichtigen Gleichungen mit Hilfe der äußeren Ableitung $d$ und des Sternoperators $*$ im Minkowski-Raum formulieren; dieser ist mit der Konvention

$$\epsilon^{0123} = -1 \quad , \quad \epsilon_{0123} = +1 \tag{7.166}$$

explizit gegeben durch

$$\begin{aligned} *(1) &= e^0 \wedge e^1 \wedge e^2 \wedge e^3 \; , \\ *(e^0) &= e^1 \wedge e^2 \wedge e^3 \quad , \quad *(e^i) = \tfrac{1}{2} \epsilon_{ijk} \, e^0 \wedge e^j \wedge e^k \; , \\ *(e^0 \wedge e^i) &= -\tfrac{1}{2} \epsilon_{ijk} \, e^j \wedge e^k \quad , \quad *(e^j \wedge e^k) = +\tfrac{1}{2} \epsilon_{jkl} \, e^0 \wedge e^l \; , \\ *(e^1 \wedge e^2 \wedge e^3) &= e^0 \quad , \quad *(e^0 \wedge e^j \wedge e^k) = \epsilon_{jkl} \, e^l \; , \\ *(e^0 \wedge e^1 \wedge e^2 \wedge e^3) &= -1 \; . \end{aligned} \tag{7.167}$$

Damit nehmen der Erhaltungssatz für die Ladung, Gl. (7.154), bzw. die Lorentz-Eichung (7.156), die Form

$$d * j = 0 \tag{7.168}$$

bzw.

$$d * A = 0 \tag{7.169}$$

an, während die Definition der Felder durch die Potentiale

$$F = dA \tag{7.170}$$

und die homogenen Maxwellschen Gleichungen

$$dF = 0 \tag{7.171}$$

lauten. Die inhomogenen Maxwellschen Gleichungen schließlich haben die Gestalt

$$- * d * F = \kappa \mu_0 \, j \,. \tag{7.172}$$

Zu den grundlegenden Gesetzen der Elektrodynamik gehört neben den Maxwellschen Gleichungen auch die Lorentz-Kraft, deren relativistisch kovariante Form wir noch angeben müssen: Die elektromagnetische Viererkraft $F^\mu$ auf eine Punktladung $q$, die sich mit der Vierergeschwindigkeit $\dot{u}^\mu$ entlang ihrer Weltlinie $x^\mu(\tau)$ bewegt, ist die *Lorentz-Viererkraft*

$$F^\mu = \kappa q u_\nu F^{\mu\nu} \,. \tag{7.173}$$

Hat man es statt mit einer Punktladung $q$ mit einer allgemeinen Ladungs- und Stromverteilung zu tun, die durch eine Viererstromdichte $j^\mu$ charakterisiert ist, so ist die von einem gegebenen elektromagnetischen Feld $F^{\mu\nu}$ ausgeübte *Lorentz-Viererkraftdichte* $f^\mu$ gegeben durch

$$f^\mu = \kappa j_\nu F^{\mu\nu} \,. \tag{7.174}$$

Die räumlichen Komponenten der Ausdrücke (7.173) bzw. (7.174) sind die relativistischen Verallgemeinerungen der Kraftgesetze (3.2) bzw. (3.3), ihre zeitlichen Komponenten dagegen (nach Multiplikation mit $c$) die relativistischen Verallgemeinerungen der Ausdrücke $q\boldsymbol{v} \cdot E$ bzw. $\boldsymbol{j} \cdot \boldsymbol{E}$ für die vom Feld an der Materie geleistete Arbeit (genauer: für die vom Feld an die Materie abgegebene Leistung bzw. Leistungsdichte). Außerdem lassen sich die Gleichungen (7.173) und (7.174) in relativistisch kovarianter Weise als zwei Varianten ein- und desselben Kraftgesetzes identifizieren, wenn man bedenkt, daß einer Punktladung $q$, die sich unter dem Einfluß einer Viererkraft $F^\mu$ mit der Vierergeschwindigkeit $u^\mu$ entlang ihrer Weltlinie $x^\mu(\tau)$ bewegt, die Viererstromdichte

$$j^\mu(x) = qc \int d\tau \; u^\mu(\tau) \, \delta(x - x(\tau)) \tag{7.175}$$

und die Viererkraftdichte

$$f^\mu(x) = c \int d\tau \; F^\mu(\tau) \, \delta(x - x(\tau)) \tag{7.176}$$

zuzuordnen ist; diese sind, wie zu erwarten, $\delta$-funktionsartig auf der Weltlinie konzentriert.

## 7.9 Der Energie-Impuls-Tensor

In Kapitel 3 haben wir die Energiebilanz und die Impulsbilanz im elektromagnetischen Feld bereits ausführlich besprochen, doch lassen sich diese (dort getrennt behandelten) Aspekte nun auf bemerkenswerte Weise vereinheitlichen. Dazu schreiben wir, ausgehend von dem kovarianten Kraftgesetz (7.174), die Viererkraftdichte $f^\mu$ unter Verwendung der Maxwellschen Gleichungen (7.162) und (7.161) wie folgt um:

$$\begin{aligned}
f^\mu &= \kappa\, F^{\mu\kappa}\, j_\kappa \;=\; \frac{1}{\mu_0}\, F^{\mu\kappa}\, \partial^\nu F_{\nu\kappa} \\
&= \frac{1}{\mu_0}\left(\partial^\nu (F^{\mu\kappa} F_{\nu\kappa}) - (\partial^\nu F^{\mu\kappa})\, F_{\nu\kappa}\right) \\
&= \frac{1}{\mu_0}\left(\partial^\nu (F^{\mu\kappa} F_{\nu\kappa}) - \tfrac{1}{2}(\partial^\nu F^{\mu\kappa})\, F_{\nu\kappa} - \tfrac{1}{2}(\partial^\kappa F^{\mu\nu})\, F_{\kappa\nu}\right) \\
&= \frac{1}{\mu_0}\left(\partial^\nu (F^{\mu\kappa} F_{\nu\kappa}) - \tfrac{1}{2}(\partial^\nu F^{\mu\kappa} + \partial^\kappa F^{\nu\mu})\, F_{\nu\kappa}\right) \\
&= \frac{1}{\mu_0}\left(\partial^\nu (F^{\mu\kappa} F_{\nu\kappa}) + \tfrac{1}{2}(\partial^\mu F^{\kappa\nu})\, F_{\nu\kappa}\right) \\
&= \frac{1}{\mu_0}\left(\partial^\nu (F^{\mu\kappa} F_{\nu\kappa}) - \tfrac{1}{4}\partial^\mu (F^{\nu\kappa} F_{\nu\kappa})\right) .
\end{aligned}$$

Es ist also

$$f^\mu \;=\; -\,\partial_\nu T^{\mu\nu}\ , \tag{7.177}$$

mit einem Vierertensorfeld $T^{\mu\nu}$ zweiter Stufe, das wie folgt definiert ist:

$$T^{\mu\nu} \;=\; -\,\frac{1}{\mu_0}\left(\eta_{\kappa\lambda} F^{\mu\kappa} F^{\nu\lambda} - \tfrac{1}{4}\eta^{\mu\nu} F^{\kappa\lambda} F_{\kappa\lambda}\right) . \tag{7.178}$$

Der Vierertensor $T^{\mu\nu}$ heißt *Energie-Impuls-Tensor des elektromagnetischen Feldes;* er ist symmetrisch und spurfrei:

$$T^{\mu\nu} \;=\; T^{\nu\mu} \quad , \quad T^\mu_\mu \;=\; 0\ . \tag{7.179}$$

Seine Komponenten haben folgende Bedeutung:

- Seine rein zeitliche Komponente ist die Energiedichte $\rho^E$ des elektromagnetischen Feldes; vgl. Gl. (3.58):

$$T^{00} \;=\; T_{00} \;=\; \rho^E\ .$$

- Seine gemischten Komponenten sind (abgesehen von Faktoren $c$ oder $1/c$) die Komponenten des Poynting-Vektors $\boldsymbol{S}$, d.h. sowohl der Energiestromdichte als auch der Impulsdichte des elektromagnetischen Feldes; vgl. die Gleichungen (3.59), (3.60) und (3.85):

$$T^{0i} \;=\; T^{i0} \;=\; -\,T_{0i} \;=\; -\,T_{i0} \;=\; S_i/c \;=\; j_i^E/c \;=\; c\rho_i^P\ .$$

- Seine rein räumlichen Komponenten sind (abgesehen von einem Vorzeichen) die Komponenten des Maxwellschen Spannungstensors, d.h. der Impulsstromdichte des elektromagnetischen Feldes; vgl. die Gleichungen (3.86) und (3.87):

$$T^{ik} = T^{ki} = T_{ik} = T_{ki} = -T_{ik}^{\mathrm{Max}} = j_{ik}^{P} .$$

Insbesondere erweist sich also in der relativistisch kovarianten Formulierung der Elektrodynamik die – schon in Kapitel 3 beobachtete – Gleichheit (bis auf einen Faktor $c^2$) von Energiestromdichte und Impulsdichte des elektromagnetischen Feldes als ein Aspekt der Symmetrie des Energie-Impuls-Tensors. Auch sehen wir, daß die Spur des Maxwellschen Spannungstensors gleich dem Negativen der Energiedichte sein muß.

## 7.10 Abstrahlung einer bewegten Punktladung: Liénard-Wiechertsche Potentiale

In diesem Abschnitt wollen wir die von einer beliebig bewegten Punktladung $q$ erzeugten elektromagnetischen Potentiale und Felder bestimmen; diese lassen sich nämlich in geschlossener Form angeben. Aus Kapitel 6.2 wissen wir zunächst, daß sich die Lösung der Feldgleichung (7.157) für die Potentiale in der Lorentz-Eichung zu retardierten Randbedingungen durch Faltung der Quelle mit der retardierten Greenschen Funktion ergeben, d.h. es gilt[2]

$$A^{\mu}(x) = \frac{\kappa\mu_0}{4\pi}\int d^4x'\, G_{\mathrm{ret}}(x-x')\, j^{\mu}(x') , \tag{7.180}$$

wobei

$$\Box\, G_{\mathrm{ret}}(x-x') = 4\pi\, \delta(x-x') \tag{7.181}$$

und explizit

$$G_{\mathrm{ret}}(x-x') = 2\,\theta(x^0-x'^0)\,\delta((x-x')^2) . \tag{7.182}$$

Wenn wir Gl. (7.175) hier einsetzen, erhalten wir mit Gl. (3.27)

$$A^{\mu}(x) = \frac{q}{2\pi\kappa c\epsilon_0}\int d\tau\, d^4x'\,\theta(x^0-x'^0)\,\delta((x-x')^2)\,u^{\mu}(\tau)\,\delta(x'-x(\tau))$$

und können zunächst die $x'$-Integration ausführen:

$$A^{\mu}(x) = \frac{q}{2\pi\kappa c\epsilon_0}\int d\tau\,\theta(x^0-x^0(\tau))\,\delta((x-x(\tau))^2)\,u^{\mu}(\tau) . \tag{7.183}$$

Auch die verbleibende $\tau$-Integration läßt sich nun ausführen, wenn man beachtet, daß das Argument der $\delta$-Funktion, als Funktion von $\tau$ betrachtet, genau zwei einfache Nullstellen besitzt, nämlich an den Stellen $\tau_{\mathrm{ret}}$ und $\tau_{\mathrm{av}}$, die durch

$$x^0 - x^0(\tau_{\mathrm{ret}}) = |\boldsymbol{x}-\boldsymbol{x}(\tau_{\mathrm{ret}})| \quad , \quad x^0(\tau_{\mathrm{av}}) - x^0 = |\boldsymbol{x}(\tau_{\mathrm{av}})-\boldsymbol{x}| \tag{7.184}$$

[2] Die hier benutzte und im Rahmen einer relativistisch kovarianten Theorie natürliche Normierung der Greenschen Funktionen des Wellenoperators weicht um einen Faktor $c$ von der in Kapitel 6 verwendeten ab.

bestimmt sind[3]. Offenbar sind $\tau_{\rm ret}$ bzw. $\tau_{\rm av}$ gerade die Parameterwerte, die zu den Durchstoßpunkten $x_{\rm ret}$ bzw. $x_{\rm av}$ der Weltlinie der Punktladung $q$ durch den vom Beobachtungspunkt $x$ aus aufgespannten Rückwärts-Lichtkegel bzw. Vorwärts-Lichtkegel gehören; die Vierergeschwindigkeit und die Viererbeschleunigung an diesen Durchstoßpunkten wollen wir mit $u_{\rm ret}$ und $a_{\rm ret}$ bzw. $u_{\rm av}$ und $a_{\rm av}$ bezeichnen. Außerdem führen wir noch die Viererskalare

$$\rho_{\rm ret} = \frac{1}{c}\,u_{\rm ret}\cdot(x - x_{\rm ret}) \quad , \quad \rho_{\rm av} = \frac{1}{c}\,u_{\rm av}\cdot(x_{\rm av} - x) \tag{7.185}$$

sowie aus später ersichtlich werdenden Gründen die Vierervektoren

$$n_{\rm ret} = \frac{x - x_{\rm ret}}{\rho_{\rm ret}} - \frac{u_{\rm ret}}{c} \quad , \quad n_{\rm av} = \frac{x_{\rm av} - x}{\rho_{\rm av}} - \frac{u_{\rm av}}{c} \tag{7.186}$$

ein. (Man beachte, daß $x - x_{\rm ret}$ bzw. $x_{\rm av} - x$ positiv lichtartige und $u_{\rm ret}$ bzw. $u_{\rm av}$ positiv zeitartige Vierervektoren sind; also ist $\rho_{\rm ret} > 0$, $\rho_{\rm av} > 0$.) Im momentanen Ruhesystem der Punktladung gilt

$$\begin{aligned} u^\mu_{\rm ret} &= (c,0) \quad , \quad x^\mu - x^\mu_{\rm ret} = (\rho_{\rm ret}, \rho_{\rm ret}\boldsymbol{n}) \quad , \quad n^\mu_{\rm ret} = (0,\boldsymbol{n})\;. \\ u^\mu_{\rm av} &= (c,0) \quad , \quad x^\mu_{\rm av} - x^\mu = (\rho_{\rm av}, \rho_{\rm av}\boldsymbol{n}) \quad , \quad n^\mu_{\rm av} = (0,\boldsymbol{n})\;. \end{aligned} \tag{7.187}$$

(Vgl. dazu Abb. 7.7.)

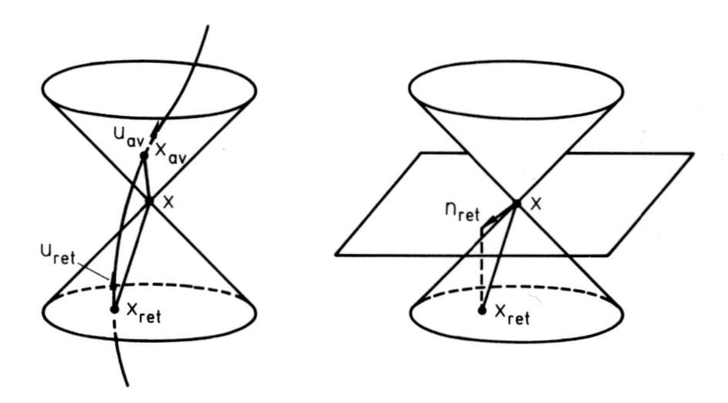


**Abb. 7.7**: Zur Berechnung der von einer bewegten Punktladung erzeugten Potentiale (eine Raumdimension ist unterdrückt)

Damit wird

$$\begin{aligned} \frac{d}{d\tau}(x - x(\tau))^2\Big|_{\tau=\tau_{\rm ret}} &= -2c\,\rho_{\rm ret} \neq 0 \\ \frac{d}{d\tau}(x - x(\tau))^2\Big|_{\tau=\tau_{\rm av}} &= +2c\,\rho_{\rm av} \neq 0 \end{aligned} \tag{7.188}$$

[3]Die Indizes „ret“ bzw. „av“ stehen für „retardiert“ bzw. „avanciert“.

und deshalb

$$\delta\left((x - x(\tau))^2\right) = \frac{\delta(\tau - \tau_{\rm ret})}{2c\,\rho_{\rm ret}} + \frac{\delta(\tau - \tau_{\rm av})}{2c\,\rho_{\rm av}} . \tag{7.189}$$

Wegen der $\theta$-Funktion bleibt nur der retardierte Beitrag übrig, und es ergeben sich die sog. *Liénard-Wiechertschen Potentiale*

$$A^\mu(x) = \frac{\kappa\mu_0\, q}{4\pi}\,\frac{u_{\rm ret}}{\rho_{\rm ret}} . \tag{7.190}$$

Zur Bestimmung der zugehörigen Feldstärken ist zu beachten, daß $\tau_{\rm ret}$ implizit von $x$ abhängt; das gleiche gilt also auch für $x_{\rm ret}$, $u_{\rm ret}$, $a_{\rm ret}$, $\rho_{\rm ret}$ und $n_{\rm ret}$. Wir differenzieren daher zunächst die Bestimmungsgleichung für $\tau_{\rm ret}$ nach $x$

$$\begin{aligned} 0 &= \partial^\mu\left((x - x_{\rm ret})^2\right) = 2\eta_{\kappa\lambda}\,(x^\kappa - x^\kappa_{\rm ret})\,\partial^\mu(x^\lambda - x^\lambda_{\rm ret}) \\ &= 2(x^\mu - x^\mu_{\rm ret}) - 2\eta_{\kappa\lambda}\,(x^\kappa - x^\kappa_{\rm ret})\,\frac{dx^\lambda}{d\tau}\bigg|_{\tau=\tau_{\rm ret}}\partial^\mu\tau_{\rm ret} \\ &= 2(x^\mu - x^\mu_{\rm ret}) - 2(x - x_{\rm ret})\cdot u_{\rm ret}\,\partial^\mu\tau_{\rm ret} \end{aligned}$$

und erhalten

$$\partial^\mu\tau_{\rm ret} = \frac{x^\mu - x^\mu_{\rm ret}}{c\rho_{\rm ret}} . \tag{7.191}$$

Daraus folgt

$$\begin{aligned} \partial^\mu x^\nu_{\rm ret} &= \frac{dx^\nu}{d\tau}\bigg|_{\tau=\tau_{\rm ret}}\partial^\mu\tau_{\rm ret} = u^\nu_{\rm ret}\,\frac{x^\mu - x^\mu_{\rm ret}}{c\rho_{\rm ret}} \\ \partial^\mu u^\nu_{\rm ret} &= \frac{du^\nu}{d\tau}\bigg|_{\tau=\tau_{\rm ret}}\partial^\mu\tau_{\rm ret} = a^\nu_{\rm ret}\,\frac{x^\mu - x^\mu_{\rm ret}}{c\rho_{\rm ret}} \end{aligned}$$

oder

$$\partial^\mu x^\nu_{\rm ret} = (n^\mu_{\rm ret} + u^\mu_{\rm ret}/c)\,u^\nu_{\rm ret}/c \tag{7.192}$$

$$\partial^\mu u^\nu_{\rm ret} = (n^\mu_{\rm ret} + u^\mu_{\rm ret}/c)\,a^\nu_{\rm ret}/c \tag{7.193}$$

sowie

$$\begin{aligned} \partial^\mu\rho_{\rm ret} &= \frac{1}{c}\eta_{\kappa\lambda}\left((\partial^\mu u^\kappa_{\rm ret})(x^\lambda - x^\lambda_{\rm ret}) + u^\kappa_{\rm ret}(\eta^{\mu\lambda} - \partial^\mu x^\lambda_{\rm ret})\right) \\ &= \frac{1}{c}\,u^\mu_{\rm ret} + \frac{1}{c^2}\eta_{\kappa\lambda}\left(a^\kappa_{\rm ret}(x^\lambda - x^\lambda_{\rm ret}) - u^\kappa_{\rm ret}u^\lambda_{\rm ret}\right)(n^\mu_{\rm ret} + u^\mu_{\rm ret}/c) \end{aligned}$$

d.h.

$$\partial^\mu\rho_{\rm ret} = -n^\mu_{\rm ret} + \frac{1}{c^2}\,\rho_{\rm ret}\,(a_{\rm ret}\cdot n_{\rm ret})\,(n^\mu_{\rm ret} + u^\mu_{\rm ret}/c) . \tag{7.194}$$

Also wird

$$\begin{aligned} \partial^\mu A^\nu(x) &= \frac{\kappa\mu_0\, q}{4\pi}\,\frac{\rho_{\rm ret}(\partial^\mu u^\nu_{\rm ret}) - (\partial^\mu\rho_{\rm ret})u^\nu_{\rm ret}}{\rho^2_{\rm ret}} \\ &= \frac{\kappa\mu_0\, q}{4\pi}\left(\frac{(n^\mu_{\rm ret} + u^\mu_{\rm ret}/c)\,a^\nu_{\rm ret}}{c\rho_{\rm ret}} + \frac{n^\mu_{\rm ret}u^\nu_{\rm ret}}{\rho^2_{\rm ret}}\right. \\ &\qquad\left. - \frac{(a_{\rm ret}\cdot n_{\rm ret})\,(n^\mu_{\rm ret} + u^\mu_{\rm ret}/c)\,u^\nu_{\rm ret}}{c^2\rho_{\rm ret}}\right) \end{aligned}$$

und daher

$$\begin{aligned} F^{\mu\nu}(x) &= \frac{\kappa\mu_0\, q}{4\pi\,\rho_{\text{ret}}^2}\left(n_{\text{ret}}^\mu u_{\text{ret}}^\nu - n_{\text{ret}}^\nu u_{\text{ret}}^\mu\right) \\ &+ \frac{\kappa\mu_0\, q}{4\pi c\rho_{\text{ret}}}\left(\frac{1}{c}\left(u_{\text{ret}}^\mu a_{\text{ret}}^\nu - u_{\text{ret}}^\nu a_{\text{ret}}^\mu\right) + \left(n_{\text{ret}}^\mu a_{\text{ret}}^\nu - n_{\text{ret}}^\nu a_{\text{ret}}^\mu\right)\right. \\ &\left. - \frac{1}{c}\left(a_{\text{ret}}\cdot n_{\text{ret}}\right)\left(n_{\text{ret}}^\mu u_{\text{ret}}^\nu - n_{\text{ret}}^\nu u_{\text{ret}}^\mu\right)\right) . \end{aligned} \tag{7.195}$$

Wir wollen diese Formeln auch noch in ihrer nichtrelativistischen Fassung angeben. Dazu setzen wir

$$\boldsymbol{r} = \boldsymbol{x} - \boldsymbol{x}_{\text{ret}} \quad , \quad r = |\boldsymbol{r}| \quad , \quad \boldsymbol{n} = \boldsymbol{r}/r \tag{7.196}$$

und bekommen

$$\begin{aligned} u_{\text{ret}}^\mu &= \gamma_{\text{ret}}\, c\,(1, \boldsymbol{\beta}_{\text{ret}}) \ , \\ a_{\text{ret}}^\mu &= \gamma_{\text{ret}}^2 \left(\gamma_{\text{ret}}^2\, \boldsymbol{\beta}_{\text{ret}}\cdot \boldsymbol{a}_{\text{ret}} \ , \ \boldsymbol{a}_{\text{ret}} + \gamma_{\text{ret}}^2 \left(\boldsymbol{\beta}_{\text{ret}}\cdot \boldsymbol{a}_{\text{ret}}\right) \boldsymbol{\beta}_{\text{ret}}\right) \ , \\ \rho_{\text{ret}} &= \gamma_{\text{ret}}(r - \boldsymbol{\beta}_{\text{ret}}\cdot \boldsymbol{r}) = \gamma_{\text{ret}}\, r\,(1 - \boldsymbol{\beta}_{\text{ret}}\cdot \boldsymbol{n}) \ , \\ n_{\text{ret}}^\mu &= \left(\frac{1}{\gamma_{\text{ret}}\,(1 - \boldsymbol{\beta}_{\text{ret}}\cdot \boldsymbol{n})} - \gamma_{\text{ret}} \ , \ \frac{\boldsymbol{n}}{\gamma_{\text{ret}}\,(1 - \boldsymbol{\beta}_{\text{ret}}\cdot \boldsymbol{n})} - \gamma_{\text{ret}}\boldsymbol{\beta}_{\text{ret}}\right) \ , \end{aligned}$$

sowie nach kurzer Rechnung

$$a_{\text{ret}}\cdot n_{\text{ret}} = -\gamma_{\text{ret}}\,\frac{\boldsymbol{a}_{\text{ret}}\cdot \boldsymbol{n}}{1 - \boldsymbol{\beta}_{\text{ret}}\cdot \boldsymbol{n}} + \gamma_{\text{ret}}^3 \left(\boldsymbol{\beta}_{\text{ret}}\cdot \boldsymbol{a}_{\text{ret}}\right) .$$

Es folgt für das Skalarpotential

$$\phi(x) = \frac{q}{4\pi\epsilon_0}\,\frac{1}{r}\,\frac{1}{1 - \boldsymbol{\beta}_{\text{ret}}\cdot \boldsymbol{n}} \tag{7.197}$$

und für das Vektorpotential

$$\boldsymbol{A}(x) = \frac{\kappa\mu_0\, q}{4\pi}\,\frac{1}{r}\,\frac{c\boldsymbol{\beta}_{\text{ret}}}{1 - \boldsymbol{\beta}_{\text{ret}}\cdot \boldsymbol{n}} \ , \tag{7.198}$$

während wir für das elektrische Feld $\boldsymbol{E}(x)$ und das magnetische Feld $\boldsymbol{B}(x)$ nach einiger Rechnung folgende Ausdrücke erhalten:

$$\begin{aligned} \boldsymbol{E}(x) &= \frac{q}{4\pi\epsilon_0}\,\frac{1}{r^2}\,\frac{\boldsymbol{n} - \boldsymbol{\beta}_{\text{ret}}}{\gamma_{\text{ret}}^2\,(1 - \boldsymbol{\beta}_{\text{ret}}\cdot \boldsymbol{n})^3} \\ &+ \frac{q}{4\pi\epsilon_0}\,\frac{1}{r}\,\frac{\boldsymbol{n} \times ((\boldsymbol{n} - \boldsymbol{\beta}_{\text{ret}}) \times \boldsymbol{a}_{\text{ret}})}{c^2\,(1 - \boldsymbol{\beta}_{\text{ret}}\cdot \boldsymbol{n})^3} \ , \end{aligned} \tag{7.199}$$

$$\boldsymbol{B}(x) = \frac{1}{\kappa c}\,\boldsymbol{n} \times \boldsymbol{E}(x) \ . \tag{7.200}$$

Die Feldstärken zerfallen also in *Geschwindigkeitsfelder*, die von der Beschleunigung unabhängig sind und wie $1/r^2$ abfallen, und *Beschleunigungsfelder* oder *Strahlungsfelder*, die linear von der Beschleunigung abhängen und wie $1/r$ abfallen.

Weitere Einsichten in die Eigenschaften der Liénard-Wiechertschen Potentiale und der zugehörigen Feldstärken lassen sich durch das Studium des aus den Gleichungen (7.199) und (7.200) resultierenden Poynting-Vektors gewinnen. Wir wollen dies hier nicht weiter ausführen und geben nur das Ergebnis für die gesamte Leistung $W_{\mathrm{St}}$ an, die durch eine im Unendlichen gelegene (und dort bezüglich des gewählten Inertialsystems ruhende) Fläche abgestrahlt wird:

$$W_{\mathrm{St}} = \frac{q^2}{6\pi\epsilon_0 c^3} \frac{\boldsymbol{a}_{\mathrm{ret}}^2 - (\boldsymbol{\beta}_{\mathrm{ret}} \times \boldsymbol{a}_{\mathrm{ret}})^2}{(1 - \beta_{\mathrm{ret}}^2)^3} = -\frac{q^2 a_{\mathrm{ret}}^2}{6\pi\epsilon_0 c^3} . \qquad (7.201)$$

Dies ist also die korrekte relativistische Verallgemeinerung der nichtrelativistischen Larmorschen Formel (6.70): Man hat in jener Gleichung nur das Quadrat der gewöhnlichen Beschleunigung durch das Negative des Quadrates der Viererbeschleunigung zu ersetzen. Insbesondere ist das Ergebnis ein Viererskalar und damit unabhängig von der Wahl des Bezugssystems.

Für eine vertiefte Behandlung der Abstrahlung von bewegten Punktladungen verweisen wir auf [Jackson, Kap. 14].

# Anhang: Mathematische Hilfsmittel

In diesem Anhang stellen wir die mathematischen Hilfsmittel zur Behandlung von Tensorfeldern beliebiger Stufe im flachen Raum zusammen. Dabei beschränken wir uns auf eine möglichst knappe und übersichtliche Zusammenfassung der benötigten Begriffe und Ergebnisse. Für eine ausführliche Darstellung wird auf die mathematische Literatur verwiesen.

## A.1 Tensoralgebra

### A.1.1 Vektorräume, aktive und passive Transformationen

Es sei $V$ ein $n$-dimensionaler Vektorraum über dem Körper $\mathbb{R}$ der reellen Zahlen. (Wir könnten ebensogut einen komplexen Vektorraum betrachten.) Bezüglich einer beliebigen Basis $\{e_1, \ldots, e_n\}$ läßt sich dann jeder Vektor $x$ in $V$ eindeutig in der Form

$$x = \sum_{i=1}^{n} x^i e_i \tag{A.1}$$

darstellen. Die Zahlen $x^i$ heißen *Komponenten* von $x$ bezüglich der gegebenen Basis. Wir werden uns im folgenden der *Einsteinschen Summenkonvention* anschließen und das Summenzeichen unterdrücken: Über doppelt auftretende Indizes ist also stets zu summieren, solange dies nicht ausdrücklich ausgeschlossen wird. Gl. (A.1) wird z.B.

$$x = x^i e_i \ . \tag{A.2}$$

Wir wollen außerdem Basisvektoren in $V$ mit unteren und Komponenten von beliebigen Vektoren in $V$ mit oberen Indizes bezeichnen.

Eine lineare Abbildung $D : V \longrightarrow V$ ist durch die Bilder der Basisvektoren $e_i$ gegeben:

$$D(e_i) = D^j_{\ i} e_j \ . \tag{A.3}$$

Dann ist

$$D(x) = D(x^i e_i) = x^i (D(e_i)) = x^i (D^j_{\ i} e_j) = (D^i_{\ j} x^j)\, e_i \ .$$

Die Komponenten des Vektors $D(x)$ bezüglich der Basis $\{e_1, \ldots, e_n\}$ sind also gegeben durch

$$D(x)^i = D^i_j x^j \ . \tag{A.4}$$

In der Physik wird man die Basis $\{e_1, \ldots, e_n\}$ mit einem Koordinatensystem identifizieren; statt von den Komponenten eines Vektors $x$ spricht man dann auch von seinen *Koordinaten*. Wenn $D$ umkehrbar ist, beschreibt die lineare Abbildung eine *aktive Transformation*, die auf den Vektor $x$ wirkt und so seine Komponenten bezüglich des vorgegebenen Koordinatensystems ändert.

Zu unterscheiden von den aktiven Transformationen sind die *passiven Transformationen*, auch *Koordinatentransformationen* genannt. Hierbei wird nicht der Vektor $x$ geändert, sondern die alte Basis $\{e_1, \ldots, e_n\}$ wird durch eine neue Basis $\{\bar{e}_1, \ldots, \bar{e}_n\}$ ersetzt. Dann wird derselbe Vektor $x$ bezüglich der neuen und der alten Basis jeweils verschiedene Komponenten haben:

$$x = x^i e_i = \bar{x}^i \bar{e}_i \ .$$

Die neue Basis wird sich durch die alte Basis ausdrücken lassen. Für das folgende ist es zweckmäßig, den Zusammenhang in der Form

$$\bar{e}_i = (D^{-1})^j_i \, e_j \tag{A.5}$$

mit einer invertierbaren Matrix $D$ anzusetzen. Dann ist

$$e_i = D^j_i \bar{e}_j \ , \tag{A.6}$$

und der Zusammenhang zwischen den neuen und den alten Komponenten eines beliebigen Vektors $x$ in $V$ bestimmt sich aus

$$\bar{x}^i \bar{e}_i = x^j e_j = D^i_j x^j \bar{e}_i$$

zu

$$\bar{x}^i = D^i_j x^j \ . \tag{A.7}$$

Mit unserem Ansatz ergibt sich also dasselbe Transformationsgesetz für die Komponenten wie im aktiven Fall. Der Unterschied zwischen aktiven und passiven Transformationen ist in folgendem Schema zusammengefaßt:

**Tab. A.1**: Eigenschaften von aktiven und passiven Transformationen

| TRANSFORMATION | VEKTOR $x$ | BASIS $e_i$ | KOMPONENTEN $x^i$ |
|---|---|---|---|
| aktiv | + | − | + |
| passiv | − | + | + |

Hierbei bedeutet „+“, daß sich die entsprechenden Größen bei der Transformation ändern, und „−“, daß sie unverändert bleiben.

In der Physik sind aktiver und passiver Standpunkt wohl zu unterscheiden, allerdings oft gleichwertig. Der aktive Standpunkt hat den Vorteil größerer Anschaulichkeit, der passive Standpunkt ist allgemeiner, da aktive Transformationen in manchen Fällen nicht wirklich zu realisieren sind – im Gegensatz zu Umdefinitionen des Koordinatensystems.

## A.1.2 Dualraum und duale Basis

Der *Dualraum* $V^*$ zu einem Vektorraum $V$ über $\mathbb{R}$ ist definiert als die Menge der Linearformen auf $V$, d.h. der linearen Abbildungen von $V$ in den Grundkörper $\mathbb{R}$. Offenbar ist $V^*$ selbst ein Vektorraum.

Ist $\{e_1, \ldots, e_n\}$ eine Basis von $V$, so können wir ein System $\{e^1, \ldots, e^n\}$ von Linearformen auf $V$ wie folgt definieren:

$$e^i(e_j) \;=\; \delta^i_j \;. \tag{A.8}$$

Allgemein projiziert $e^i$ jeden Vektor auf seine $i$-te Komponente:

$$e^i(x) \;=\; e^i(x^j e_j) \;=\; x^j\, e^i(e_j) \;=\; x^j \delta^i_j \;=\; x^i \;.$$

Diese Linearformen sind als Vektoren in $V^*$ linear unabhängig, da

$$x_i e^i \;=\; 0 \qquad \Longrightarrow \qquad 0 \;=\; x_i\, e^i(e_j) \;=\; x_i \delta^i_j \;=\; x_j \;,$$

und sie bilden eine Basis von $V^*$. Für $x^* \in V^*$ und $x \in V$ gilt nämlich

$$x^*(x) \;=\; x^*(x^i e_i) \;=\; x^i\, x^*(e_i) \;=\; e^i(x)\, x^*(e_i) \;=\; \big(x^*(e_i)\, e^i\big)(x) \;.$$

Die Basis $\{e^1, \ldots, e^n\}$ heißt die zur Basis $\{e_1, \ldots, e_n\}$ *duale Basis,* und bezüglich dieser Basis läßt sich jeder Vektor $x^*$ in $V^*$ eindeutig in der Form

$$x^* \;=\; x_i e^i \tag{A.9}$$

darstellen, wobei $x_i = x^*(e_i)$.

Man beachte, daß wir Basisvektoren in $V$ mit unteren und Komponenten von Vektoren in $V$ mit oberen Indizes, aber umgekehrt Basisvektoren in $V^*$ mit oberen und Komponenten von Vektoren in $V^*$ mit unteren Indizes bezeichnen. Diese duale Notation findet ihren Grund im Verhalten dieser Größen unter Transformationen. Die zu der gemäß Gl. (A.5) transformierten Basis $\{\bar{e}_1, \ldots, \bar{e}_n\}$ duale Basis $\{\bar{e}^1, \ldots, \bar{e}^n\}$ ist nämlich durch

$$\bar{e}^i \;=\; D^i_j\, e^j \tag{A.10}$$

gegeben, da

$$\begin{aligned}(D^i_j\, e^j)(\bar{e}_k) \;&=\; D^i_j\, e^j((D^{-1})^l_k e_l) \;=\; D^i_j\, (D^{-1})^l_k\, e^j(e_l) \\ &=\; D^i_j\, (D^{-1})^l_k\, \delta^j_l \;=\; D^i_j\, (D^{-1})^j_k \;=\; \delta^i_k \;=\; \bar{e}^i(\bar{e}_k)\end{aligned}$$

Also ist

$$e^i \;=\; (D^{-1})^i_j\, \bar{e}^j \;, \tag{A.11}$$

und der Zusammenhang zwischen den neuen und alten Komponenten eines beliebigen Vektors $x^*$ in $V^*$ bestimmt sich aus

$$\bar{x}_i \bar{e}^i \;=\; x_j e^j \;=\; x_j (D^{-1})^j_i \, \bar{e}^i$$

zu

$$\bar{x}_i \;=\; (D^{-1})^j_i \, x_j \; . \tag{A.12}$$

Zusammenfassend haben wir also die folgenden Transformationsgesetze:

$$\begin{aligned} \bar{e}_i &= (D^{-1})^j_i \, e_j \quad , \quad & \bar{e}^i &= D^i_j e^j \; , \\ \bar{x}_i &= (D^{-1})^j_i \, x_j \quad , \quad & \bar{x}^i &= D^i_j x^j \; . \end{aligned} \tag{A.13}$$

Größen mit oberem Index transformieren sich mit der Matrix $D$, Größen mit unterem Index dagegen mit der dazu transponiert-inversen Matrix $(D^{\mathrm{T}})^{-1} = (D^{-1})^{\mathrm{T}}$.

Den Dualraum $V^{**}$ des Dualraums $V^*$ von $V$, auch *Bidualraum* von $V$ genannt, können wir mit $V$ identifizieren. Jedem Vektor $x \in V$ läßt sich nämlich durch die Vorschrift

$$x^{**}(x^*) \;=\; x^*(x) \qquad \text{für } x^* \in V^*$$

in kanonischer Weise eine Linearform $x^{**}$ auf $V^*$ zuordnen, und man überzeugt sich relativ mühelos davon, daß die so definierte lineare Abbildung von $V$ in $V^{**}$ einen kanonischen Isomorphismus von $V$ mit $V^{**}$ liefert. Im Gegensatz hierzu haben $V$ und $V^*$ zwar als Vektorräume gleiche Dimension und sind somit isomorph, doch läßt sich ohne weitere strukturelle Daten kein kanonischer, d.h. basisunabhängiger, Isomorphismus zwischen $V$ und $V^*$ angeben.

### A.1.3 Tensorprodukte, Tensorräume und Tensoralgebra

Gegeben seien zwei Linearformen $u^*$ und $v^*$ auf $V$. Dann läßt sich eine Bilinearform auf $V$, also eine bilineare Abbildung von $V \times V$ in den Grundkörper $\mathbb{R}$, wie folgt definieren:

$$(x, y) \;\longmapsto\; u^*(x)\, v^*(y) \qquad \text{für } x, y \in V \; .$$

Diese Bilinearform, die einfach durch Multiplikation der Werte von $u^*$ und $v^*$ entsteht, heißt *Tensorprodukt* von $u^*$ und $v^*$ und wird mit $u^* \otimes v^*$ bezeichnet. Es ist also definitionsgemäß

$$(u^* \otimes v^*)(x, y) \;=\; u^*(x)\, v^*(y) \; . \tag{A.14}$$

Offenbar bildet die Menge aller Bilinearformen auf $V$ einen Vektorraum. Wenn die $n$ Linearformen $e^i$ $(i = 1, \ldots, n)$ eine Basis von $V^*$ bilden, so ist durch die $n^2$ Bilinearformen $e^i \otimes e^j$ $(i, j = 1, \ldots, n)$ eine Basis im Vektorraum der Bilinearformen auf $V$ gegeben. Für jede Bilinearform $b$ auf $V$ ist nämlich mit $b_{ij} = b(e_i, e_j)$

$$b(x, y) \;=\; x^i y^j b(e_i, e_j) \;=\; e^i(x)\, e^j(y)\, b(e_i, e_j) \;=\; (b_{ij}\, e^i \otimes e^j)(x, y) \; ,$$

und es gilt

$$\begin{aligned} b_{ij}\, e^i \otimes e^j = 0 \quad &\iff \quad b_{rs} = (b_{ij}\, e^i \otimes e^j)(e_r, e_s) = 0 \qquad \text{für } 1 \leq r, s \leq n \\ &\iff \quad b = 0 \, . \end{aligned}$$

Ganz entsprechend läßt sich beispielsweise zu einem Vektor $u$ in $V$ und einer Linearform $v^*$ auf $V$ eine bilineare Abbildung von $V^* \times V$ in den Grundkörper $\mathbb{R}$ wie folgt definieren:

$$(x^*, y) \longmapsto x^*(u)\, v^*(y) \qquad \text{für } x^* \in V^*,\ y \in V \, .$$

Auch diese bilineare Abbildung, die wieder einfach durch Multiplikation der Werte von $u$ und $v^*$ entsteht, heißt *Tensorprodukt* von $u$ und $v^*$ und wird mit $u \otimes v^*$ bezeichnet. Es ist also definitionsgemäß

$$(u \otimes v^*)(x^*, y) = x^*(u)\, v^*(y) \, . \tag{A.15}$$

Diese Konstruktionen lassen sich auf Multilinearformen beliebiger Stufe verallgemeinern. Hierzu definieren wir zunächst:

Der *Tensorraum* $T^p_q V$ der *p-fach kontravarianten und q-fach kovarianten Tensoren,* oder einfach *Tensoren vom Typ* $(p, q)$, über $V$ ist der Vektorraum der multilinearen Abbildungen

$$\underbrace{V^* \times \ldots \times V^*}_{p\text{-mal}} \times \underbrace{V \times \ldots \times V}_{q\text{-mal}} \longrightarrow \mathbb{R} \, .$$

Zusätzlich definieren wir $T^0_0 V = \mathbb{R}$, $T^p V = T^p_0 V$, $T_q V = T^0_q V$. Insbesondere ist $T^1_0 V = T^1 V = V$, da jedes Element von $V$ als Linearform auf $V^*$ aufgefaßt werden kann, und $T^0_1 V = T_1 V = V^*$.

Das *Tensorprodukt* zweier Tensoren $u$ in $T^p_q V$ und $v$ in $T^{p'}_{q'} V$ ist nun ein Tensor $u \otimes v$ in $T^{p+p'}_{q+q'} V$, der wie folgt definiert ist:

$$\begin{aligned} &(u \otimes v)(x^*_1, \ldots, x^*_{p+p'}, x_1, \ldots, x_{q+q'}) \\ &\quad = u(x^*_1, \ldots, x^*_p, x_1, \ldots, x_q) \cdot v(x^*_{p+1}, \ldots, x^*_{p+p'}, x_{q+1}, \ldots, x_{q+q'}) \, . \end{aligned} \tag{A.16}$$

Offenbar ist $u \otimes v$ bilinear in $u$ und $v$, d.h.

$$\begin{aligned} u \otimes (\lambda_1 v_1 + \lambda_2 v_2) &= \lambda_1\, u \otimes v_1 + \lambda_2\, u \otimes v_2 \, , \\ (\lambda_1 u_1 + \lambda_2 u_2) \otimes v &= \lambda_1\, u_1 \otimes v + \lambda_2\, u_2 \otimes v \, , \end{aligned} \tag{A.17}$$

und es gilt das Assoziativitätsgesetz

$$u \otimes (v \otimes w) = (u \otimes v) \otimes w \, , \tag{A.18}$$

aber im allgemeinen nicht das Kommutativitätsgesetz, d.h.

$$u \otimes v \neq v \otimes u \, .$$

In der Tat wird für $i \neq j$ und $k \neq l$ i.a.

$$\begin{aligned}(e_i \otimes e_j)(e^k, e^l) &= e^k(e_i)e^l(e_j) = \delta_i^k \delta_j^l \\ &\neq \delta_j^k \delta_i^l = e^k(e_j)e^l(e_i) = (e_j \otimes e_i)(e^k, e^l) .\end{aligned}$$

Ferner ist

$$T_q^p V = \underbrace{V \otimes \ldots \otimes V}_{p\text{-mal}} \otimes \underbrace{V^* \otimes \ldots \otimes V^*}_{q\text{-mal}} . \tag{A.19}$$

Die $n^{p+q}$ Tensoren $e_{i_1} \otimes \ldots \otimes e_{i_p} \otimes e^{j_1} \otimes \ldots \otimes e^{j_q}$ $(1 \leq i_1, \ldots, i_p, j_1, \ldots j_q \leq n)$ bilden eine Basis von $T_q^p V$. Jeder beliebige Tensor $t$ in $T_q^p V$ besitzt also eine eindeutige Darstellung der Form

$$t = t_{j_1 \ldots j_q}^{i_1 \ldots i_p} \, e_{i_1} \otimes \ldots \otimes e_{i_p} \otimes e^{j_1} \otimes \ldots \otimes e^{j_q} . \tag{A.20}$$

Unter einer Koordinatentransformation (vgl. Gl. (A.13)) transformieren sich dann die Basen im Tensorraum $T_q^p V$ gemäß

$$\begin{aligned}&\bar{e}_{i_1} \otimes \ldots \otimes \bar{e}_{i_p} \otimes \bar{e}^{j_1} \otimes \ldots \otimes \bar{e}^{j_q} \\ &= (D^{-1})_{i_1}^{k_1} \ldots (D^{-1})_{i_p}^{k_p} \, D_{l_1}^{j_1} \ldots D_{l_q}^{j_q} \, e_{k_1} \otimes \ldots \otimes e_{k_p} \otimes e^{l_1} \otimes \ldots \otimes e^{l_q}\end{aligned} \tag{A.21}$$

und die Komponenten eines Tensors $t$ in $T_q^p V$ gemäß

$$\bar{t}_{j_1 \ldots j_q}^{i_1 \ldots i_p} = D_{k_1}^{i_1} \ldots D_{k_p}^{i_p} \, (D^{-1})_{j_1}^{l_1} \ldots (D^{-1})_{j_q}^{l_q} \, t_{l_1 \ldots l_q}^{k_1 \ldots k_p} . \tag{A.22}$$

Es ist oft zweckmäßig, einen Tensor einfach durch seine Komponenten bezüglich irgendeiner Basis zu bezeichnen. Man kann einen Tensor $t$ in $T_q^p V$ geradezu als einen Satz von $n^{p+q}$ Zahlen $t_{j_1 \ldots j_p}^{i_1 \ldots i_p}$, zusammen mit dem Transformationsgesetz (A.22), definieren.

Dieser sog. *Indexkalkül* ist für konkrete Rechnungen sehr praktisch, während bei allgemeinen Überlegungen gewöhnlich eine basisunabhängige Formulierung mehr Klarheit schafft. Welcher Kalkül zu bevorzugen ist, hängt von der jeweiligen Fragestellung ab und sollte jedenfalls eine Frage der Zweckmäßigkeit und nicht der Weltanschauung sein.

Die direkte Summe

$$T_*^* V = \bigoplus_{p,q} T_q^p V \tag{A.23}$$

der Tensorräume aller Stufen bildet, versehen mit der tensoriellen Multiplikation, eine assoziative Algebra, die (gemischte) *Tensoralgebra* über $V$.

Eine wichtige Operation mit Tensoren, die wir als nächstes beschreiben wollen, ist die sog. *Verjüngung*. Durch Verjüngung kann man aus Tensoren in $T_q^p V$ Tensoren in $T_{q-1}^{p-1} V$ wie folgt konstruieren: Gegeben sei ein Tensor $t$ in $T_q^p V$ mit der Darstellung (A.20). Dann ist der durch Verjüngung des $r$-ten kontravarianten und $s$-ten kovarianten Index entstehende Tensor $\tilde{t}$ in $T_{q-1}^{p-1} V$ definiert durch

$$\begin{aligned}\tilde{t} = \; &t_{j_1 \ldots j_{s-1} k j_{s+1} \ldots j_q}^{i_1 \ldots i_{r-1} k i_{r+1} \ldots i_p} \\ &e_{i_1} \otimes \ldots \otimes e_{i_{r-1}} \otimes e_{i_{r+1}} \otimes \ldots \otimes e_{i_p} \otimes e^{j_1} \otimes \ldots \otimes e^{j_{s-1}} \otimes e^{j_{s+1}} \otimes \ldots \otimes e^{j_q} .\end{aligned} \tag{A.24}$$

Man überzeugt sich leicht von der Basisunabhängigkeit dieser Operation. Im Indexkalkül schreibt sie sich in der einfacheren Form

$$\tilde{t}^{i_1 \ldots i_{p-1}}_{j_1 \ldots j_{q-1}} = t^{i_1 \ldots i_{r-1} k i_r \ldots i_{p-1}}_{j_1 \ldots j_{s-1} k j_s \ldots j_{q-1}} \tag{A.25}$$

Als elementares aber wichtiges Beispiel betrachten wir den Fall $p=1$, $q=1$: Jeder Tensor $t \in T^1_1 V = V \otimes V^*$ ist von der Form

$$t = t^i_j \, e_i \otimes e^j \, . \tag{A.26}$$

Für solche Tensoren läßt sich die Verjüngung $\tilde{t} \in T^0_0 V = \mathbb{R}$ von $t$ nur auf eine einzige Weise bilden und entspricht einfach der *Spur* von $t$:

$$\tilde{t} \equiv \operatorname{tr}(t) = t^i_i \, . \tag{A.27}$$

In $T^1_1 V$ gibt es ein ausgezeichnetes Element $E$, den *Kronecker-Tensor* oder *Einheitstensor,* mit den Komponenten $E^i_j = \delta^i_j$, also

$$E = \delta^i_j \, e_i \otimes e^j = e_i \otimes e^i \, . \tag{A.28}$$

Die Komponenten dieses Tensors sind nicht nur kovariant, sondern sogar invariant unter Basistransformationen:

$$\bar{\delta}^i_j = D^i_k \, (D^{-1})^l_j \, \delta^k_l = D^i_k \, (D^{-1})^k_j = \delta^i_j \, .$$

Ein wichtiger Spezialfall der Verjüngung ist die *Kontraktion* zweier Tensoren $t'$ in $T^{q'}_{p'} V$ und $t$ in $T^p_q V$ mit $p \geq p'$ und $q \geq q'$. Hierbei werden alle Indizes von $t'$ mit Indizes von $t$ kontrahiert. Der entstehende Tensor wird mit $t' \neg t$ bezeichnet; also ist $t' \neg t$ in $T^{p-p'}_{q-q'} V$. In Indexschreibweise stellt sich die Operation der Kontraktion wie folgt dar:

$$(t' \neg t)^{i_1 \ldots i_{p-p'}}_{j_1 \ldots j_{q-q'}} = t'^{\, l_1 \ldots l_{q'}}_{k_1 \ldots k_{p'}} \, t^{k_1 \ldots k_{p'}, i_1 \ldots i_{p-p'}}_{l_1 \ldots l_{q'}, j_1 \ldots j_{q-q'}} \, . \tag{A.29}$$

Speziell ist für einen festen Tensor $t'$ in $T^{q'}_{p'} V$ und für $p \geq p'$, $q \geq q'$ durch

$$i_{t'}(t) = t' \neg t \tag{A.30}$$

eine lineare Abbildung $i_{t'} : T^p_q V \longrightarrow T^{p-p'}_{q-q'} V$ definiert. Man rechnet sofort nach, daß

$$i_{t' \otimes t''} = i_{t''} \circ i_{t'} \, . \tag{A.31}$$

### A.1.4 Äußere Produkte und äußere Algebra

Die Menge $\Lambda^p V$ der total antisymmetrischen Tensoren in $T^p V$ bildet einen $\binom{n}{p}$-dimensionalen Unterraum von $T^p V$.

Das Tensorprodukt zweier total antisymmetrischer Multilinearformen ist jedoch im allgemeinen nicht total antisymmetrisch; man muß es also sozusagen mit Gewalt antisymmetrisieren und erhält dann das sog. *äußere Produkt,* das zwei antisymmetrischen Multilinearformen $\alpha$ in $\Lambda^p V$ und $\beta$ in $\Lambda^q V$ eine antisymmetrische

Multilinearform $\alpha \wedge \beta$ in $\Lambda^{p+q}V$ zuordnet. Zur Erläuterung des Antisymmetrisierungsprozesses definieren wir zunächst für jede Permutation $\pi \in \mathcal{S}_p$ durch

$$\pi_{\otimes}(x_1 \otimes \ldots \otimes x_p) = x_{\pi(1)} \otimes \ldots \otimes x_{\pi(p)} \qquad \text{für } x_1, \ldots, x_p \in V \tag{A.32}$$

eine lineare Abbildung $\pi_{\otimes} : T^pV \longrightarrow T^pV$. Für $u \in T^pV$ ist dann

$$\mathcal{A}_p u = \sum_{\pi \in \mathcal{S}_p} \operatorname{sign}(\pi)\, \pi_{\otimes}(u) \tag{A.33}$$

eine antisymmetrische Multilinearform $\mathcal{A}_p u \in \Lambda^pV$. Damit läßt sich das äußere Produkt $\alpha \wedge \beta \in \Lambda^{p+q}V$ von $\alpha \in \Lambda^pV$ und $\beta \in \Lambda^qV$ wie folgt definieren:

$$\alpha \wedge \beta = \frac{1}{p!\,q!}\mathcal{A}_{p+q}(\alpha \otimes \beta) = \frac{1}{p!\,q!}\sum_{\pi \in \mathcal{S}_{p+q}} \operatorname{sign}(\pi)\, \pi_{\otimes}(\alpha \otimes \beta)\,. \tag{A.34}$$

*Beispiel:* Für $x, y \in V$ ist $x \wedge y = x \otimes y - y \otimes x$, insbesondere $x \wedge x = 0$.

Aus den entsprechenden Eigenschaften des Tensorprodukts folgt unmittelbar: $\alpha \wedge \beta$ ist bilinear in $\alpha$ und $\beta$, d.h.

$$\begin{aligned} \alpha \wedge (\lambda_1\beta_1 + \lambda_2\beta_2) &= \lambda_1\, \alpha \wedge \beta_1 + \lambda_2\, \alpha \wedge \beta_2\,, \\ (\lambda_1\alpha_1 + \lambda_2\alpha_2) \wedge \beta &= \lambda_1\, \alpha_1 \wedge \beta + \lambda_2\, \alpha_2 \wedge \beta\,, \end{aligned} \tag{A.35}$$

und es gilt das Assoziativitätsgesetz

$$\alpha \wedge (\beta \wedge \gamma) = (\alpha \wedge \beta) \wedge \gamma\,. \tag{A.36}$$

Außerdem ist das äußere Produkt *graduiert kommutativ*, d.h. es gilt

$$\alpha \wedge \beta = (-1)^{pq}\, \beta \wedge \alpha \qquad \text{für } \alpha \in \Lambda^pV,\ \beta \in \Lambda^qV\,. \tag{A.37}$$

Weiter findet man leicht, daß für Vektoren $x_1, \ldots, x_p$ in $V$

$$x_1 \wedge \ldots \wedge x_p \neq 0 \iff x_1, \ldots, x_p \text{ linear unabhängig}\,. \tag{A.38}$$

Die $\binom{n}{p}$ schiefsymmetrischen Tensoren $e_{i_1} \wedge \ldots \wedge e_{i_p}$ $(1 \leq i_1 < \ldots < i_p \leq n)$ bilden eine Basis von $\Lambda^pV$. Jeder beliebige schiefsymmetrische Tensor $\alpha$ in $\Lambda^pV$ besitzt also eine eindeutige Darstellung der Form

$$\alpha = \sum_{1 \leq i_1 < \ldots < i_p \leq n} \alpha^{i_1 \ldots i_p}\, e_{i_1} \wedge \ldots \wedge e_{i_p} = \frac{1}{p!}\, \alpha^{i_1 \ldots i_p}\, e_{i_1} \wedge \ldots \wedge e_{i_p}\,. \tag{A.39}$$

Die direkte Summe

$$\Lambda^*V = \bigoplus_{p=0}^{n} \Lambda^pV \tag{A.40}$$

der antisymmetrischen Tensorräume aller Stufen bildet, versehen mit der äußeren Multiplikation, eine graduiert kommutative, assoziative Algebra, die *äußere Algebra* oder *Grassmann-Algebra* über $V$.

Statt kontravarianter antisymmetrischer Tensoren in $\Lambda^p V \subset T^p V$ hätten wir natürlich ebensogut auch kovariante antisymmetrische Tensoren in $\Lambda_p V \subset T_p V$ betrachten und damit statt der äußeren Algebra $\Lambda^* V = \bigoplus \Lambda^p V$ die äußere Algebra $\Lambda_* V = \bigoplus \Lambda_p V$ bilden können. Auch läßt sich für $p \geq p'$ und $\alpha' \in \Lambda_{p'} V$, $\alpha \in \Lambda^p V$ wieder eine Kontraktion $i_{\alpha'} \alpha = \alpha' \neg \alpha \in \Lambda^{p-p'} V$ von $\alpha'$ mit $\alpha$ definieren; allerdings spaltet man hierbei konventionellerweise – im Vergleich zur Kontraktion in der Tensoralgebra – einen Faktor $p!$ ab. Genauer wird

$$(\alpha' \neg \alpha)^{i_1 \ldots i_{p-p'}} = \frac{1}{p!} \alpha'_{k_1 \ldots k_{p'}} \alpha^{k_1 \ldots k_p, i_1 \ldots i_{p-p'}} . \tag{A.41}$$

Dann ist wieder

$$i_{\alpha' \wedge \alpha''} = i_{\alpha''} \circ i_{\alpha'} . \tag{A.42}$$

Jede lineare Abbildung $\phi : V \longrightarrow W$ zwischen Vektorräumen induziert lineare Abbildungen

$$T^p \phi : T^p V \longrightarrow T^p W \qquad \text{und} \qquad \Lambda^p \phi : \Lambda^p V \longrightarrow \Lambda^p W ,$$

die durch

$$\begin{aligned} T^p \phi\,(x_1 \otimes \ldots \otimes x_p) &= \phi(x_1) \otimes \ldots \otimes \phi(x_p) \\ \Lambda^p \phi\,(x_1 \wedge \ldots \wedge x_p) &= \phi(x_1) \wedge \ldots \wedge \phi(x_p) \end{aligned} \tag{A.43}$$

defininiert sind.

Eine besondere Rolle spielt der Raum $\Lambda^n V$ mit $n = \dim(V)$, denn er ist eindimensional. Für jede lineare Transformation $\phi : V \longrightarrow V$ auf $V$ ist daher die induzierte lineare Abbildung $\Lambda^n \phi : \Lambda^n V \longrightarrow \Lambda^n V$ einfach durch Multiplikation mit einer Zahl gegeben, nämlich der *Determinante* von $\phi$:

$$(\Lambda^n \phi)(\alpha) = \det(\phi)\, \alpha \qquad \text{für } \alpha \in \Lambda^n V . \tag{A.44}$$

Offenbar gilt

$$\det(\phi_1 \phi_2) = \det(\phi_1) \det(\phi_2) . \tag{A.45}$$

Daß diese Definition in der Tat mit der üblichen Definition der Determinante einer linearen Abbildung übereinstimmt, sieht man nach Einführung einer Basis $\{e_1, \ldots, e_n\}$ von $V$ mit $\alpha = e_1 \wedge \ldots \wedge e_n$ wie folgt ein:

$$\begin{aligned} \Lambda^n \phi(e_1 \wedge \ldots \wedge e_n) &= (\phi_1^{i_1} e_{i_1}) \wedge \ldots \wedge (\phi_n^{i_n} e_{i_n}) = \phi_1^{i_1} \ldots \phi_n^{i_n} e_{i_1} \wedge \ldots \wedge e_{i_n} \\ &= \operatorname{sign}(i_1, \ldots, i_n)\, \phi_1^{i_1} \ldots \phi_n^{i_n} e_1 \wedge \ldots \wedge e_n \\ &= \det(\phi)\, e_1 \wedge \ldots \wedge e_n . \end{aligned}$$

Ein Element $\omega \in \Lambda^n V$, $\omega \neq 0$ bestimmt eine *Orientierung* von $V$. Für eine Basis $\{e_1, \ldots, e_n\}$ von $V$ ist $e_1 \wedge \ldots \wedge e_n = \lambda \omega$ mit $\lambda \neq 0$. Die Basis heißt *positiv orientiert*, wenn $\lambda > 0$, und *negativ orientiert*, wenn $\lambda < 0$. Ein Automorphismus $A$ von $V$ heißt *orientierungserhaltend* bzw. *orientierungsumkehrend*, wenn $\det(A) > 0$ bzw. $\det(A) < 0$.

### A.1.5 Euklidische und pseudo-Euklidische Vektorräume

Ein $n$-dimensionaler reeller Vektorraum $V$ heißt ein *Euklidischer Vektorraum* bzw. *pseudo-Euklidischer Vektorraum,* wenn auf $V$ eine positiv definite bzw. nicht-degenerierte symmetrische Bilinearform $g : V \times V \longrightarrow \mathbb{R}$ definiert ist. Es muß also gelten:

$$\begin{aligned} g(x, \lambda_1 y_1 + \lambda_2 y_2) &= \lambda_1\, g(x, y_1) + \lambda_2\, g(x, y_2) \, , \\ g(\lambda_1 x_1 + \lambda_2 x_2, y) &= \lambda_1\, g(x_1, y) + \lambda_2\, g(x_2, y) \, , \end{aligned} \tag{A.46}$$

($g$ ist bilinear),

$$g(x,y) = g(y,x) \, , \tag{A.47}$$

($g$ ist symmetrisch), und

$$x \neq 0 \implies g(x,x) > 0 \, , \tag{A.48}$$

($g$ ist positiv definit) bzw.

$$g(x,y) = 0 \quad \text{für alle } y \in V \implies x = 0 \, , \tag{A.49}$$

($g$ ist nicht-degeneriert). Eine solche Bilinearform $g$ bezeichnet man als *Skalarprodukt* oder *inneres Produkt* auf $V$. (Leider ist die Terminologie in der mathematischen Literatur hier nicht einheitlich. Wir wollen im folgenden verabreden, den Begriff „Skalarprodukt" allgemein für nicht-degenerierte symmetrische Bilinearformen zuzulassen und den Begriff „inneres Produkt" speziell für positiv definite symmetrische Bilinearformen zu reservieren.) In jedem Fall wird $g$ nach Einführung einer Basis $\{e_1, \ldots, e_n\}$ von $V$ durch eine symmetrische $(n \times n)$-Matrix $(g_{ij}) = (g(e_i, e_j))$ beschrieben, und es ist

$$g(x,y) = g_{ij} x^i y^j \qquad \text{für } x = x^i e_i \, , \; y = y^i e_i \in V \, .$$

Als Tensor in $T_2^0 V$ hat $g$ also die Darstellung $g = g_{ij}\, e^i \otimes e^j$ . Statt $g(x,y)$ schreibt man oft $(x,y)$ oder $x \cdot y$.

Besonders natürliche Basen in einem Euklidischen bzw. pseudo-Euklidischen Vektorraum $V$ sind *Orthonormalbasen,* für die definitionsgemäß

$$g(e_i, e_j) \equiv g_{ij} = \delta_{ij} \tag{A.50}$$

bzw.

$$g(e_i, e_j) \equiv g_{ij} = \eta_{ij} \tag{A.51}$$

ist, wobei

$$\eta_{ij} = \begin{cases} +1 & \text{falls} \quad 1 \leq i = j \leq r \\ 0 & \text{falls} \quad i \neq j \\ -1 & \text{falls} \quad r+1 \leq i = j \leq r+s \end{cases} \, . \tag{A.52}$$

Hierbei sind $r$ und $s$ natürliche Zahlen, die – so besagt es der *Trägheitssatz von Sylvester* – basisunabhängig und damit charakteristisch für das gegebene Skalarprodukt $g$ sind. Natürlich sind sie nicht unabhängig voneinander, denn ihre Summe ist gleich der Dimension $n$ von $V$; nur ihre Differenz ist ein freier Parameter, der die *Signatur* von $g$ genannt wird. Es ist jedoch üblich, das ganze Paar $(r, s)$ als Signatur von $g$ zu bezeichnen, und diesem Brauch werden wir hier weitgehend folgen.

Lineare Abbildungen $\phi : V \longrightarrow V$, für die gilt

$$g(\phi x, \phi y) = g(x, y) \qquad \text{für } x, y \in V , \tag{A.53}$$

heißen *orthogonal* bzw. *pseudo-orthogonal* oder *isometrisch;* sie sind stets invertierbar und bilden eine Gruppe, die gewöhnlich $O(n)$ bzw. $O(r, s)$ genannt wird, die *orthogonale Gruppe* bzw. *pseudo-orthogonale Gruppe* in $n$ Dimensionen. Bezüglich Orthonormalbasen sind Isometrien durch orthogonale bzw. pseudo-orthogonale Matrizen gegeben, d.h. durch Matrizen, die

$$\phi^{\mathrm{T}} \phi = 1 \tag{A.54}$$

bzw.

$$\phi^{\mathrm{T}} \eta \phi = \eta \tag{A.55}$$

erfüllen. In der Tat führen z.B. die Gleichungen (A.51) und (A.53) auf

$$\begin{aligned} (\phi^{\mathrm{T}} \eta \phi)_{ij} &= \phi_i^k \, \eta_{kl} \, \phi_j^l = \phi_i^k \, \phi_j^l \, g(e_k, e_l) = g(\phi_i^k \, e_k, \phi_j^l \, e_l) \\ &= g(\phi e_i, \phi e_j) = g(e_i, e_j) = \eta_{ij} , \end{aligned}$$

und aus Gl. (A.55) folgt $\det(\phi) = \pm 1$. Somit zerfällt die Gruppe $O(r, s)$ und analog die Gruppe $O(n)$ in mindestens zwei zusammenhängende Teile, einen mit $\det(\phi) = +1$ und einen mit $\det(\phi) = -1$. Die Isometrien $\phi$ mit $\det(\phi) = 1$ bilden eine Untergruppe von $O(n)$ bzw. $O(r, s)$, die $SO(n)$ bzw. $SO(r, s)$ genannt wird, die *spezielle orthogonale Gruppe* bzw. *spezielle pseudo-orthogonale Gruppe* in $n$ Dimensionen. Im allgemeinen zerfällt bei der Zerlegung in Zusammenhangskomponenten die Gruppe $SO(r, s)$ weiter, die Gruppe $SO(n)$ dagegen nicht, denn sie ist bereits zusammenhängend: $SO(n)$ ist die Gruppe der Drehungen in $V$ (ohne Spiegelungen).

Ein Skalarprodukt auf $V$ definiert in natürlicher Weise auch Skalarprodukte auf $T^p V$ und $\Lambda^p V$, nämlich durch die Bedingung

$$(x_1 \otimes \ldots \otimes x_p, y_1 \otimes \ldots \otimes y_p) = (x_1, y_1) \ldots (x_p, y_p) , \tag{A.56}$$

so daß

$$(x_1 \wedge \ldots \wedge x_p, y_1 \wedge \ldots \wedge y_p) = p! \det((x_i, y_j)) . \tag{A.57}$$

Insbesondere ist $[(1/p!)(x_1 \wedge \ldots \wedge x_p, x_1 \wedge \ldots \wedge x_p)]^{1/2}$ das Volumen des von $x_1, \ldots, x_p$ aufgespannten Parallelepipeds. Es ist deshalb zweckmäßig, auf $\Lambda^p V$ ein etwas anders normiertes Skalarprodukt $\langle . , . \rangle$ zu definieren:

$$\langle \alpha, \beta \rangle = \frac{1}{p!} (\alpha, \beta) . \tag{A.58}$$

Wenn die $e_i$ eine Orthonormalbasis in $V$ bilden, so werden mit dieser Definition die $e_{i_1} \otimes \ldots \otimes e_{i_p}$ eine Orthonormalbasis in $T^p V$ und die $e_{i_1} \wedge \ldots \wedge e_{i_p}$ eine Orthonormalbasis in $\Lambda^p V$ bilden. Ist $\phi$ Isometrie von $V$, so sind $T^p \phi$ bzw. $\Lambda^p \phi$ Isometrien von $T^p V$ bzw. $\Lambda^p V$.

In einem pseudo-Euklidischen Vektorraum $V$ gibt es ferner einen natürlichen Isomorphismus $\tau : V \longrightarrow V^*$ von $V$ mit seinem Dualraum $V^*$, der definiert ist durch

$$(\tau x)(y) = g(x,y) \qquad \text{für } x, y \in V \,. \tag{A.59}$$

Zu jedem Vektor $x$ in $V$ gehört also über das Skalarprodukt in natürlicher Weise eine Linearform $\tau x$ auf $V$, die selbst linear von $x$ abhängt. Offenbar ist $\tau x = 0$ nur dann, wenn $x = 0$, da $g$ nicht-degeneriert sein soll, und folglich erhält man aus Dimensionsgründen auf diese Weise aus den Vektoren in $V$ auch alle Linearformen auf $V$. Weiter wird mit Hilfe des Isomorphismus $\tau$ dann auch $V^*$ in natürlicher Weise ein pseudo-Euklidischer Vektorraum: Man definiert

$$g^*(x^*, y^*) = g(\tau^{-1}x^*, \tau^{-1}y^*) \,. \tag{A.60}$$

Natürlich ist mit $g$ auch $g^*$ positiv definit. Führen wir nun in $V$ eine Basis $\{e_1, \ldots, e_n\}$ sowie in $V^*$ die dazu duale Basis $\{e^1, \ldots, e^n\}$ ein, so wird

$$g(e_i, e_j) = g_{ij} \quad , \quad g(x,y) = g_{ij}\, x^i y^j \,, \tag{A.61}$$

$$g^*(e^i, e^j) = g^{ij} \quad , \quad g^*(x^*, y^*) = g^{ij}\, x_i y_j \,, \tag{A.62}$$

$$\tau e_i = g_{ij}\, e^j \quad , \quad \tau^{-1} e^i = g^{ij}\, e_j \,, \tag{A.63}$$

wobei $\tau^{-1}$ der inverse Isomorphismus zu $\tau$ und $(g^{ij})$ die inverse Matrix zu $(g_{ij})$ ist:

$$g^{ik} g_{kj} = \delta^i_j \,. \tag{A.64}$$

In der Tat folgt aus den Gleichungen (A.59) und (A.61)

$$(\tau e_i)(x) = g(e_i, x^j e_j) = x^j g(e_i, e_j) = g_{ij}\, e^j(x) \qquad \text{für } x \in V \,,$$

was die erste Formel in (A.63) beweist; die zweite Formel in (A.63) ergibt sich daraus mit Gl. (A.64), und schließlich führt die Definition (A.60) direkt auf Gl. (A.62):

$$g^*(e^i, e^j) = g(g^{ik} e_k, g^{jl} e_l) = g^{ik} g^{jl} g_{kl} = g^{ij} \,.$$

Wenn $\{e_1, \ldots, e_n\}$ Orthonormalbasis von $V$ ist, so ist die dazu duale Basis $\{e^1, \ldots, e^n\}$ Orthonormalbasis von $V^*$; $\tau$ und $\tau^{-1}$ sind in diesem Falle durch die Einheitsmatrix bzw. durch die kanonische $\eta$-Matrix aus Gl. (A.52) dargestellt.

Die Isomorphismen $\tau$ und $\tau^{-1}$ lassen sich zu entsprechenden Isomorphismen auf den Tensorräumen fortsetzen; genauer gesagt liefern sie dadurch Isomorphismen

$$\begin{aligned} T^p_q V &\longrightarrow T^{p+1}_{q-1} V \quad \text{(Heraufziehen von Indizes)} \,, \\ T^p_q V &\longrightarrow T^{p-1}_{q+1} V \quad \text{(Herunterziehen von Indizes)} \,. \end{aligned} \tag{A.65}$$

Wir geben solche Isomorphismen für einen speziellen Fall, $t \in T^2_1 V$, in Komponentenschreibweise an; der allgemeine Fall ist dann klar:

$$\begin{aligned} t^{ij}_k &\longrightarrow t^{ijk} = g^{kl} t^{ij}_l \quad \text{(Heraufziehen)} \,, \\ t^{ij}_k &\longrightarrow t^i_{jk} = g_{jl}\, t^{il}_k \quad \text{(Herunterziehen)} \,, \end{aligned} \tag{A.66}$$

Die oben definierten Skalarprodukte lassen sich dann auch als Kontraktionen schreiben. Zum Beispiel gilt für $t, t' \in T^pV$

$$(t', t) = \tau(t') \neg t = i_{\tau(t')} t \,. \tag{A.67}$$

Wenn man Tensoren bezüglich orthonormaler Basen darstellt *und* wenn man es mit positiv definiten Skalarprodukten zu tun hat, so braucht man auf die Stellung der Indizes nicht zu achten, da wegen $g_{ij} = \delta_{ij}$ die Komponenten

$$t^{ij}_{k} \;,\; t^{ijk} \;,\; t^{i}_{jk} \;,\; \ldots$$

numerisch gleich sind und da sich kontravariante und kovariante Tensoren unter orthogonalen Koordinatentransformationen in gleicher Weise transformieren. Bei indefiniten Skalarprodukten dagegen darf man die Stellung der Indizes auch bei Bezugnahme auf orthonormale Basen keinesfalls vernachlässigen, denn das Herauf- und Herunterziehen von Indizes kann zu einem Wechsel des Vorzeichens führen.

Es sei nun in $V$ eine *geordnete Orthonormalbasis* $\{e_1, \ldots, e_n\}$ gegeben (es kommt nunmehr auf die Reihenfolge der Basisvektoren an); diese bestimmt dann eine Orientierung $e_1 \wedge \ldots \wedge e_n$ in $V$. Die orientierungserhaltenden Isometrien $\phi$ von $V$ erfüllen $\det(\phi) = 1$ und bilden, wie gesagt, eine Gruppe $SO(n)$ bzw. $SO(r, s)$. Man verifiziert sofort, daß der sog. *$\epsilon$-Tensor,* also die Größe

$$\epsilon = e_1 \wedge \ldots \wedge e_n = \frac{1}{n!} \epsilon^{i_1 \ldots i_n} e_{i_1} \wedge \ldots \wedge e_{i_n} \in \Lambda^n V \tag{A.68}$$

invariant ist unter allen Transformationen in der Gruppe $SO(n)$ bzw. $SO(r, s)$; hierbei ist

$$\epsilon^{i_1 \ldots i_n} = \begin{cases} 0 & \text{wenn zwei Indizes gleich} \\ \operatorname{sign}(i_1, \ldots, i_n) & \text{wenn alle Indizes verschieden} \end{cases} \tag{A.69}$$

Für das Herauf- und Herunterziehen von Indizes des $\epsilon$-Tensors gilt die gleiche Konvention wie zuvor; insbesondere ist für ein indefinites Skalarprodukt der Signatur $(r, s)$ z.B.

$$\epsilon_{i_1 \ldots i_n} = (-1)^s \, \epsilon^{i_1 \ldots i_n} \,.$$

Eine wichtige Begriffsbildung ist der sog. *Sternoperator* oder *$*$-Isomorphismus.* Dabei handelt es sich um einen linearen Isomorphismus

$$* : \Lambda^p V \longrightarrow \Lambda^{n-p} V \,, \tag{A.70}$$

der bezüglich einer positiv orientierten Orthonormalbasis in basisunabhängiger Weise durch

$$* \left( e_{i_1} \wedge \ldots \wedge e_{i_p} \right) = \frac{1}{(n-p)!} \epsilon^{j_1 \ldots j_{n-p}}_{i_1 \ldots i_p} e_{j_1} \wedge \ldots \wedge e_{j_{n-p}} \tag{A.71}$$

definiert ist. In einer beliebigen Basis von $V$ schreibt sich der Sternoperator wie folgt:

$$* \left( e_{i_1} \wedge \ldots \wedge e_{i_p} \right) = \frac{1}{(n-p)!} \, g_{i_1 k_1} \cdots g_{i_p k_p} \, |g|^{-1/2} \\ \epsilon^{k_1 \ldots k_p j_1 \ldots j_{n-p}} \, e_{j_1} \wedge \ldots \wedge e_{j_{n-p}} \, , \tag{A.72}$$

wobei zur Abkürzung $g = \det(g_{ij})$ geschrieben wurde. (Für $p = 0$ ist Gl. (A.72) als $*(1) = \epsilon$ zu interpretieren.) Der Sternoperator ist bis auf ein Vorzeichen sein eigenes Inverses; genauer gilt:

$$*^2 = (-1)^{p(n-p)+s} \, 1 \qquad \text{auf } \Lambda^p V \, . \tag{A.73}$$

Mit dem oben definierten Skalarprodukt $\langle .,. \rangle$ zeigt man (am besten durch Einführung einer positiv orientierten Orthonormalbasis), daß

$$\langle \alpha, \beta \rangle = *(\alpha \wedge * \beta) = \langle * \alpha, * \beta \rangle \qquad \text{für } \alpha, \beta \in \Lambda^p V \, . \tag{A.74}$$

Mit Hilfe des $\epsilon$-Tensors läßt sich der Sternoperator auch als Kontraktion schreiben:

$$* \alpha = i_{\tau(\alpha)} \, \epsilon \, . \tag{A.75}$$

*Beispiel:* Dreidimensionaler Euklidischer Raum $V^3$:

- orientierte Orthonormalbasis von $V^3 = \Lambda^1 V^3 : \{ \boldsymbol{e}_1 , \boldsymbol{e}_2 , \boldsymbol{e}_3 \}$ ,
- orientierte Orthonormalbasis von $\Lambda^2 V^3 : \{ \boldsymbol{e}_1 \wedge \boldsymbol{e}_2 , \boldsymbol{e}_2 \wedge \boldsymbol{e}_3 , \boldsymbol{e}_3 \wedge \boldsymbol{e}_1 \}$ ,
- orientierte Orthonormalbasis von $\Lambda^3 V^3 : \{ \boldsymbol{e}_1 \wedge \boldsymbol{e}_2 \wedge \boldsymbol{e}_3 \}$ .
- Sternoperator:

$$*(1) = \boldsymbol{e}_1 \wedge \boldsymbol{e}_2 \wedge \boldsymbol{e}_3 \quad , \quad *(\boldsymbol{e}_1 \wedge \boldsymbol{e}_2 \wedge \boldsymbol{e}_3) = 1 \, , \tag{A.76}$$

$$*(\boldsymbol{e}_i) = \tfrac{1}{2} \epsilon_{ijk} \, \boldsymbol{e}_j \wedge \boldsymbol{e}_k \quad , \quad *(\boldsymbol{e}_i \wedge \boldsymbol{e}_j) = \epsilon_{ijk} \, \boldsymbol{e}_k \, , \tag{A.77}$$

oder ausführlich geschrieben

$$\begin{aligned} *(\boldsymbol{e}_1) &= \boldsymbol{e}_2 \wedge \boldsymbol{e}_3 \quad , & *(\boldsymbol{e}_2 \wedge \boldsymbol{e}_3) &= \boldsymbol{e}_1 \, , \\ *(\boldsymbol{e}_2) &= \boldsymbol{e}_3 \wedge \boldsymbol{e}_1 \quad , & *(\boldsymbol{e}_3 \wedge \boldsymbol{e}_1) &= \boldsymbol{e}_2 \, , \\ *(\boldsymbol{e}_3) &= \boldsymbol{e}_1 \wedge \boldsymbol{e}_2 \quad , & *(\boldsymbol{e}_1 \wedge \boldsymbol{e}_2) &= \boldsymbol{e}_3 \, . \end{aligned} \tag{A.78}$$

- Vektorielles Produkt: Für $\boldsymbol{x}, \boldsymbol{y} \in V^3$ ist $\boldsymbol{x} \times \boldsymbol{y} \in V^3$ durch

$$\boldsymbol{x} \times \boldsymbol{y} = *(\boldsymbol{x} \wedge \boldsymbol{y}) \tag{A.79}$$

definiert. Insbesondere gilt

$$\boldsymbol{e}_i \times \boldsymbol{e}_j = \epsilon_{ijk} \, \boldsymbol{e}_k \quad , \quad \boldsymbol{x} \times \boldsymbol{y} = \epsilon_{ijk} \, x_i \, y_j \, \boldsymbol{e}_k \, . \tag{A.80}$$

# A.2 Tensoranalysis im flachen Raum

## A.2.1 Definition und Transformationsverhalten von Tensorfeldern

Wie in Kapitel 1.6 und Kapitel 7.1 ausgeführt wurde, entspricht mathematisch die Raum-Zeit in der klassischen Newtonschen Physik einem vierdimensionalen, räumlich Euklidischen affinen Raum und in der speziellen Relativitätstheorie einem vierdimensionalen pseudo-Euklidischen affinen Raum. Zur Definition von Tensorfeldern auf solchen affinen Räumen betrachten wir allgemeiner einen $n$-dimensionalen affinen Raum $E$ über einem $n$-dimensionalen Vektorraum $V$. Ein *p-fach kontravariantes und q-fach kovariantes Tensorfeld,* oder einfach *Tensorfeld vom Typ* $(p, q)$, auf $E$ ist definitionsgemäß eine Abbildung

$$A : E \longrightarrow T^p_q V \ . \tag{A.81}$$

Nach Einführung eines affinen Koordinatensystems in $E$, bestehend aus einem Punkt $0 \in E$ als Ursprung und einer Basis $\{e_1, \ldots, e_n\}$ in $V$, läßt sich jedes solche Tensorfeld auch als Abbildung

$$A : E \longrightarrow T^p_q \mathbb{R}^n \tag{A.82}$$

bzw. als Abbildung

$$A : \mathbb{R}^n \longrightarrow T^p_q \mathbb{R}^n \tag{A.83}$$

auffassen und eindeutig in der Form

$$A(x) \ = \ A^{i_1 \ldots i_p}_{j_1 \ldots j_q}(x)\, e_{i_1} \otimes \ldots \otimes e_{i_p} \otimes e^{j_1} \otimes \ldots \otimes e^{j_q} \tag{A.84}$$

schreiben; die Komponenten

$$A^{i_1 \ldots i_p}_{j_1 \ldots j_q}$$

sind dann gewöhnliche reellwertige Funktionen auf $E$ bzw. auf $\mathbb{R}^n$. Im Indexkalkül bezeichnet man ein Tensorfeld einfach durch diesen seinen Satz von Koordinatenfunktionen. Wir wollen hierbei stets annnehmen, daß die Basisvektoren $e_1, \ldots, e_n$ selbst nicht vom Ort abhängen. Von dieser Einschränkung wird man sich bei der Diskussion von Tensorfeldern auf gekrümmten Räumen befreien müssen, was jedoch nicht Gegenstand des vorliegenden Buches ist, sondern erst des Folgebandes dieser Reihe über „Geometrische Feldtheorie".

Die Menge aller (beliebig oft differenzierbaren) Tensorfelder vom Typ $(p, q)$ auf $E$ wollen wir mit $\mathcal{T}^p_q(E)$ bezeichnen, mit den Abkürzungen $\mathcal{F}(E) = \mathcal{T}^0_0(E)$, $\mathcal{T}^p(E) = \mathcal{T}^p_0(E)$, $\mathcal{T}_p(E) = \mathcal{T}^0_p(E)$. Offenbar wird $\mathcal{T}^p_q(E)$ selbst ein (unendlich-dimensionaler) Vektorraum, wenn man

$$(\alpha A + \beta B)(x) \ = \ \alpha A(x) + \beta B(x) \quad , \quad (\alpha A)(x) \ = \ \alpha A(x) \tag{A.85}$$

setzt. Ganz analog, d.h. punktweise, lassen sich auch alle anderen bislang eingeführten algebraischen Operationen des Tensorkalküls – also Tensorprodukt, äußeres

Produkt, Verjüngung, Kontraktion, Skalarprodukt, Sternoperator usw. – auf Tensorfelder übertragen. So definiert man beispielsweise

$$(A \otimes B)(x) \;=\; A(x) \otimes B(x) \;. \tag{A.86}$$

Aus den Überlegungen in Kapitel 1.6 und Abschnitt A.1.1 ergibt sich das Transformationsverhalten von Tensorfeldern unter aktiven und passiven Transformationen: So transformiert sich ein Tensorfeld $A \in \mathcal{T}^p_q(E)$ unter einer aktiven Drehung $D$, gefolgt von einer Translation um einen Vektor $a$, gemäß

$$A^D(x) \;=\; D\,A(D^{-1}(x-a)) \;. \tag{A.87}$$

In Komponenten bedeutet das (bei festgehaltenem Koordinatensystem):

$$(A^D)^{i_1\ldots i_p}_{j_1\ldots j_q}(x) \;=\; D^{i_1}_{k_1}\ldots D^{i_p}_{k_p}\,(D^{-1})^{l_1}_{j_1}\ldots(D^{-1})^{l_q}_{j_q}\;A^{k_1\ldots k_p}_{l_1\ldots l_q}(D^{-1}(x-a)) \;. \tag{A.88}$$

Unter einer passiven Transformation, also bei einem Wechsel der Basis, ändert sich ein Tensorfeld als solches überhaupt nicht, da die Abbildung (A.81) ja ohne jeden Bezug auf eine Basis definiert ist. Dies bedeutet aber andererseits, daß sich die Abbildungen (A.82) und (A.83) sowie die Komponentenfunktionen in nichttrivialer Weise ändern müssen: Man erhält für die Komponentenfunktionen wieder das Transformationsgesetz (A.88), wenn man den Basiswechsel in der Form der Gleichungen (A.5) und (A.6) ansetzt.

## A.2.2 Ableitung von Tensorfeldern

Wir führen nun einen Ableitungsoperator ein, der einem gegebenen Tensorfeld $A \in \mathcal{T}^p_q(E)$ ein neues Tensorfeld $\nabla \otimes A \in \mathcal{T}^p_{q+1}(E)$ zuordnet, und zwar definieren wir (im Indexkalkül geschrieben)

$$(\nabla \otimes A)_{j\,j_1\ldots j_q}^{\;\;i_1\ldots i_p} \;=\; \nabla_j A^{i_1\ldots i_p}_{j_1\ldots j_q} \;, \tag{A.89}$$

wobei $\nabla_j = \partial/\partial x^j$ und $x^j$ die Koordinaten des Punktes $x$ in $E$ bezüglich eines vorgegebenen affinen Koordinatensystems sind. Zu zeigen ist natürlich dann die Basisunabhängigkeit dieser Definition; dabei wollen wir, wie schon bisher, der Einfachheit halber annehmen, daß Basen und Basistransformationen ortsunabhängig sind. Dann gilt mit $\overline{x} = Dx + a$ und $\overline{A} = A^D$

$$\begin{aligned}
&\overline{\nabla}_j \overline{A}^{i_1\ldots i_p}_{j_1\ldots j_q}(\overline{x}) \\
&= \frac{\partial}{\partial \overline{x}^j}\Big(D^{i_1}_{k_1}\ldots D^{i_p}_{k_p}\,(D^{-1})^{l_1}_{j_1}\ldots(D^{-1})^{l_q}_{j_q}\;A^{k_1\ldots k_p}_{l_1\ldots l_q}(D^{-1}(\overline{x}-a))\Big) \\
&= D^{i_1}_{k_1}\ldots D^{i_p}_{k_p}\,(D^{-1})^{l_1}_{j_1}\ldots(D^{-1})^{l_q}_{j_q}\;\frac{\partial}{\partial \overline{x}^j}\Big(A^{k_1\ldots k_p}_{l_1\ldots l_q}(D^{-1}(\overline{x}-a))\Big) \\
&= D^{i_1}_{k_1}\ldots D^{i_p}_{k_p}\,(D^{-1})^{l}_{j}\,(D^{-1})^{l_1}_{j_1}\ldots(D^{-1})^{l_q}_{j_q}\;\frac{\partial}{\partial x^l}\Big(A^{k_1\ldots k_p}_{l_1\ldots l_q}(x)\Big) \\
&= D^{i_1}_{k_1}\ldots D^{i_p}_{k_p}\,(D^{-1})^{l}_{j}\,(D^{-1})^{l_1}_{j_1}\ldots(D^{-1})^{l_q}_{j_q}\;\nabla_l A^{k_1\ldots k_p}_{l_1\ldots l_q}(D^{-1}(\overline{x}-a)) \\
&= \overline{\nabla_j A^{i_1\ldots i_p}_{j_1\ldots j_q}}(\overline{x}) \;,
\end{aligned}$$

womit die Basisunabhängigkeit bewiesen ist. Offenbar ist der so definierte Ableitungsoperator linear:

$$\nabla \otimes (\alpha A + \beta B) \;=\; \alpha \nabla \otimes A \;+\; \beta \nabla \otimes B\;. \tag{A.90}$$

Außerdem vertauscht er mit der Verjüngung sowie mit dem Herauf- und Herunterziehen von Indizes.

Durch Mehrfachanwendung, Verjüngung, Herauf- und Herunterziehen von Indizes etc. können weitere Differentiationsoperatoren definiert werden, z.B. (im Indexkalkül geschrieben)

$$\nabla^i A^{i_1\ldots i_p}_{j_1\ldots j_q} \;=\; g^{ij}\, \nabla_j A^{i_1\ldots i_p}_{j_1\ldots j_q} \tag{A.91}$$

und

$$\Delta A^{i_1\ldots i_p}_{j_1\ldots j_q} \;=\; \nabla^i \nabla_i A^{i_1\ldots i_p}_{j_1\ldots j_q} \tag{A.92}$$

falls $g$ positiv definit ist, bzw.

$$\Box A^{i_1\ldots i_p}_{j_1\ldots j_q} \;=\; \nabla^i \nabla_i A^{i_1\ldots i_p}_{j_1\ldots j_q} \tag{A.93}$$

falls $g$, wie in der speziellen Relativitätstheorie, Signatur $(1, n-1)$ hat: $\Delta$ ist der *Laplace-Operator* und $\Box$ der *Wellenoperator* oder auch *d'Alembert-Operator.*

Felder mit Werten in $\Lambda_p V \subset T_p V$ heißen *Differentialformen vom Grade* $p$ und bilden einen Raum $\Omega_p(E)$. Für $\omega \in \Omega_p(E)$ läßt sich dann auch das äußere Produkt $\nabla \wedge \omega \in \Omega_{p+1}(E)$ definieren, das aus $\nabla \otimes \omega$ durch Antisymmetrisierung entsteht. Statt $\nabla \wedge \omega$ schreibt man meist $d\omega$ und nennt $d\omega$ die *äußere Ableitung* von $\omega$. In Koordinaten wird

$$d\omega \;=\; \frac{1}{p!}\, \nabla_i \omega_{i_1\ldots i_p}\, e^i \wedge e^{i_1} \wedge \ldots \wedge e^{i_p}\;, \tag{A.94}$$

falls

$$\omega \;=\; \frac{1}{p!}\, \omega_{i_1\ldots i_p}\, e^i \wedge e^{i_1} \wedge \ldots \wedge e^{i_p}\;. \tag{A.95}$$

Man rechnet sofort nach

$$d^2 \;=\; 0\;, \tag{A.96}$$

$$d(\alpha\wedge\beta) \;=\; (d\alpha)\wedge\beta \;+\; (-1)^p \alpha\wedge d\beta \qquad \text{für}\;\; \alpha\in\Omega_p(E)\;,\; \beta\in\Omega_q(E)\;. \tag{A.97}$$

Eine besondere Rolle spielen die Differentialformen vom Grade $n$ mit $n = \dim(V)$; sie heißen auch *Volumenformen.* Ist $V$ sogar ein orientierter Euklidischer Vektorraum, so lassen sich mit Hilfe des Sternoperators die Volumenformen auf $E$ mit gewöhnlichen Funktionen auf $E$ und allgemeiner die $p$-Formen auf $E$ mit den $(n-p)$-Formen auf $E$ identifizieren; diese Identifikation hängt allerdings explizit von der Wahl der Orientierung ab. Um zweifelsfrei entscheiden zu können, welche der beiden Optionen für die Identifikation eines gegebenen antisymmetrischen Tensorfeldes mit einer Differentialform angemessen ist, muß man also dessen Transformationsverhalten unter orientierungsumkehrenden Transformationen (Spiegelungen) untersuchen.

*Beispiel:* Dreidimensionaler Euklidischer Raum $V^3$:

Unter Verwendung einer orientierten Orthonormalbasis $\{\boldsymbol{e}_1, \boldsymbol{e}_2, \boldsymbol{e}_3\}$ von $V^3$ kann man 0-Formen (gewöhnliche Funktionen) und 3-Formen (Volumenformen) auf $E^3$ mit Skalarfeldern sowie 1-Formen und 2-Formen auf $E^3$ mit Vektorfeldern identifizieren; genauer entsprechen die 0-Formen den *Skalarfeldern* im engeren Sinne ($\varphi(\boldsymbol{x}) \to \varphi(-\boldsymbol{x})$ unter Parität) und die 3-Formen den *Pseudo-Skalarfeldern* ($\varphi(\boldsymbol{x}) \to -\varphi(-\boldsymbol{x})$ unter Parität) sowie die 1-Formen den Vektorfeldern im engeren Sinne oder *polaren Vektorfeldern* ($\boldsymbol{A}(\boldsymbol{x}) \to -\boldsymbol{A}(-\boldsymbol{x})$ unter Parität) und die 2-Formen den Pseudo-Vektorfeldern oder *axialen Vektorfeldern* ($\boldsymbol{A}(\boldsymbol{x}) \to \boldsymbol{A}(-\boldsymbol{x})$ unter Parität). Damit lassen sich sämtliche Differentialoperatoren der üblichen Vektoranalysis durch die äußere Ableitung ausdrücken: Im wesentlichen ist $d$ auf 0-Formen der *Gradient*, auf 1-Formen die *Rotation* und auf 2-Formen die *Divergenz*: Genauer liefert

$$\Omega_0(E^3) \xrightarrow{d} \Omega_1(E^3)$$

bzw.

$$\Omega_3(E^3) \xrightarrow{*} \Omega_0(E^3) \xrightarrow{d} \Omega_1(E^3) \xrightarrow{*} \Omega_2(E^3)$$

den Gradienten für Skalarfelder bzw. Pseudo-Skalarfelder,

$$\Omega_1(E^3) \xrightarrow{d} \Omega_2(E^3) \xrightarrow{*} \Omega_1(E^3)$$

bzw.

$$\Omega_2(E^3) \xrightarrow{*} \Omega_1(E^3) \xrightarrow{d} \Omega_2(E^3)$$

die Rotation für polare bzw. axiale Vektorfelder und schließlich

$$\Omega_1(E^3) \xrightarrow{*} \Omega_2(E^3) \xrightarrow{d} \Omega_3(E^3) \xrightarrow{*} \Omega_0(E^3)$$

bzw.

$$\Omega_2(E^3) \xrightarrow{d} \Omega_3(E^3)$$

die Divergenz für polare bzw. axiale Vektorfelder. In Komponenten ergibt sich mit Hilfe der Gleichungen (A.76)–(A.80) für $\varphi \in \Omega_0(E) = \mathcal{T}_0(E)$

$$d\varphi \;=\; \boldsymbol{\nabla}\varphi \;=\; \nabla_i\varphi\, e_i$$

und für $\boldsymbol{A} \in \Omega_1(E) = \mathcal{T}_1(E)$

$$\boldsymbol{\nabla} \otimes \boldsymbol{A} \;=\; \nabla_i A_j\; \boldsymbol{e}_i \otimes \boldsymbol{e}_j \;,$$

$$d\boldsymbol{A} \;\equiv\; \boldsymbol{\nabla} \wedge \boldsymbol{A} \;=\; \nabla_i A_j\; \boldsymbol{e}_i \wedge \boldsymbol{e}_j \;=\; \tfrac{1}{2}\left(\nabla_i A_j - \nabla_j A_i\right) \boldsymbol{e}_i \wedge \boldsymbol{e}_j \;,$$

$$\boldsymbol{\nabla} \times \boldsymbol{A} \;=\; * d\boldsymbol{A} \;\equiv\; *(\boldsymbol{\nabla} \wedge \boldsymbol{A}) \;=\; \nabla_i A_j\; \boldsymbol{e}_i \times \boldsymbol{e}_j \;=\; \epsilon_{ijk}\, \nabla_i A_j\; \boldsymbol{e}_k \;,$$

$$\boldsymbol{\nabla} \cdot \boldsymbol{A} \;=\; * d * \boldsymbol{A} \;\equiv\; *(\boldsymbol{\nabla} \wedge * \boldsymbol{A}) \;=\; \nabla_i A_j\; \boldsymbol{e}_i \cdot \boldsymbol{e}_j \;=\; \delta_{ij}\, \nabla_i A_j \;.$$

### A.2.3 Integration von Differentialformen

Differentialformen spielen sowohl in der reinen Mathematik als auch in den physikalischen Anwendungen eine ausgezeichnete Rolle, weil man sie integrieren kann. Es sei nämlich $\omega \in \Omega_p(E)$ eine Differentialform $p$-ter Stufe auf $E$ mit der Darstellung (A.95), und es sei $M \subset E$ eine orientierte $p$-dimensionale Untermannigfaltigkeit von $E$ (mit den nötigen Glattheitseigenschaften). Der Einfachheit halber sei angenommen, daß $M$ durch ein einziges orientiertes Koordinatensystem parametrisiert werden kann, d.h. es existiere eine umkehrbar eindeutige, orientierungserhaltende Abbildung

$$\begin{array}{ccc} U & \longrightarrow & M \\ u & \longmapsto & x \end{array}$$

eines $p$-dimensionalen Parametergebietes $U$ auf $M$. Dann definiert man das Integral von $\omega$ über $M$ als das gewöhnliche Mehrfachintegral

$$\begin{aligned} \int_M \omega \quad &\equiv \quad \frac{1}{p!} \int_M \omega_{i_1 \ldots i_p}(x)\, dx^{i_1} \wedge \ldots \wedge dx^{i_p} \\ &= \quad \frac{1}{p!} \int_U du^1 \ldots du^p \; \omega_{i_1 \ldots i_p}(x(u)) \;\det \begin{pmatrix} \dfrac{\partial x^{i_1}}{\partial u^1} & \cdots & \dfrac{\partial x^{i_p}}{\partial u^1} \\ \vdots & & \vdots \\ \dfrac{\partial x^{i_1}}{\partial u^p} & \cdots & \dfrac{\partial x^{i_p}}{\partial u^p} \end{pmatrix} . \end{aligned} \tag{A.98}$$

Für den Fall einer allgemeinen Untermannigfaltigkeit $M$ läßt sich die Definition auf diesen Spezialfall zurückführen, und zwar durch Aufspaltung von $M$ in Teilstücke, bzw. unter Verwendung von sog. Zerlegungen der Eins. Natürlich muß man dann zeigen, daß die Definition unabhängig ist von der Parametrisierung und ggf. der Aufspaltung in Teilstücke, bzw. der Zerlegung der Eins.

Der bei weitem wichtigste Satz über die Integration von Differentialformen ist der *allgemeine Satz von Stokes*

$$\int_M d\omega \;=\; \int_{\partial M} \omega \,. \tag{A.99}$$

Dabei ist $\partial M$ der orientierte Rand von $M$.

Für den Beweis dieses Satzes verweisen wir wieder auf die einschlägige mathematische Literatur. Hier wollen wir uns nur davon überzeugen, daß alle Integralsätze der elementaren Vektoranalysis Spezialfälle des allgemeinen Satzes von Stokes sind. In der Tat gilt wegen $*^2 = 1$

- für 0-Formen:

$$\int_\gamma d\boldsymbol{x} \cdot \boldsymbol{\nabla}\varphi \;=\; \int_\gamma d\varphi \;=\; \int_{\partial\gamma} \varphi \;=\; \varphi(x_1) - \varphi(x_0)$$

($\gamma$ Weg von $x_0$ nach $x_1$)

Dies ist eine Version des Hauptsatzes der Differential- und Integralrechnung.

- für 1-Formen:

$$\int_F d\boldsymbol{f} \cdot (\boldsymbol{\nabla} \times \boldsymbol{A}) = \int_F *(\boldsymbol{\nabla} \times \boldsymbol{A}) = \int_F d\boldsymbol{A} = \int_{\partial F} \boldsymbol{A} = \int_\gamma d\boldsymbol{x} \cdot \boldsymbol{A}$$

($F$ durch $\gamma$ berandete Fläche)

Dies ist der Stokessche Satz im engeren Sinne:

$$\int_F d\boldsymbol{f} \cdot (\boldsymbol{\nabla} \times \boldsymbol{A}) = \int_\gamma d\boldsymbol{x} \cdot \boldsymbol{A} \,. \tag{A.100}$$

- für 2-Formen:

$$\int_V d^3x \, (\boldsymbol{\nabla} \cdot \boldsymbol{A}) = \int_V *(\boldsymbol{\nabla} \cdot \boldsymbol{A}) = \int_V d*\boldsymbol{A} = \int_{\partial V} *\boldsymbol{A} = \int_F d\boldsymbol{f} \cdot \boldsymbol{A}$$

($V$ durch $F$ berandetes Volumen)

Dies ist der Gaußsche Satz:

$$\int_V d^3x \, (\boldsymbol{\nabla} \cdot \boldsymbol{A}) = \int_F d\boldsymbol{f} \cdot \boldsymbol{A} \,. \tag{A.101}$$

Andererseits ist

$$\int_F d\boldsymbol{f} \cdot \boldsymbol{A} = \text{Fluß von } A \text{ durch die Fläche } F \,,$$

$$\int_\gamma d\boldsymbol{x} \cdot \boldsymbol{A} = \text{Zirkulation von } A \text{ längs der Kurve } \gamma \,.$$

Demnach kann man $\boldsymbol{\nabla} \cdot \boldsymbol{A}$ als Quellenstärke von $\boldsymbol{A}$ pro Volumen und $\boldsymbol{\nabla} \times \boldsymbol{A}$ als Zirkulation von $\boldsymbol{A}$ pro Fläche deuten: Die Divergenz beschreibt also die *Quellendichte* und die Rotation die *Wirbeldichte* eines Vektorfeldes $\boldsymbol{A}$.

Ferner ist zu erwähnen der *allgemeine Satz von Poincaré*, der folgendes besagt: Ist $\omega$ eine *geschlossene* $p$-Form, also $\omega \in \Omega_p(E)$ mit $d\omega = 0$, so ist $\omega$ sogar eine *exakte* $p$-Form, d.h. es gibt eine $(p-1)$-Form $\alpha \in \Omega_{p-1}(E)$ mit $\omega = d\alpha$. Diese Aussage ist – im Gegensatz zu ihrer Umkehrung (exakte Formen sind stets geschlossen; vgl. Gl. (A.96)) – keineswegs trivial und bleibt i.a auch nicht richtig, wenn man den Raum $E$ durch eine offene Teilmenge $U$ von $E$ ersetzt. (Eine häufig in der Literatur angegebene hinreichende Bedingung dafür, daß sie richtig bleibt, ist die, daß das Gebiet $U$ *sternförmig* ist.) Spezialfälle hiervon sind die folgenden Aussagen über Vektorfelder $\boldsymbol{A}$ auf $E$:

$$\boldsymbol{\nabla} \times \boldsymbol{A} = 0 \iff \text{es existiert ein Skalarfeld } \varphi \text{ mit } \boldsymbol{A} = \boldsymbol{\nabla}\varphi \,. \tag{A.102}$$

$$\boldsymbol{\nabla} \cdot \boldsymbol{A} = 0 \iff \text{es existiert ein Vektorfeld } \boldsymbol{C} \text{ mit } \boldsymbol{A} = \boldsymbol{\nabla} \times \boldsymbol{C} \,. \tag{A.103}$$

# Formelsammlung zur Vektoranalysis

Definition von Gradient, Rotation und Divergenz in Bezug auf eine orientierte Orthonormalbasis $\{\boldsymbol{e}_1, \boldsymbol{e}_2, \boldsymbol{e}_3\}$ im $\mathbb{R}^3$:

| | |
|---|---|
| Gradient eines Skalarfeldes $\varphi$: | $\boldsymbol{\nabla}\varphi = \nabla_i\varphi\, \boldsymbol{e}_i$ |
| Rotation eines Vektorfeldes $\boldsymbol{A}$: | $\boldsymbol{\nabla} \times \boldsymbol{A} = \epsilon_{ijk}\nabla_j A_k\, \boldsymbol{e}_i$ |
| Divergenz eines Vektorfeldes $\boldsymbol{A}$: | $\boldsymbol{\nabla} \cdot \boldsymbol{A} = \delta_{ij}\nabla_i A_j$ |

Hierbei ist $\delta$ der Kronecker-Tensor und $\epsilon$ der total antisymmetrische $\epsilon$-Tensor:

$$\delta_{ij} = \begin{cases} 1 & \text{falls} \quad i=j \\ 0 & \text{falls} \quad i\neq j \end{cases}$$

$$\epsilon_{ijk} = \begin{cases} +1 & \text{falls } (i,j,k) \text{ eine gerade Permutation von } (1,2,3) \\ -1 & \text{falls } (i,j,k) \text{ eine ungerade Permutation von } (1,2,3) \\ 0 & \text{sonst} \end{cases}$$

Identitäten:

$$\boldsymbol{\nabla} \times \boldsymbol{\nabla}\varphi = 0$$

$$\boldsymbol{\nabla} \cdot (\boldsymbol{\nabla} \times \boldsymbol{A}) = 0$$

$$\boldsymbol{\nabla} \cdot \boldsymbol{\nabla}\varphi = \Delta\varphi$$

$$\boldsymbol{\nabla} \times (\boldsymbol{\nabla} \times \boldsymbol{A}) = \boldsymbol{\nabla}(\boldsymbol{\nabla} \cdot \boldsymbol{A}) - \Delta\boldsymbol{A}$$

$$\boldsymbol{\nabla} \cdot (\varphi\boldsymbol{A}) = \varphi\boldsymbol{\nabla} \cdot \boldsymbol{A} + (\boldsymbol{\nabla}\varphi) \cdot \boldsymbol{A}$$

$$\boldsymbol{\nabla} \cdot (\boldsymbol{A} \times \boldsymbol{B}) = \boldsymbol{B} \cdot (\boldsymbol{\nabla} \times \boldsymbol{A}) - \boldsymbol{A} \cdot (\boldsymbol{\nabla} \times \boldsymbol{B})$$

$$\boldsymbol{\nabla} \times (\varphi\boldsymbol{A}) = \varphi\boldsymbol{\nabla} \times \boldsymbol{A} + (\boldsymbol{\nabla}\varphi) \times \boldsymbol{A}$$

$$\boldsymbol{\nabla} \times (\boldsymbol{A} \times \boldsymbol{B}) = \boldsymbol{A}(\boldsymbol{\nabla} \cdot \boldsymbol{B}) - \boldsymbol{B}(\boldsymbol{\nabla} \cdot \boldsymbol{A}) + (\boldsymbol{B} \cdot \boldsymbol{\nabla})\boldsymbol{A} - (\boldsymbol{A} \cdot \boldsymbol{\nabla})\boldsymbol{B}$$

Integralsätze:

Gaußscher Satz:

$$\int_{\partial V} d\boldsymbol{f} \cdot \boldsymbol{A} = \int_V d^3x\, (\boldsymbol{\nabla} \cdot \boldsymbol{A})$$

Stokesscher Satz:

$$\int_{\partial F} d\boldsymbol{x} \cdot \boldsymbol{A} = \int_F d\boldsymbol{f} \cdot (\boldsymbol{\nabla} \times \boldsymbol{A})$$

Greensche Identitäten:

1. Greensche Formel:

$$\int_{\partial V} d\boldsymbol{f} \cdot (\varphi\,\boldsymbol{\nabla}\psi) = \int_V d^3x\, \{\boldsymbol{\nabla}\varphi \cdot \boldsymbol{\nabla}\psi + \varphi\,\Delta\psi\}$$

2. Greensche Formel:

$$\int_{\partial V} d\boldsymbol{f} \cdot \{\varphi\,\boldsymbol{\nabla}\psi - \psi\,\boldsymbol{\nabla}\varphi\} = \int_V d^3x\, \{\varphi\,\Delta\psi - \psi\,\Delta\varphi\}$$

# Ausgewählte Literatur

1. Elektrodynamik:

**Becker, R., Sauter, F.** *Theorie der Elektrizität, Band 1: Einführung in die Maxwellsche Theorie, Elektronentheorie, Relativitätstheorie.* 21. völlig neubearbeitete Auflage. Teubner, Stuttgart 1973.

**Jackson, J.D.** *Klassische Elektrodynamik.* 2. verbesserte Auflage. De Gruyter, Berlin 1983.

**Meetz, K., Engl, W.L.** *Elektromagnetische Felder: Mathematische und Physikalische Grundlagen, Anwendungen in Physik und Technik.* Springer, Heidelberg 1980.

**Panofsky, W., Phillips, M.** *Classical Electricity and Magnetism.* 2nd edition. Addison-Wesley, Reading, MA 1962.

**Thirring, W.** *Lehrbuch der Mathematischen Physik, Band 2: Klassische Feldtheorie.* 2. neubearbeitete Auflage. Springer, Wien 1990.

2. Hydrodynamik:

**Landau, L.D., Lifschitz, E.M.** *Lehrbuch der Theoretischen Physik, Band VI: Hydrodynamik.* 5. überarbeitete Auflage. Akademie-Verlag, Berlin 1991.

**Wieghardt, K.** *Theoretische Strömungslehre.* Teubner, Stuttgart 1974.

3. Spezielle Relativitätstheorie:

**Sexl, R.U., Urbantke, H.K.** *Relativität, Gruppen, Teilchen: Spezielle Relativitätstheorie als Grundlage der Feld- und Teilchenphysik.* 3. neubearbeitete Auflage. Springer, Wien 1992.

## 4. Mathematische Methoden:

**Berendt, G., Weimar, E.** *Mathematik für Physiker, Band 1: Analysis und Lineare Algebra.* 2. bearbeitete Auflage. VCH, Weinheim 1990.

**Berendt, G., Weimar, E.** *Mathematik für Physiker, Band 2: Funktionentheorie, Gewöhnliche und Partielle Differentialgleichungen.* 2. bearbeitete Auflage. VCH, Weinheim 1990.

**Courant, R., Hilbert, D.** *Methoden der mathematischen Physik I.* 3. Auflage. Springer, Heidelberg 1968.

**Courant, R., Hilbert, D.** *Methoden der mathematischen Physik II.* 2. Auflage. Springer, Heidelberg 1968.

**Forster, O.** *Analysis I.* 4. durchgesehene Auflage. Vieweg, Braunschweig 1983.

**Forster, O.** *Analysis II.* 5. durchgesehene Auflage. Vieweg, Braunschweig 1984.

**Forster, O.** *Analysis III.* 3. durchgesehene Auflage. Vieweg, Braunschweig 1984.

**Gröbner, W., Lesky, P.** *Mathematische Methoden der Physik I,* Bibliographisches Institut, Mannheim 1964.

**Jänich, K.** *Analysis für Physiker und Ingenieure.* 2. Auflage. Springer, Heidelberg 1990.

**Schwartz, L.** *Mathematische Methoden der Physik.* Bibliographisches Institut, Mannheim 1974.

# Register


Aberration 128
abgeschlossenes System 17
Abstrahlung 91ff, 150ff
bewegte Punktladung 97, 150ff
Dipolterm 95
Hertzscher Dipol 96
Quadrupolterm 95
Additionstheorem der Geschwindigkeiten 116, 127
Ampère, André Marie 5
Ampere (Einheit) 36
Ampèresches Durchflutungsgesetz 33
Ampèresches Gesetz 32
äußere Ableitung 171
äußere Algebra 162
äußeres Produkt 161f
Archimedes, Auftriebsgesetz von 22
Ätherhypothese 9, 106

Bernoulli, Gesetz von 21
Bezugssystem 103
Bidualraum 158
Bilanzgleichung 16f; s.a. Kontinuitätsgleichung
für den Drehimpuls 18f, 47
für den Impuls 18, 47
für die elektrische Ladung 25, 91
für die Energie 43
für die Masse 16
für eine extensive Größe 16
Bildkraft 66
Biot-Savartsches Gesetz 72, 75
Boltzmann, Ludwig 7
Boost 114ff

Cartan-Zerlegung 116
Chiralität 87; s.a. Händigkeit
Compton-Streuung 141
Coulomb-Eichung 42, 71
Coulomb-Potential, instantanes 43
Coulombsches Gesetz 7, 28

d'Alembert-Operator 84, 88, 171; s.a. Wellenoperator
retardierte Greensche Funktion 88ff, 150
Determinante 163
Differentialform 171
Volumenform 171
Dipol, mathematischer 55
Dipolmoment
elektrisches 53
magnetisches 75
Dirichletsche Greensche Funktion 63ff
Konstruktion 67ff
Dirichletsches Randwertproblem 57ff, 63ff
Dispersion 84
Divergenz 172, 175
Doppler-Effekt 128
Drehgruppe 105, 113
Drehimpuls 18f, 47ff
Bilanz 19, 47
Dichte 19, 49
Quelldichte 19, 49
Stromdichte 19, 49
Drucktensor 18
duale Basis 157
Dualraum 157

Eichfreiheit 41
Eichtheorie 11
Eichtransformation 41f, 71
  residuale 41f, 71
Eichung 41f, 71, 84, 146, 148
  Coulomb-Eichung 42, 71
  Lorentz-Eichung 42, 84, 146, 148
Eigenzeit 125, 129
Einstein, Albert 3
Einsteinsches Relativitätsprinzip 106
Einsteinsche Summenkonvention 155
Einsteinsche Synchronisationsvorschrift 107
elektrisches Feld 7, 25
elektrische Ladung 25
  Dichte 25
  Erhaltung 25, 91
  Stromdichte 25
  Viererstromdichte 146
Elektrodynamik 25ff, 145ff
  kovariante Formulierung 145ff
  Maßsysteme 35ff
elektromagnetisches Feld
  Drehimpuls 47ff
    Bilanz 47
    Dichte 49
    Quelldichte 49
    Stromdichte 49
  Energie 43ff
    Bilanz 43, 149
    Dichte 44, 46, 87, 149
    Quelldichte 43
    Stromdichte 44, 87, 149; s.a. Poynting-Vektor
  Impuls 47ff
    Bilanz 47, 149
    Dichte 48
    Quelldichte 47
    Stromdichte 48, 150; s.a. Maxwellscher Spannungstensor
  Transformationsverhalten
    Lorentz-Transformationen 147
    Parität 34
    Zeitumkehr 34
elektromagnetische Wellen 83ff
  Abstrahlung 91ff, 150ff
  Energiedichte 87
  Energiestromdichte 87; s.a. Poynting-Vektor
  Polarisation 85ff
  Streuung 98ff
  Wellengleichung 83f
Elektromotor 80f
Elektronenradius, klassischer 101
Elektrostatik 51ff
  Grundgleichungen 51
  Multipolentwicklung 51ff
  Randwertproblem 57ff, 63ff
elektrostatisches Maßsystem 36
Energie 43ff
  Bilanz 43, 149
  Dichte 44, 46, 87, 149
  elektrostatische Energie 44ff, 59, 79
  Feldenergie 44
  magnetostatische Energie 44ff, 77, 79
  Quelldichte 43
  Stromdichte 44, 87, 149
Energie-Impuls-Tensor 149f
epsilon-Tensor 167, 175
Ereignis 104, 108, 123ff
  relativ lichtartig 123
  relativ raumartig 123
  relativ zeitartig 123
Erhaltungssatz
  für die elektrische Ladung 25, 91, 146, 148
  für eine extensive Größe 17
  für die Masse 16
  für den Viererimpuls 140ff
Euklidischer Vektorraum 164
Eulersche Strömungsgleichung 20
extensive Größe 16
  Bilanz 16
  Dichte 16
  Quelldichte 16
  Stromdichte 16
    konduktive 17
    konvektive 17

Faraday, Michael 5
Faradaysches Induktionsgesetz 29
Feld
  Skalarfeld 13, 172
    Pseudo-Skalarfeld 172
  Tensorfeld 13, 169
  Vektorfeld 13, 172
    axiales Vektorfeld 172
    polares Vektorfeld 172
Feldbegriff 5, 7ff, 10f, 12ff
Feldkonfiguration 12
Feldlinien 15, 27, 29;
  s.a. Stromlinien
  des Geschwindigkeitsfeldes 15
  des elektrischen Feldes 27, 48
  des magnetischen Feldes 29, 48
Feldstärketensor 146
Feldtheorie 10f
  klassische Feldtheorie 10
  quantisierte Feldtheorie 10
Fernwirkung 2
Flächenladungsdichte 57
Fluid 15, 20ff
  ideales Fluid 20
  inkompressibles Fluid 21
  Newtonsches Fluid 22
Fluß des elektrischen Feldes 27
Fluß des magnetischen Feldes 29
Flußsatz
  für das elektrische Feld 27f
  für das magnetische Feld 29
Formfaktor 54; s.a. Multipolmoment
Fresnel, Augustin Jean 3
Frontgeschwindigkeit 124

Galilei-Invarianz 105
Galilei-Transformation 105
Galvani, Luigi 3
Gaußsches Gesetz 27f
Gaußsches Maßsystem 37
Gaußscher Satz 174f
Glashow, Sheldon 11
Gradient 172, 175
Grassmann-Algebra 162
Greensche Formeln 58, 175
Greensche Funktion
  des Laplace-Operators 52
  Dirichletsche 63ff
  Neumannsche 63f
  retardierte 88ff, 150
Gruppengeschwindigkeit 84, 124

Händigkeit 86f; s.a. Polarisation
Heavisidesches Maßsystem 37
Helizität 86f; s.a. Polarisation
Hertz, Heinrich 7
Hertzscher Dipol 96f
Hittorf, Johann Wilhelm 7
Huygenssches Prinzip 90
Hydrodynamik 15ff
Hydrostatik 21f

Impuls 18, 47ff
  Bilanz 18, 47, 149
  Dichte 18, 48
  Quelldichte 18, 47
  Stromdichte 18, 48, 150
Induktionsgesetz 29f
Induktionsspannung 29f
Induktivität 78
  Spule 78
Induktivitätsmatrix 78
  Selbstinduktivität 78
  Wechselinduktivität 78
Inertialsystem 103
Influenz 66
Isometrie 165

Joulesche Wärme 5, 79

Kapazität 60
Kapazitätskoeffizient 60
Kapazitätsmatrix 60ff
  Kugelkondensator 61
  leitende Kugel 61
  leitende Kugel in einer
    leitenden Hohlkugel 61
  Plattenkondensator 62
  zwei leitende Kugelschalen in
    einer leitenden Hohlkugel 62f
Kohlrausch, Rudolf 6
Konduktion 17

Kontinuitätsgleichung 16f;
s.a. Bilanzgleichung
für den Drehimpuls 18f, 47
für den Impuls 18, 47
für die elektrische Ladung 25, 91
für die Energie 43
für die Masse 16
für eine extensive Größe 16
Kontinuumsphysik 3ff
Konvektion 17
Koordinaten 156
natürliche 104f
aktive Transformation 156
passive Transformation 156
Kovarianz 137f, 145ff
Kronecker-Tensor 161, 175
Kugelkondensator 61

Lagrange, Joseph-Louis 2
Laplace-Operator 52, 171
Greensche Funktion 52
Larmorsche Formel 97, 154
Lenzsche Regel 30
Lichtkegel 109, 123
Rückwärts-Lichtkegel 123
Vorwärts-Lichtkegel 90, 123
Liénard-Wiechertsche Potentiale 150ff
Lorentz-Eichung 42, 84, 146, 148
Lorentz-Gruppe 111ff
eigentliche Lorentz-Gruppe 112
eigentliche orthochrone Lorentz-Gruppe 112
orthochrone Lorentz-Gruppe 112
Lorentz-Invarianz 106
Lorentz-Kontraktion 126f;
s.a. Maßstabsverkürzung
Lorentz-Kraft 7, 25f
Lorentz-Viererkraft 148
Lorentz-System 107
Lorentz-Transformation 111ff
Boost 114ff

magnetisches Feld 7, 25
gerader Draht 73
Spule 73
magnetische Induktion 25
Magnetostatik 71ff
Grundgleichungen 71
Multipolentwicklung 74ff
magnetostatisches Maßsystem 36
Masse
Dichte 15
Erhaltung 16
Stromdichte 15
Massendefekt 140
Maßstabsverkürzung 126f;
s.a. Lorentz-Kontraktion
Maßsystem 36f
elektrostatisches 36
Gaußsches 37
Heavisidesches 37
magnetostatisches 36
Système International (SI) 36
Maßsysteme 35ff
asymmetrische 35f
symmetrische 36f
Mayer, Robert 4f
Maxwell, James Clerk 6
Maxwellsche Gleichungen 25ff, 27, 35, 147f
Anfangswertproblem 37ff
kovariante Formulierung 146ff
Randbedingungen 39ff
Maxwellscher Spannungstensor 48, 150
Maxwellscher Zusatzterm 32
Mesmer, Franz 3
Michelson-Morley-Experiment 103, 106
Minkowski-Raum 14, 109, 120 ff
Ereignis 104, 108, 123ff
Lichtkegel 109, 123
Skalarprodukt 109
Vektor 120, 122f
Monopol, mathematischer 55
Multipolentwicklung
für eine Ladungsverteilung 51ff
Dipolmoment 53
Monopolmoment 53
Quadrupolmoment 53
Multipolmoment 54f

für eine Stromverteilung 74ff
Dipolment 75
Multipolfeld 54

Nahwirkung 2
Naturphilosophie 4
Navier-Stokessche Gleichungen 23
Neumannsche Greensche Funktion 63
Neumannsches Randwertproblem 58f, 63f
Newtonsches Fluid 22
Newtonsches Gravitationsgesetz 2, 7
Newtonsche Punktmechanik 2
Newtonsches Relativitätsprinzip 105

Oersted, Hans Christian 5
Orientierung 163
orthogonale Gruppe 165
spezielle orthogonale Gruppe 165
Orthonormalbasis 164

Phasengeschwindigkeit 84, 124
Plattenkondensator 62
Poincaré-Gruppe 119
eigentliche Poincaré-Gruppe 119
eigentliche orthochrone Poincaré-Gruppe 119
orthochrone Poincaré-Gruppe 119
Poincaré, Satz von 174
Poisson-Gleichung 51, 72
Polarisation 85ff, 99
elliptische Polarisation 85
lineare Polarisation 85
zirkulare Polarisation 86f
linkszirkulare Polarisation 86
rechtszirkulare Polarisation 87
Potential
Coulomb-Potential 43
skalares Potential 41, 51
Vektorpotential 41, 71
Viererpotential 146
Poynting-Vektor 44, 87, 93, 96ff, 149
pseudo-Euklidischer Vektorraum 164
pseudo-orthogonale Gruppe 165
spezielle pseudo-orthogonale Gruppe 165
Punktmechanik 1ff

Quadrupol, mathematischer 55
Quadrupolmoment 53
quasistationäre Vorgänge 72

Rakete 141ff
Rapidität 114
Raum-Zeit 14, 103, 129
Reibung 20
relativistische Dynamik
eines Punktteilchens 138ff
Bewegungsgleichung 138f
Viererimpuls 138ff
Viererkraft 138f
relativistische Kinematik
eines Punktteilchens 128ff, 135ff
Eigenzeit 129
Viererbeschleunigung 135
Vierergeschwindigkeit 135
Weltlinie 128f
relativistische Massenzunahme 139
Relativität der Gleichzeitigkeit 124
Relativitätsprinzip 103ff
Einsteinsches 106
Newtonsches 105
retardierte Zeit 91
Reverberation 90
Ritter, Johann Wilhelm 5
Rotation 172, 175
Ruheenergie 140
Ruhemasse 138

Salam, Abdus 11
Schelling, Friedrich 4f
Selbstinduktivität 78
Signatur 165
Skalarfeld 13, 172
Pseudo-Skalarfeld 172
Skalarprodukt 164
Spezielle Relativitätstheorie 103ff
Dynamik 138ff
Kinematik 128ff, 135ff

Kovarianz 137f
Lorentz-Gruppe 111ff
Poincaré-Gruppe 119
Relativitätsprinzip 103ff
Spule 73, 78
Sternoperator 167f
Stokes, Satz von
allgemeiner 173
im engeren Sinne 174f
Streuung 98ff, 141
Compton-Streuung 141
Polarisation 99
Streuebene 99
Streuwinkel 99
Wirkungsquerschnitt 98ff
Stromlinien 15
Strömung 15, 21
stationäre Strömung 21
wirbelfreie Strömung 21
Strömungsfeld 15
Strömungsgeschwindigkeit 15
substantielle Ableitung 20
Sylvester, Trägheitssatz von 164
Système International (SI) 36

Tensor 158ff
Indexkalkül 160
Verjüngung 160
Kontraktion 161
Tensoralgebra 160
Tensorfeld 14, 169
Ableitung 170f
Tensorprodukt 158f
Tensorraum 159
Thomson, William 6
Thomsonsches Prinzip 65

Vektor im Minkowski-Raum
lichtartiger 120, 122
negativ orientierter 122
positiv orientierter 122
raumartiger 120, 123
zeitartiger 120, 122
negativ orientierter 122
positiv orientierter 122
Vektorfeld 13, 172
axiales Vektorfeld 172
polares Vektorfeld 172
Vektorpotential 41, 71
Viererbeschleunigung 135
Vierergeschwindigkeit 135
Viererimpuls 138ff
Erhaltung 140ff
Viererkraft 138f
Lorentz-Viererkraft 148
Viererpotential 146
Viererstromdichte 146
Viskosität 22
Volta, Alessandro 3

Weber, Wilhelm 6
Wechselinduktivität 78
Wechselwirkungen, fundamentale 10
Wechselwirkungsenergie
elektrischer Dipol und Feld 56
magnetischer Dipol und Feld 76
Ladungsverteilung und Feld 56
Stromverteilung und Feld 76
Weinberg, Steven 11
Wellenoperator 84, 88, 171;
s.a. d'Alembert-Operator
retardierte Greensche Funktion
88ff, 150
Weltlinie 128f
Wirkungsquerschnitt 98ff
differentieller 98f
totaler 100f

Zähigkeit 22
Zeitdehnung 125f
Zwillingsparadoxon 130ff